高等职业院校教学改革创新示范教材·网络开发系列

# PHP 网络编程

马述清　郭天娇　马玉萍　编著

電子工業出版社
Publishing House of Electronics Industry
北京·BEIJING

## 内容简介

本书从搭建PHP应用程序开发环境开始，首先介绍了PHP语言的编程基础知识、常用技巧以及与一般Web对象的操作，然后介绍了PHP与数据库的交互操作方法，并给出了具体的应用实例。本书比较详细地讲解了PHP在实际开发中的应用，给后续的学习打下了良好的基础。

本书内容紧凑、实例丰富、结构严整、从易到难、由浅入深、循序渐进地系统介绍了PHP开发Web应用程序的技术。本书通俗易懂，配备大量的实例，供读者加深巩固所学知识，有助于读者进行开发实践。

本书专门为高职高专院校学生所编著，同时不论是对大中专学生，还是对初学PHP应用程序的开发人员，都会起到有益的帮助。本书配套的电子课件、源代码等资源，请登录华信教育资源网（www.hxedu.com.cn）免费下载。



**图书在版编目（CIP）数据**

PHP网络编程/马述清，郭天娇，马玉萍编著. —北京：电子工业出版社，2014.1
高等职业院校教学改革创新示范教材·网络开发系列
ISBN 978-7-121-21928-3

Ⅰ. ①P… Ⅱ. ①马 … ②郭… ③马… Ⅲ. ①PHP语言－程序设计－高等职业教育－教材

Ⅳ. ①TP312

中国版本图书馆CIP数据核字（2013）第276135号

策划编辑：左　雅
责任编辑：左　雅　　特约编辑：俞凌娣
印　　刷：北京宏伟双华印刷有限公司
装　　订：北京宏伟双华印刷有限公司
出版发行：电子工业出版社
　　　　　北京市海淀区万寿路173信箱　邮编　100036
开　　本：787×1 092　1/16　印张：20.25　字数：518.4千字
版　　次：2014年1月第1版
印　　次：2017年1月第2次印刷
定　　价：39.80元

凡所购买电子工业出版社图书有缺损问题，请向购买书店调换。若书店售缺，请与本社发行部联系，联系及邮购电话：（010）88254888，88258888。

质量投诉请发邮件至zlts@phei.com.cn，盗版侵权举报请发邮件至dbqq@phei.com.cn。

本书咨询联系方式：（010）88254580，zuoya@phei.com.cn。

# 前　言

PHP 是一种应用广泛的 Web 应用程序开发平台。相比 ASP，PHP 更专业一些，同时在开发效率、灵活性、安全性、性能方面比 ASP 技术更强。开源的 PHP 经过多年发展，PHP5 开始增强的企业特性，使 PHP 更广泛地被应用于大型网站与系统的建设，使 PHP 不再局限于个人小型网站的使用。

本书假设读者的开发基础为零，首先从搭建 PHP 的运行和开发环境、创建第一个 Web 应用程序的实用技术出发，详细介绍了 PHP 的编程基础知识、常用技巧以及表单等基本 Web 元素的应用。然后以 MySQL 数据库为主，详细介绍了 PHP 与数据库的各种操作方法，并对触发器和存储过程的编写方法进行了详细的介绍，为后续的应用程序开发奠定了坚实的基础。本书具备以下特色：

（1）实例丰富。书中所有的知识点都附带了可以运行的 PHP 代码，并包含了详细的注释。在代码的基础上学习，可以为今后的应用打下坚实的基础。

（2）细节翔实。本书对 PHP 的各方面知识做了全面的介绍，包括如何配置安装环境、基本语法以及与数据库的连接操作。

（3）兼顾实际开发。本书对 PHP 与其他网页元素诸如表单、文件、Cookie 等做了很详细的介绍，还使用了几个完整的实例综合介绍了 PHP 的实际应用。这些极具代表性的实例对读者的实际应用、毕业设计等都具有指导作用。

根据大多数开发人员的学习经验，学习 PHP，首先要学习其基础知识与相关的数据库操作，而扩展库和其他相关知识并不是 PHP 的核心功能，可以在需要的时候进行学习。但是，掌握了这些知识，可以更好地领悟 PHP 的精髓。本书也正是按照上面的学习流程进行讲解的，由易到难、由初级到高级，逐步将读者从一名 PHP 的初学者转变成一名精通 PHP 的程序开发人员。对于初学者，本书有以下学习建议，供读者参考。

（1）多阅读源代码。网上的很多源代码的设计思想与编程方法有很好的利用价值，在掌握了一定 PHP 基础知识后，阅读一些优秀的代码，可以很快地提高自身的水平。

（2）多练习编写源代码。本书提供了大量的范例，读者在阅读后根据自己的理解进行编写和调试，可以获得比单纯阅读更多的收获。

（3）养成良好的编程习惯。例如，在代码中适当的位置注释、代码缩进、语句不能过长等。

如果在学习的过程中遇到问题，及时提问可以很快获得答案。下面是一些常见的 PHP 网站或论坛，很多问题都可以从下面的网站中获得答案。

- http://www.php.net/：PHP 的官方网站，发布 PHP 的最新版本和所有的技术手册。
- http://www.phpx.com/：中国 PHP 联盟，包含很多 PHP 方面的教程、文章和代码等。
- http://www.phpe.com/：超越 PHP 网站，是以讨论 PHP 技术及教学为主的技术站点，该网站的一大特色就是其源代码也是公开的。
- http://www.phpv.com/：PHP5 研究室，主要从事 PHP5 的研究，该网站提供了很多

PHP5 方面的软件及学习资料。

- ❑ http://www.phpchina.cn/：PHP China，是面向 PHP 使用和爱好者以及与 PHP 有关的单位与个人自愿参加的组织。该网站主要进行 PHP 的技术性讨论以及发布 PHP 的最新动态等。
- ❑ http://community.csdn.net/：CSDN 社区，CSDN 是国内知名的计算机技术讨论社区。其中的 PHP 讨论版提供了很多很好的 PHP 技术资料。

在学习 PHP 的过程中，多实践是学习的关键。边阅读边进行代码调试可以有效地掌握 PHP 的知识点，并且及时发现学习中的难点和重点。

本书适合以下的读者：

- 本科/高职/中职学生
- 毕业设计的学生
- 网页专业设计制作人员
- 网页制作爱好者
- 社会培训班学生

本书由吉林工程技术师范学院的马述清、郭天娇、马玉萍编写，其中，马述清编写了第 1～7 章，郭天娇编写了第 8～13 章，马玉萍编写了第 14～18 章。另外，张增强、雷风、刘桂珍、王凯迪、张昆、赵桂芹、鲍洁、张友、李亚伟、王小龙和张金霞等也参与了本书的部分代码编写、资料收集、校对、测试等工作。本书内容翔实，结构紧凑，覆盖知识面广泛。由于编写时间较为仓促，书中难免会有疏漏和不足之处，恳请广大读者提出宝贵意见，以便我们在下一个版本中修订改进。

编 者

# 目录 CONTENTS

第1章

# PHP 开发环境搭建

近些年来，随着网络技术的蓬勃发展，动态网站技术也得到了很好的发展。PHP 是一种嵌入式 HTML 脚本语言。它的大多数语法来源于 C，也有一部分 PHP 特性借鉴了 Java 和 Perl，并且混合了 PHP 式的新语法。本章将对 PHP 进行宏观的介绍，使读者对 PHP 这种脚本语言有个初步的认识。另外，本章还将介绍如何安装并配置 PHP 的开发环境。

**本章学习目标：**

建立 PHP 程序的概念，明白 PHP 程序的应用范围，了解 PHP 的发展方向，能建立 PHP 的开发环境并写出第一个程序。具体的知识和技能学习点如下表所示：

| 本章知识技能学习点 | 掌 握 程 度 |
| --- | --- |
| PHP 语言的优势对比 | 理解含义 |
| PHP 的应用范围 | 理解含义 |
| 第一个 PHP 程序 | 必知必会 |
| 程序运行环境的搭建 | 必知必会 |
| 几种综合网络服务器系统的安装 | 知道概念 |
| 常用开发工具 | 知道概念 |

## 1.1 PHP 简介

PHP 的全名是一个递归的缩写名称。作为一种嵌入 HTML 的脚本语言，PHP 可以比 CGI 或 Perl 更快速地执行动态网页。

在数据库方面，PHP 支持 MySQL、Sybase、Oracle 等多种数据库产品。在 Internet 的服务支持方面，它也支持很多通信协议，包括 IMAP、POP3、LDAP 等。除此之外，PHP 的脚本语言可以轻松地移植到不同的系统平台上运行。例如，先以 Windows 作为操作系统构架 PHP 网站。由于系统负荷过高，可以快速地将整个系统移到 Linux 上，而不用重新编译 PHP 程序。面对快速发展的 Internet，PHP 无疑是长期规划的最好选择。

PHP 的脚本代码一般是由 HTML 代码中一对特殊的标记所引起的内容，通常是“<?php … ?>”。当 PHP 解释器对一个文件进行分析的时候，不会对这对标记外的 HTML 代码做任何处理。而标记内的代码将被看做 PHP 代码，被解释器分析执行。PHP 的这种运行机制允许程序编写人员在 HTML 的任意位置嵌入所需的 PHP 代码，而 PHP 标记外的内容则被完全独立。在用户通过浏览器访问时，用户看不到任何 PHP 代码，而只能看到被 PHP 解释器内部处理过的内容。

### 1.1.1 PHP 语言发展简史

PHP 最初是 1994 年 Rasmus Lerdorf 开始计划发展的。在 1995 年以 Personal Home Page（个人主页）开始对外发表第一个版本。在早期的版本中，提供了访客留言本、访客计数器等简单的功能。PHP 的早期主张就是实现将动态的变量放到静态 HTML 中的功能。

1995 年，第二版的 PHP 正式问世。第二版定名为 PHP 表单解释器（PHP-FI）。PHP-FI 奠定了 PHP 在动态网页开发上的影响力。随着 PHP 影响力的发展，PHP-FI 版本的功能被世界范围的很多程序员与爱好者进行了改进与增强。1996 年年底，全球约有 1.5 万个网站使用 PHP-FI 作为网站主程序的编程脚本语言。

1997 年，PHP 开发小组开始了第 3 版的开发计划。Zeev Suraski 及 Andi Gutmans 加入了开发小组，第 3 版就定名为 PHP3。PHP3 跟 Apache 服务器紧密结合的特性，以及它不断的更新使其几乎支持所有的主流与非主流数据库。除此之外，PHP3 拥有更高的执行效率。截止到 1998 年 6 月，全球有超过了五万人使用 PHP 来建设他们的网站。并且 PHP 源代码完全公开，在“开源”意识发展的今天，它是这方面的优胜者。



1998 年后期，Zeev 和 Andi 开始了第 4 版 PHP 的开发，即 PHP4。他们对整个脚本程序的核心做了大幅改动，使用了一个新的理念“先编译，后执行”。编译的过程不再将 PHP 代码编译成机器码，而是使用了 Zend 引擎识别的二进制中间代码。编译后再使用 Zend 引擎执行，让程序的执行速度满足更快的要求。优化后的效率，与传统的 CGI 或者 ASP 等常用脚本语言程序有了很大的提高。除此之外，PHP4 还有更强的新功能、更丰富的函数库。直到 2002 年年底，PHP 4.3.0 的发布宣布了 PHP4 的最后一次重大更新的完成。

PHP4 是 PHP 发展历史的一个里程碑。PHP4 的发布使 PHP 不再局限于个人小型网站的使用。PHP4 增强的企业特性使 PHP 更广泛地被应用于大型网站与系统的建设。PHP4 发布后不久，全球范围有了超过 360 万的用户。

由于面向对象技术的迅速发展，Zeev 和 Andi 开始重新设计 PHP4 面向对象部分的核心代码。不久之后，第 5 版 PHP（PHP5）正式发布。PHP5 的基本语言与 PHP4 变化不大，但是在一些重要方面进行了很大的加强。首先就是 PHP5 的面向对象特性，PHP5 已经实现了面向对象思想的大部分功能。其次就是对异常捕捉方面的加强，使 PHP 能够像 C++与 C# 等流行语言一样对程序代码中的异常处理进行捕捉。还有，就是对 XML 和 Web 服务等技术的支持。

PHP5 的问世，标志着 PHP 将有着更长远的发展。

### 1.1.2 PHP 发展现状与展望

当前的最新 PHP 版本是 PHP 5.x。在 PHP 5.x 中，较前一个版本相比较，已经在企业化的进程中有了很大的进步。主要表现在以下几点：

- 对 XML 的强大支持。
- 对 SOAP 以及 Web Service 的支持。
- 新的 MySQL 以及嵌入式 SQL 数据库引擎 SQLite 扩展。
- 新的内存管理机制。
- 更加完善的面向对象应用。

未来的 PHP，也就是 PHP 6.0，语言方面将会更加强大。可能会包括对 64 位整形数的支持、对 Unicode 操作的改进、对时间戳的改进、对面向对象机制的改进等。相信新的 PHP 语言将会朝着更加企业化的方向迈进，并且将更适合大型系统的开发。

### 1.1.3 PHP 语言的优势对比

在实际应用中，有多种脚本语言供选择。那么，为什么选择 PHP 作为网站的脚本语言呢？这里具体地列举和分析了 PHP 的优势：

- ❑ 支持数据库非常广泛。MySQL、Sybase、Oracle 等常用数据库产品 PHP 都提供支持，并且通过 ODBC，其应用范围更广。
- ❑ 跨平台性好。支持 Windows、Linux、UNIX 等多种系统操作平台，并且支持 Apache、IIS 等多种 Web 服务器。
- ❑ 自由软件。源代码公开，升级很快。
- ❑ 免费。PHP 及其服务器 Apache、MySQL 数据库、Linux 操作系统都是免费的产品。使用这一组合，用户不需要花费一分钱就可以构建一个中小型的网站系统。
- ❑ 容易入门。PHP 的语法继承了 C 语言的编程风格，易于上手。



表 1-1 是 PHP 与 ASP 和传统 CGI 的比较，由此可以看出，PHP 和其他的几种语言相比有很大的优势。

表 1-1 PHP 与其他脚本语言的比较

| 脚 本 语 言 | PHP | ASP | CGI |
|---|---|---|---|
| 操作系统 | 均可 | Windows | 均可 |
| Web 服务器 | 多种 | IIS | 均可 |
| 执行效率 | 快 | 快 | 慢 |
| 稳定性 | 好 | 中等 | 很好 |
| 开发周期 | 短 | 短 | 长 |
| 程序语言 | PHP | VB Script/Java Script | C 语言等多种 |
| 易于上手 | 容易 | 容易 | 困难 |
| 函数支持 | 多 | 少 | 根据语言的选择不定 |
| 系统安全 | 好 | 差 | 很好 |

### 1.1.4 学习提示

根据 PHP 的教学经验，读者在学习 PHP 的时候，需要注意以下问题：

（1）多阅读网上发布的源代码。网上的很多源代码的设计思想与编程方法有很好的利用价值，在掌握了一定 PHP 基础后去阅读，一定很有好处。

（2）多练习编写一些 PHP 代码。包括本书在内的 PHP 资料都有很多范例，读者可以尝试编写一些自己的代码，这样，可以获得比单纯阅读更多的收获。

（3）选择一个好的开发工具。一个好的开发工具往往会得到事半功倍的效果，因此，选择一个好的开发工具编写 PHP 是很有好处的。本章将在后面介绍常用的开发工具。

（4）关于养成良好的编程习惯。例如，在代码中适当的位置注释；语句不能过长。

## 1.2 PHP 的应用范围及案例

PHP 目前在世界上已经拥有了百万用户，在这样一个庞大的用户群中，对于 PHP 的应用可谓多种多样。本节将主要介绍PHP的应用范围以及几个当前流行的一些PHP产品。

### 1.2.1 PHP 可以做什么

随着近些年来浏览器/服务器（B/S）模式的快速发展，单纯的静态 HTML 已经不能满足信息传输的需要了，很多脚本程序大量地涌现出来。PHP 脚本程序也是其中的一种。PHP 除了可以使用 HTTP 进行通信外，也可以使用 IMAP、SNMP、POP3 等协议。PHP 主要具有以下几点功能：

- PHP 能够根据网站的访问者客户端的语言设置为访问者提供本地化的服务，自动地以访问者的母语或习惯语言提供页面。
- PHP 能够很容易地创建 Flash、PDF 等多媒体文件。
- PHP 有效地支持加密，并且支持多种数据库服务器。



因此，PHP 可用于企业内部管理系统的开发、B/S 架构的电子商务系统的开发、公共网站的开发等多种应用范围中。

### 1.2.2 PHP 擅长的领域及产品介绍

PHP 主要擅长以下几个领域。

#### 1. 内容管理系统（CMS）

内容管理系统主要用于管理新闻、资料数据等。通常包括前台浏览界面和后台管理界面。其典型产品是 DedeCms。DedeCms 是一个基于 MySQL 数据库构建的文章管理系统，并且支持生成静态页面。适合于个人网站以及一般商业网站的应用。用户可以到 http://www.dedecms.com/下载。

#### 2. 论坛系统（Forum）

论坛系统是一个支持用户间传递和共享信息的交流平台。论坛系统的功能相对复杂，并且要对多用户同时访问的效率方面作很多考虑。其典型产品是 Discuz!。Discuz!论坛是设计完善并可以适用于多种服务器环境的论坛系统。Discuz!论坛在稳定性、负载、安全等方面都居领先地位。用户可以到 http://www.discuz.com/下载。

#### 3. 电子商务系统（e-Business）

电子商务系统是当前 Web 应用中的一个很重要的应用。随着电子商务的发展，系统在安全性、功能设计方面都有着很高的要求。其典型产品是 ShopEx。ShopEx 继承多种网上支付的网关，界面精美。该系统通过生成静态页面的方式大大地提升了页面的访问速度，能够有效地进行多种模式的销售。用户可以到 http://www.shopex.cn/下载。

### 1.2.3 PHP 不适合做什么

除了前面介绍过的 PHP 的优势，PHP 也有很多不足的地方。这里列举了一些 PHP 在实际应用中的不足：

- PHP 对递归的支持并不很好。能承受的递归函数的递归次数限制和其他的语言比起来要少许多。
- PHP 没有命名空间。虽然 PHP5 提供了很好的面向对象的特性，但是并没有提供命名空间的支持。这样，在很多项目的设计中，每个函数都需要加上模块名作为前缀来避免函数名称的冲突。这对团队进行大项目的开发有着很不利的因素。

因此，PHP 不适合大型系统的开发。虽然目前也有很多大型系统使用 PHP 成功开发的实例，但是与其他语言相比，在这方面 PHP 还是处于劣势的。

### 1.2.4 其他案例

除了前面介绍的一些在实际生产项目中的应用以外，PHP 还可以用于一些其他专用系统的开发。例如，PHPMyAdmin 就是一个专门用来维护 MySQL 数据库的管理系统。

由于 MySQL 数据库管理系统没有良好的 UI 界面，往往操作比较麻烦。很多操作都需要通过输入命令来完成。PHPMyAdmin 提供了类似于 SQL Server 的管理界面，几乎可以实现 MySQL 的所有数据操作，为 PHP 程序员设计、管理数据库提供了很大方便。



## 1.3 PHP 的“Hello，world”预览

本节将介绍一个很简单的 PHP 页面的编写。页面将在浏览器第一行居中输出“Hello, world”字样。读者在阅读本节后将掌握一些基本的 PHP 语法，也可以在学习完后面的安装方法后自己编写一下“Hello，world”程序。

### 1.3.1 第一个 PHP 程序“Hello，world”

与学习其他语言类似，学习 PHP 的第一步也是“Hello，world”程序的编写。通过这个实例，读者可以对 PHP 有一个基本的认识。

#### 1. 如何在 HTML 中嵌入 PHP 代码

首先使用 HTML 编写一个简单的页面。代码如下所示：

```
<html>
    <head>
        <title>Hello, world</title>
  </head>
  <body>
    <H1><p align=center>Hello, world</p></H1>
  </body>
</html>
```

这是一个简单的 HTML 代码。其中并没有任何 PHP 代码。在 HTML 中嵌入 PHP 代码的方法是使用<?php … ?>将 PHP 代码嵌入 HTML 中。PHP 代码可以嵌入 HTML 中的任何部位。例如，以下代码是将一个空的 PHP 代码标识嵌入上面的 HTML 代码中。

```
<html>
    <head>
        <title>Hello, world</title>
   </head>
   <body>
     <H1><p align=center>Hello, world</p></H1>
<?php

?>
   </body>
</html>
```

上面的代码运行后，在浏览器中看到的结果与上面的纯静态 HTML 代码完全相同。通过浏览器的查看代码查看时，将无法看到 PHP 标识。



### 2. PHP 中的注释

编写任何程序都需要进行注释。注释将不会被解释器编译，并且，注释也不会发送到客户的浏览器端。一个良好的注释习惯可以使代码的可读性大大增强。与 C++语言类似，PHP 中的注释方法包括三种形式。

- 第一种是使用双斜线“// …”注释。双斜线以后直到行的结尾都将被看做注释语句。以下代码就是一个用双斜线注释的例子。

```
//这是一行注释
```

- 第二种是使用井字号“# …”注释。与双斜线类似，井字号以后直到行的结尾都将被看做注释语句。以下代码就是一个用井字号注释的例子。

```
#这是一行注释
```

- 第三种是使用“/* … */”进行注释。标识符“/*”和“*/”之间的内容都被看做注释。这种注释方法支持多行注释，如以下代码：

```
/*这是一行注释
这也是一行注释*/
```

需要注意的是，第三种注释方法不允许嵌套使用。以下代码是一个错误的使用注释的例子。

```
/*这是不正确的/*这是注释*/注释*/
```

### 3. PHP 中的输出语句

前面介绍了如何在 HTML 中嵌入代码，下面介绍如何输出。PHP 常用的输出语句主要有两种。一种是 print，一种是 echo。这两种语句几乎有着相同的功能，都是把要输出的对象放到 print 或者 echo 后实现输出。以下代码输出了两个“Hello，world”字符串。

```
<?php
echo "Hello, world";                                    //使用 echo 输出
print "Hello, world";                                   //使用 print 输出
```

```
?>
```

这里，用双引号来标识“Hello, world”这句话。具体的用法将在后面的章节中介绍。

#### 4. 第一个 PHP 页面——“Hello，world”

通过前面介绍的在 HTML 中嵌入 PHP 代码的方法和输出字符串的方法，可以将其结合起来输出第一个 PHP 页面。将上面 HTML 代码中的“Hello, world”用 PHP 代码代替，如下所示。

```
<html>
    <head>
        <title>Hello, world</title>
    </head>
    <body>
    <H1><p align=center>
        <?php
            echo "Hello, world";                    //这里是一行 PHP 代码
        ?>
</p></H1>
    </body>
</html>
```

这个代码实现了与上面 HTML 代码完全相同的功能。通过浏览器查看代码，可以看到与前面纯 HTML 的代码完全相同。有了编写这个代码的基础，就可以由此扩展进行其他方面的学习了。

### 1.3.2 学习 PHP 该准备哪些软件

学习 PHP，需要首先配置一个完整的 PHP 应用环境。否则无法实践。在安装开发环境前，读者需要自行下载 Apache 和 PHP 的代码或可执行安装文件。由于 Apache 和 PHP 是免费的产品，并且源代码开放，所以读者可以很容易地从网络中获取。

#### 1. 下载 Apache

Apache 服务器是世界上流行的 Web 服务器之一，并且由于其源代码开放的特性，服务器版本的发展非常迅速。因此，获取最新版本的 Apache 是非常必要的。读者可以登录 Apache 的官方网站 http://www.apache.org 获取 Apache 的源代码或安装包。

在这个网站上，提供了近 300 个镜像站点。读者可以根据自己的需要选取其中的一个进行下载。下载分为两种方式。

- 源代码：如果是在 UNIX 或者 Linux 下安装，并且对 Apache 的配置非常熟悉，可以选择下载源代码。下载源代码以后，在 UNIX 或者 Linux 平台上进行编译就可以运行了。使用源代码重新编译的好处在于可以更方便地进行 Apache 的参数调整。根据服务器的自身配置以及编译选项，可以使 Apache 服务器达到更佳的性能。
- 安装包：所谓的安装包是已经编译好的可执行文件。迄今为止，已经有 10 余种安装包可供用户下载。如果是在 Windows 环境下安装，则必须要下载已经编译

好的安装包。本章将要介绍的就是在 Windows 平台下的 Apache 安装，所以使用 Apache 为 Windows 编译的安装文件。

Apache 的 Windows 下的安装文件文件名通常为 apache_x.x.xx-win32-x86-no_ssl.msi 格式，其中 x.x.xx 是版本号。目前比较流行的是 Apache2，所以通常的下载文件为 2.x.xx 版本。本书所用版本为 Apache 2.2.3，本书中的例子均在 2.2.3 版本中调试通过。win32-x86 表示此安装包仅供 Windows 平台安装使用，no_ssl 表示此安装包不支持安全套接层协议 SSL。

#### 2. 下载 PHP

PHP 包提供了对 PHP 语言的支持以及编译、解释功能。获取最新版本的 PHP 可以从 PHP 的官方网站 http://www.php.net 上直接下载。与 Apache 类似，PHP 也提供了多达 100 余个镜像网站。PHP 的下载分为以下三种方式。

- 源代码：如果是在 UNIX 或者 Linux 下安装，可以下载源代码进行重新编译。在 Windows 平台下，PHP 的源代码也可以进行重新编译，但是会带来很多问题。所以本书不推荐在 Windows 平台下对 PHP 的源代码进行重新编译。
- Windows ZIP 压缩包：这个压缩包提供了与 Apache 服务器结合的全部二进制文件。如果是在 Windows 下结合 Apache 使用 PHP 开发环境，需要下载这个类型的安装文件。
- Windows 安装文件：这个可执行文件通过可视化的安装界面提供了 PHP 的二进制文件。并且，这个安装文件可以自动配置 Windows 自带的服务器软件，例如 IIS 或者 PWS。如果需要在 IIS 上运行 PHP，则应该选择这个类型的安装文件。需要注意的是，虽然这个类型的安装文件也可以实现与 Apache 的结合，但是，本书并不推荐使用。

PHP 的最新版本是 PHP5，这里用来与 Apache 结合配置的文件是 php-x.x.xx-Win32.zip。其中 x.x.xx 代表版本号。本书选用了 5.1.5 作为安装的版本，本书中的所有代码均在 5.1.5 版本中调试通过。

### 1.3.3 相关知识领域介绍

PHP 采用浏览器/服务器（B/S）模式架构。所谓 B/S 结构，就是通过浏览器（Browser）来访问服务器（Server）上的内容，客户端不需要运行其他软件。

B/S 结构的优点是维护方便。客户端运行的软件就是一个随操作系统同时发布的浏览器，例如 IE，而不用安装其他软件。浏览器通过网络获取服务器上的信息。B/S 结构系统的所有的维护、升级工作都只在服务器上进行，服务器端代码修改后，客户端就能获得最新的信息。

服务器端的 PHP 代码会转化成 HTML 代码传输到客户端，一个基本的 HTML 代码如下所示：

```
<HTML>
  <HEAD>
    <TITLE>标题</TITLE>
  </HEAD>
  <BODY>
```

```
    主体
  </BODY>
</HTML>
```

在实际应用中，通常把PHP代码和HTML代码混合使用完成一个页面的显示。

## 1.4 程序运行环境的搭建

前面介绍了如何下载到Apache和PHP安装包，本节将介绍如何来安装。Apache是世界上最流行的Web服务器软件之一。Apache允许任何人对其进行修改，Apache几乎可以运行在所有的计算机平台上，有着很高的扩展性和移植性。

### 1.4.1 Apache 简介

Apache是根据NCSA服务器发展而来的。在发展初期，Apache是一个UNIX系统上的服务器。最初研发Apache的目标就是建设一个功能强、效率高的WWW服务器。因此，不停地使用各种补丁来增强其某一方面的性能。"Apache"这个名字也就由此而来。

由于Apache的迅速发展，到今天，Apache服务器已经被应用到了几乎所有的计算机平台。Apache服务器主要具有以下特性：

- 支持http/1.1协议。
- 支持http认证。
- 支持虚拟主机。
- 集成Perl。
- 集成代理服务器。
- 支持安全Socket层。

Apache的缺点在于它并没有向管理员提供图形用户界面。因此，Apache的维护和管理都比较复杂。

### 1.4.2 安装 Apache 与 PHP

前面，已经介绍了如何下载Apache和PHP安装包。本节将介绍如何用这两个安装文件来安装Apache和PHP。安装前，需要确认Apache的安装文件apache_2.2.3-win32-x86-no_ssl.msi和PHP的安装文件php-5.1.5-Win32.zip已经被正确下载并且存储在硬盘上。安装步骤如下所示：

（1）双击apache_2.2.3-win32-x86-no_ssl.msi文件的图标，启动Apache的安装程序。

（2）单击【Installation Wizard】对话框中的【Next】按钮，弹出【License Agreement】对话框。

（3）仔细阅读协议后选择是否接受协议。如果此时选择不接受协议，安装将中止。如果选择接受协议，选中【I accept the terms in the license agreement】选项，单击【Next】按钮，弹出【Read This First】对话框。

（4）阅读Apache的简要说明后，单击【Next】按钮，弹出【Server Information】对话框，如图1-1所示。

（5）如果此时 Apache 是在服务器上安装，可以直接输入服务器的域名和主机地址。如果当前计算机尚不是一个可用的服务器，甚至是一台没有连入网络的计算机，可以在前面的两个框中直接输入 localhost，在第三栏中任意输入一个 E-mail 地址。下面的选项是要求用户选择 Apache 服务是否对当前计算机上所有的 Windows 用户有效。如果需要把 Apache 安装成一个系统服务，则需要选择对所有用户有效。这也正是 Apache 推荐用户做的。在所有的信息都填好后单击【Next】按钮，弹出【Setup Type】对话框。

（6）【Setup Type】对话框要求用户选择使用典型模式安装还是定制模式。如果用户不希望安装 Apache 的文档，可以选择【Custom】模式并将 Apache 文档前的“√”去掉。否则，选择【Typical】模式。选择好以后，单击【Next】按钮，弹出【Destination Folder】对话框。

（7）这里要求用户选择安装的目标文件夹，默认值为 C:\Program Files\Apache Software Foundation\Apache2.2\。如果需要改动，则单击右侧的【Change】按钮进行更改，如图 1-2 所示。更改完成后，单击【Next】按钮，弹出【Ready to Install the Program】对话框。

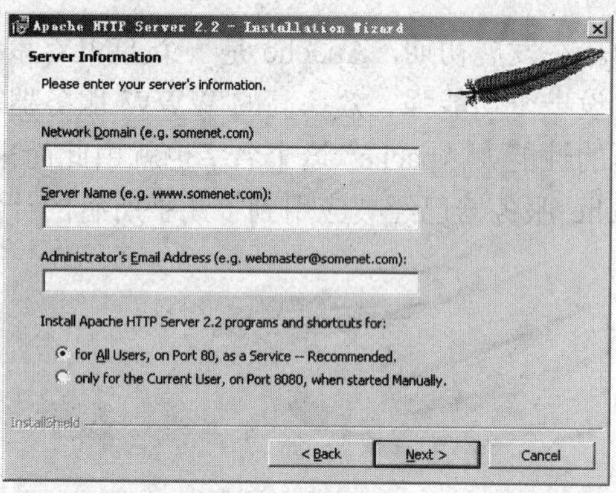


图 1-1　在 Apache 安装程序中输入服务器信息

图 1-2　修改 Apache 的安装路径

（8）单击【Install】按钮，弹出【Installing Apache HTTP Server】对话框并开始执行安装。几秒钟后，如果没有出现错误提示，Apache 即安装完毕。安装程序会弹出【Installation Wizard Completed】对话框提示 Apache 的安装完成。单击【Finish】按钮结束安装。此时，可以看到屏幕右下角的 Apache 羽毛图标和绿色的运行状态提示。

（9）现在就可以继续进行 PHP 的安装了。解压 PHP 的安装文件到 C:\php 文件夹。当然，这个文件夹是可以任意指定的，如果读者选择其他的文件夹，则下面的步骤也要相应地改变。本节将以 C:\php 为例进行说明。

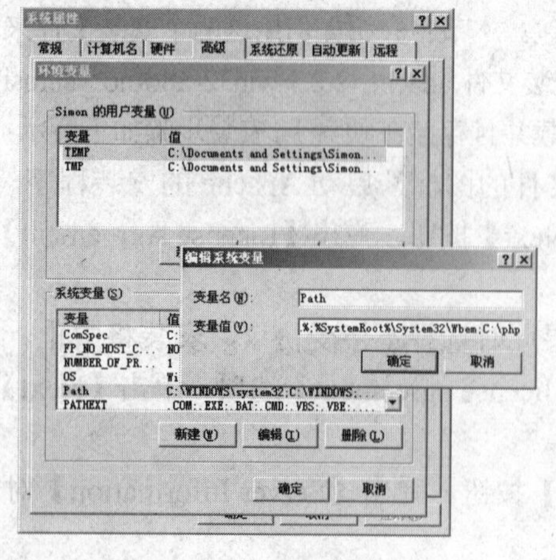


图 1-3　修改 Path 变量值

（10）为了在 Apache 上运行 PHP 代码，要使 PHP 中的 php5ts.dll 文件与 Apache 服务器关联起来。打开 C:\php 文件夹，可以看到这个文件。现在要做的就是将这个文件所在的文件夹复制到 Windows 的路径中。单击【开始】→【控制面板】→【系统】命令，打开【高级】选项板，单击【环境变量】按钮。然后在系统变量的框中找到【Path】变量，选中后单击【编辑】按钮，将 C:\php 添加到 Path 变量值中。如图 1-3 所示。这里需要注意的是，不要把原来的变量值删除。

（11）打开Apache安装目录下的conf文件夹，找到httpd.conf文件进行编辑。如果安装Apache的时候没有修改安装文件夹路径，则这个文件在 C:\Program Files\Apache Software Foundation\Apache2.2\conf 目录下。

（12）在 httpd.conf 文件 LoadModule 段落的末尾填写如下代码（这里指定了 php5apache2.dll 的路径以及 PHP 参数文件的所在目录）：

```
LoadModule php5_module C:/php/php5apache2.dll
AddType application/x-httpd-php.php
PHPIniDir "C:\php"
```

（13）进入 PHP 的文件夹 C:\php，重命名文件 php.ini-dist 为 php.ini。php.ini 文件保存了 PHP 的各种配置信息。对于这个文件，本章将在 1.4.6 节中详细介绍。

（14）重新启动 Apache 服务。单击右下角的 Apache 羽毛图标，然后单击 Restart 按钮。如果 Apache 能够成功重新启动，则开发环境的安装到此结束。如果系统提示 Apache 不能正常启动，则需要下载 php5apache2.dll 的一个补丁。这个补丁可以在 http://www.phpv.net 网站下载到，下载的文件名为 php5apache2.dll-php5.1.x.rar。

（15）下载后用 php5apache2.dll 覆盖原来的文件，把 httpd.exe.mainifest 文件放到 Apache 安装目录的 bin 文件夹，双击 vcredist_x86.exe 文件运行。

（16）再次重新启动 Apache 服务器。Apache 和 PHP 安装环境的安装全部结束。

### 1.4.3 使用 phpinfo()确认 Apache 与 PHP 的安装成功

本节来测试一下 Apache 与 PHP 是否已经正确的安装成功了。打开 Apache 的安装目录中的 htdocs 文件夹，默认为 C:\Program Files\Apache Software Foundation\Apache2.2\htdocs。用文本编辑器创建一个文本文件，输入以下代码：

```
<?php
phpinfo();
?>
```

保存为文件名为 phpinfo.php 的文件。然后在浏览器的地址栏输入 http://localhost/phpinfo.php，如果安装成功，能看到如图 1-4 所示的界面。

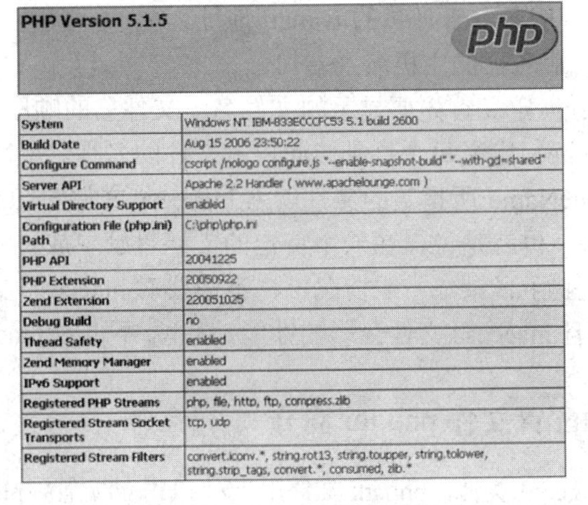

PHP Version 5.1.5

| | |
|---|---|
| System | Windows NT IBM-833ECCCFC53 5.1 build 2600 |
| Build Date | Aug 15 2006 23:50:22 |
| Configure Command | cscript /nologo configure.js "--enable-snapshot-build" "--with-gd=shared" |
| Server API | Apache 2.2 Handler ( www.apachelounge.com ) |
| Virtual Directory Support | enabled |
| Configuration File (php.ini) Path | C:\php\php.ini |
| PHP API | 20041225 |
| PHP Extension | 20050922 |
| Zend Extension | 220051025 |
| Debug Build | no |
| Thread Safety | enabled |
| Zend Memory Manager | enabled |
| IPv6 Support | enabled |
| Registered PHP Streams | php, file, http, ftp, compress.zlib |
| Registered Stream Socket Transports | tcp, udp |
| Registered Stream Filters | convert.iconv.*, string.rot13, string.toupper, string.tolower, string.strip_tags, convert.*, consumed, zlib.* |

图 1-4　phpinfo()运行界面

### 1.4.4 Apache 的启动与关闭

使用 Apache 的一个重要操作就是启动与关闭 Apache 服务器。Apache2 提供了一个简单的可视化用户界面，通过双击右下角的 Apache 运行图标启动，如图 1-5 所示。在面板的右部，提供了启动、关闭、重新启动 Apache 服务的方法。

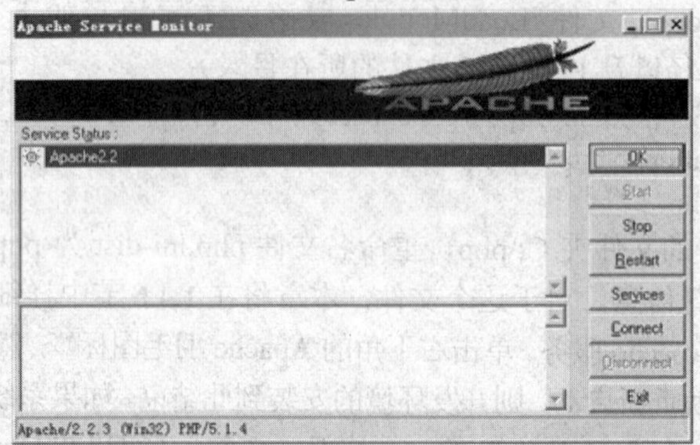


图 1-5 Apache 用户界面



### 1.4.5 Apache 的配置文件 httpd.conf 与.htaccess 简介

在前面的安装过程中，通过编辑 httpd.conf 文件实现了 Apache 对 PHP 模块的加载。httpd.conf 文件包含了对 Apache 的配置信息。如果对 httpd.conf 做了更改，则需要重新启动 Apache 服务器，修改才会生效。如果修改时出现错误，Apache 将无法正常启动。

在 httpd.conf 文件中，使用#来进行注释。在文件中，包含了大量注释，读者可以自己根据注释进行修改。建议在修改前将文件备份，以避免 Apache 服务器无法启动。下面是几个常见的 httpd.conf 文件中需要配置的参数。

- DocumentRoot：这是网站文件存储的位置，默认为 htdocs 文件夹。如果需要将网站放于其他位置，则需要修改此项。需要注意的是，如果此项被修改，则 Directory 指令也要做相应的修改。
- Listen：监听端口。也就是 Apache 服务器允许使用的其他端口（Port）或 IP 访问服务器。
- ServerAdmin：服务器管理员的 E-mail 地址。
- ServerName：服务器的主机名及端口。
- DirectoryIndex：定义首先要显示的文件名。文件名的顺序自左到右优先。
- AccessFileName：定义每个目录访问控制文件的名称。

默认的 AccessFileName 所指定的文件就是.htaccess 文件。.htaccess 文件提供了针对目录改变配置的方法。也就是说，在一个特定的文档目录中放置一个包含指令的文件，用于作用于此目录及其子目录。一般情况下，不需要对.htaccess 文件进行配置，甚至无须使用这个文件。而且.htaccess 文件会影响性能。这里，不再对.htaccess 文件做更多介绍。

### 1.4.6 PHP 的配置文件 php.ini 简介

与 PHP 中的 httpd.conf 类似，php.ini 文件用于对 PHP 的配置。php.ini 文件中的格式通常是“参数=值”的形式，使用分号（;）作为注释。例如，下面的代码是 php.ini 中的一小部分。

```
;
; Safe Mode
;
safe_mode = Off
```

在 php.ini 中所作的修改可以通过 phpinfo()函数查看到。php.ini 的配置参数包括以下 12 部分：

- 语言选项（Language Options）
- 安全模式（Safe Mode）
- 语法高亮（Syntax Highlighting）
- 杂项（Miscellaneous）
- 资源限制（Resource Limits）
- 错误处理与日志（Error Handling and Logging）
- 数据处理（Data Handling）
- 路径与目录（Paths and Directories）
- 文件上传（File Uploads）
- 文件包装（Fopen Wrappers）
- 动态扩展（Dynamic Extensions）
- 模块设定（Module Settings）

对于常用参数的配置，本书将在下一节中详细介绍。

### 1.4.7 PHP 常用参数的配置

下面将主要介绍 php.ini 中的常用参数配置。

- max_execution_time：每个脚本的最大执行时间，单位为秒。如果脚本在规定的时间内没有执行完成，脚本将非法结束。
- memory_limit：脚本最大可使用的内存总量，单位为字节。如果脚本占用的内存资源超过了这个限制，脚本将非法结束。
- display_errors：是否输出错误信息。如果设置为 On，则一旦脚本出错，错误信息将作为输出的一部分被输出到屏幕上。建议在对外发布的服务器上关闭这个选项，以避免某些漏洞的发生。
- file_uploads：是否允许通过 HTTP 方式上传文件。
- allow_url_fopen：是否允许通过读/写文件的方式读/写远程 HTTP 文件。
- extension：指定加载的 PHP 扩展。

## 1.5 几种综合网络服务器系统的安装

除了前面介绍的通过依次安装 Apache 和 PHP 的方法以外，目前还有很多基于 Apache 和 PHP 的综合网络服务器系统。此类综合网络服务器系统往往集成了包括 Apache 和 PHP 在内的多种软件或插件。读者也可以选择其中的一种安装，安装过程会方便很多。

### 1.5.1 XAMPP

XAMPP 是由 Apache Friends 开发的一款集成 Apache、MySQL、PHP 等软件的综合网络服务器系统。XAMPP 捆绑了两个版本的 PHP，包括 PHP5 和 PHP4。用户可以很方便地使用 XAMPP 自带的切换工具切换两个版本 PHP，在系统开发时用户可以很容易地实现 PHP 的版本切换。XAMPP 主要包含以下软件。

- Apache 2.2.3
- MySQL 5.0.24a
- PHP 5.1.6 & PHP 4.4.4
- phpMyAdmin 2.8.2.4
- FileZilla FTP Server 0.9.18
- OpenSSL 0.9.8c
- PEAR & PECL

用户可以从 XAMPP 的官方网站 http://www.apachefriends.org/en/xampp-windows.html 下载 XAMPP。安装步骤如下所示：



（1）双击安装文件启动安装程序。

（2）在【Installer Language】对话框上选择安装时使用的语言，然后单击【OK】按钮，弹出【XAMPP 1.5.1 Setup】对话框。

（3）单击【Next】按钮，弹出【Choose Install Location】对话框。

（4）在【Destination Folder】框处输入目标路径，单击【Install】按钮开始安装。

（5）安装后，单击【Finish】按钮完成安装。

（6）安装完成后，弹出 XAMPP 的控制面板，如图 1-6 所示。

在控制面板上，可以根据需要选择是否将 Apache、MySQL 以及 FileZilla 作为系统服务。用户也可以随时开启和关闭服务。除了控制面板以外，XAMPP 还提供了一个基于 Web 的界面。其中包含了一些 PHP 例子以及常用工具的链接和使用方法，如图 1-7 所示。

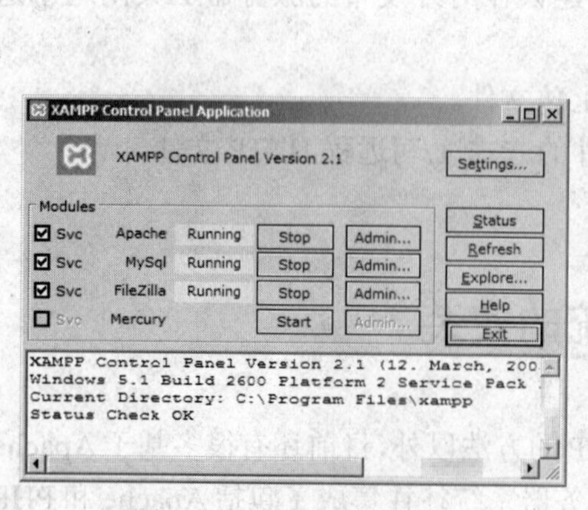


图 1-6 XAMPP 控制面板

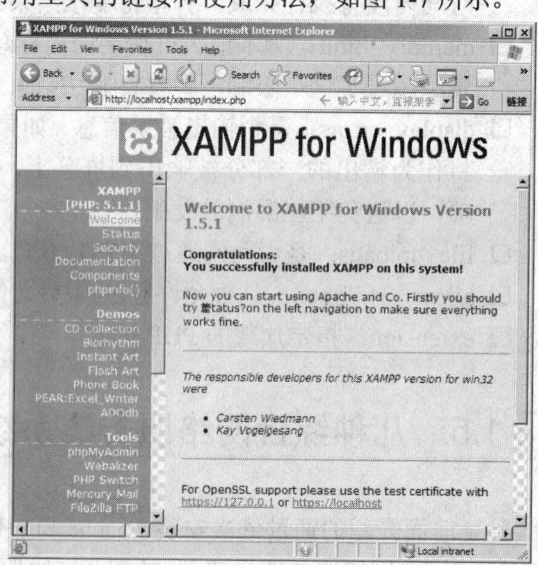


图 1-7 XAMPP 的 Web 界面

### 1.5.2 WAMP

WAMP 是另一款综合网络服务器系统。主要集成了以下软件（WAMP 并没有包含 XAMPP 中的大量 Pear 包，因此，体积更加小巧，在开发小型系统时使用 WAMP 可以节省不必要的系统空间浪费）：

- PHP 5.1.6
- MySQL 5.0.24a
- Apache 2.0.59
- phpmyadmin 2.8.2.4

用户可以从 WAMP 的官方网站 http://www.wampserver.com/en/下载 WAMP。

安装步骤如下所示：

（1）双击安装文件启动安装程序。

（2）单击【Setup – WAMP5】对话框上的【Next】按钮，弹出【License Agreement】对话框。

（3）阅读协议以后，选择【I accept the agreement】选项，单击【Next】按钮，弹出【Select Destination Location】对话框。

（4）输入目标路径，单击【Next】按钮，弹出【Select Start Menu Folder】对话框。

（5）单击【Next】按钮，弹出【Select Additional Tasks】对话框。

（6）这里需要选择是否在 Windows 系统启动的时候启动 WAMP，选择后，单击【Next】按钮，弹出【Ready to Install】对话框。

（7）单击【Install】按钮，开始安装。

（8）在【Browse For Folder】窗口上选择网站所在路径，也就是 PHP 文件所在位置，如图 1-8 所示。单击【OK】按钮，弹出【PHP mail parameters】对话框。

（9）输入 SMTP 服务器所在地址，单击【Next】按钮。

（10）输入用于发送邮件的 E-mail 地址，单击【Next】按钮。

（11）选择默认浏览器程序。

（12）单击【Finish】按钮结束安装。

安装完成后，在右下角任务栏上出现图标。单击图标，弹出如图 1-9 所示的菜单。

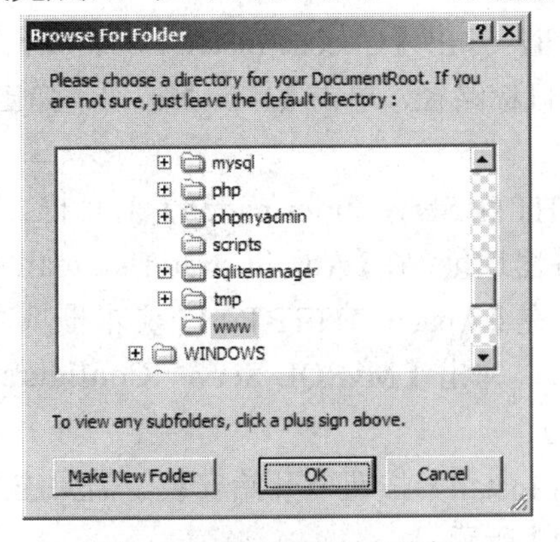


图 1-8 选择网站所在路径

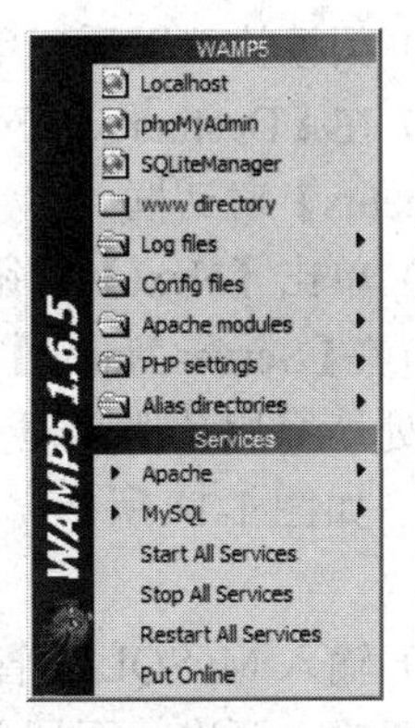


图 1-9 WAMP 主菜单

单击菜单上的【Localhost】命令，可以在浏览器中看到 WAMP 的 Web 首页，如图 1-10 所示。

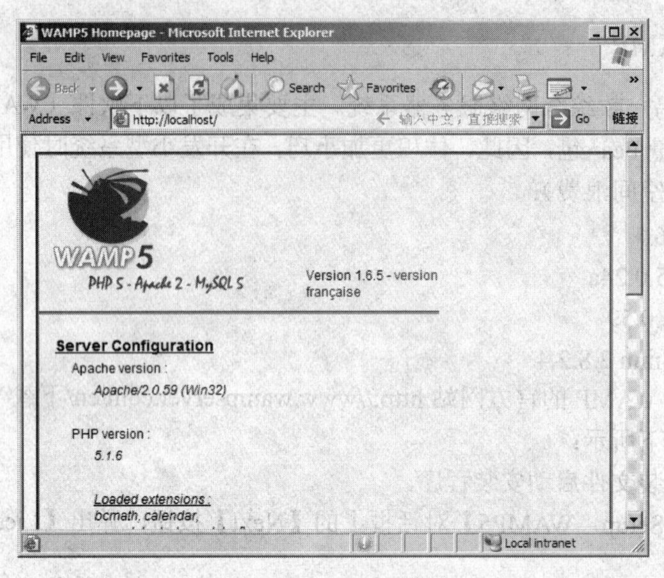


图 1-10　WAMP 首页



### 1.5.3　Appserv

Appserv 是另一款综合网络服务器系统。主要集成了以下软件（Appserv 与 WAMP 附带的软件几乎相同，但不同的是目前的 Appserv 所提供的 PHP 版本为 PHP4）：

- Apache 2.0.58
- MySQL 5.0.22
- PHP 4.4.2
- phpMyAdmin-2.8.2

可以从 Appserv 的官方网站 http://www.appservnetwork.com/下载 Appserv。安装步骤如下所示：

（1）双击安装文件启动安装程序。

（2）单击【Appserv 2.5.6 Setup】对话框上的【Next】按钮，弹出【License Agreement】对话框。

（3）阅读协议以后，单击【I Agree】按钮，弹出【Choose Install Location】对话框。

（4）在【Destination Folder】文本框输入目标路径，单击【Next】按钮，弹出【Select Components】对话框。

（5）单击【Next】按钮，弹出【Apache HTTP Server Information】对话框。

（6）在【Server Name】文本框处填写服务器地址，在【Administrator's Email Address】文本框处填写服务器管理员的 E-mail 地址，在【Apache HTTP Port】文本框填写服务器端口号，如图 1-11 所示。单击【Next】按钮，弹出【MySQL Server Configuration】对话框。

（7）输入 MySQL 的管理员密码，单击【Install】按钮，开始安装。需要注意的是，密码需要输入两次，而且必须相同，如图 1-12 所示。

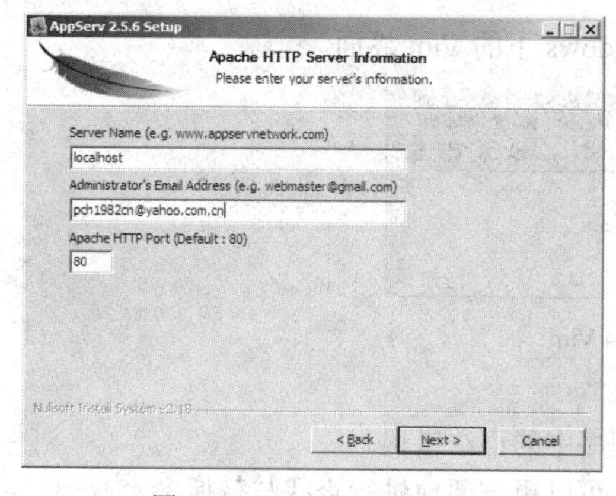


图 1-11　Appserv 服务器信息

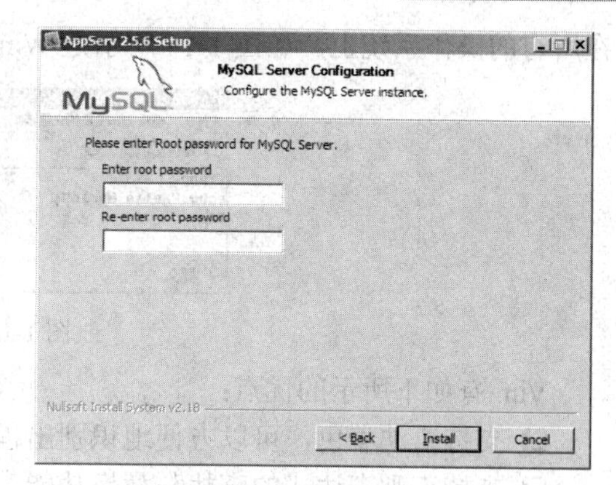


图 1-12　输入 MySQL 管理员密码

（8）单击【Finish】按钮结束安装。

安装后通过在浏览器上访问 http://localhost/来确认安装是否成功，如图 1-13 所示。Appserv 并不提供控制面板，可以通过【开始】菜单上的快捷方式直接对服务器进行操作。

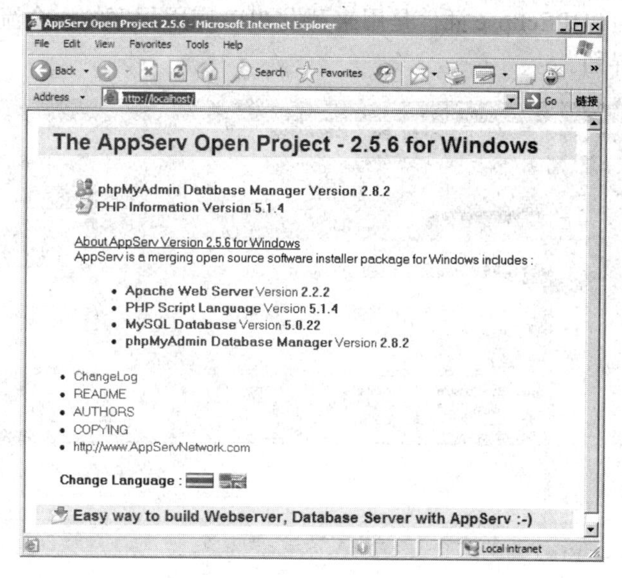


图 1-13　Appserv 界面

## 1.6　几种开发工具简介

本节将简要介绍几个常用的开发工具。

### 1.6.1　Vi 及 Vim

Vi（Visual Interface）是 Linux 上最常使用的文本编辑器。Vi 是 Linux 的第一个全屏幕编辑工具，从诞生至今它一直得到广大用户的青睐。但是，由于 Vi 操作复杂，用惯 Windows 编辑工具的用户可能无法适应 Vi 的操作环境。

Vim（Vi Improved）是一款与 Linux 下的 Vi 兼容的文本编辑器。Vim 几乎可以运行在所有的操作系统上，如图 1-14 所示是 Windows 下的 Vim 界面。

图 1-14 Vim

Vim 有如下所示的优点：

- ❑ 支持语法着色，可以方便地识别出程序中的语法错误。
- ❑ 支持正则表达式的查找与替换功能，可以更方便地进行查找与替换。
- ❑ 可以通过:help 命令随时查看帮助信息，更方便 Linux 用户的使用。

### 1.6.2 Eclipse+PHPEclipse 插件

用于 Eclipse 的 PHPEclipse 插件是用来开发 PHP 应用程序的一个流行工具。如图 1-15 所示是 Eclipse 的界面。



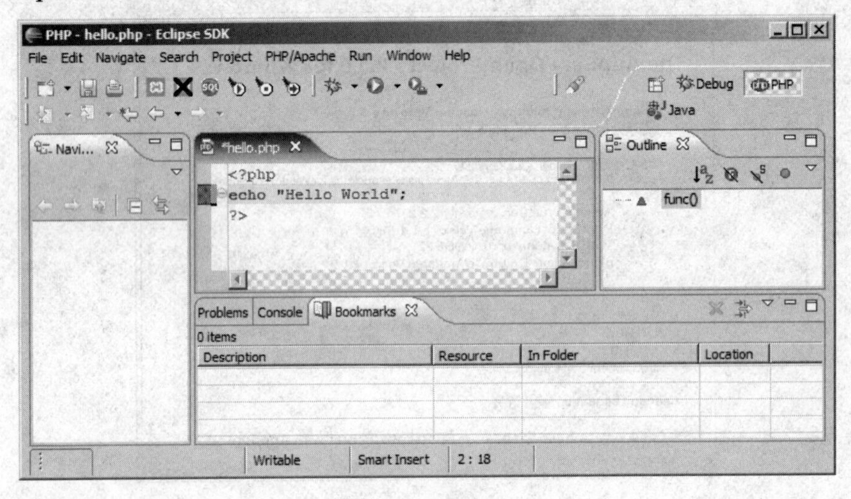


图 1-15　Eclipse

Eclipse 有如下所示的优点：

- ❑ 免费，用户可以免费获取。
- ❑ 语言支持性好，Eclipse 支持多种语言包，方便使用中文进行操作。
- ❑ 可扩展性好，支持许多功能强大的外挂。
- ❑ 平台跨越性好，支持多种操作系统如 Windows、Linux 等。
- ❑ 安装方便，下载后只需要解压缩就可以直接运行。

### 1.6.3 UltraEdit

UltraEdit 是一个功能强大的文本编辑器，可以用来编辑普通文本、Hex 以及 ASCII 码等。如图 1-16 所示是 UltraEdit 的界面。

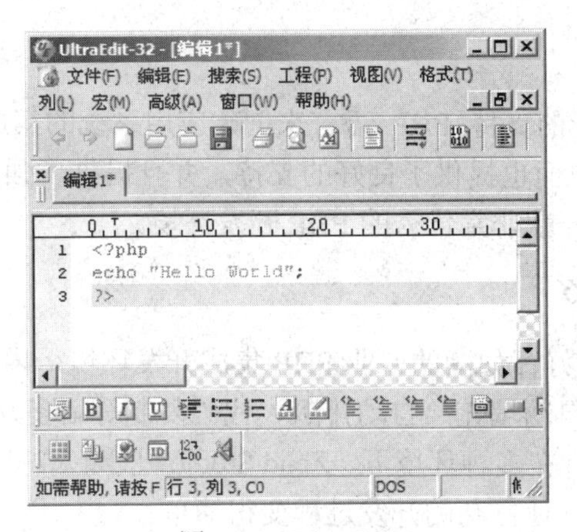


图 1-16 UltraEdit

UltraEdit 有如下优点：

- 十六进制编辑模式，可以方便地在 Hex 模式下修改文件。
- 拼写检查，可以方便地检查出文件中的拼写错误。
- 宏功能，可以通过录制经常重复的操作，提供文本编辑效率。
- 命令调用，可以调用外部命令实现程序的运行与调试等。
- 同时对多个文件进行替换操作，可以方便地对项目内的所有文件中的关键字进行替换。



## 1.6.4 EditPlus

EditPlus 与 UltraEdit 类似，也是一个功能强大的文本编辑器。如图 1-17 所示是 EditPlus 的界面。EditPlus 有如下优点：

- 可以无限制地对修改进行撤销，可以撤销对文件所做的所有修改。
- 提供英文拼写检查操作，可以方便地检查出文件中的拼写错误。
- 非常完善的中文处理能力，在搜索、替换以及其他很多方面都能够准确地识别中文。

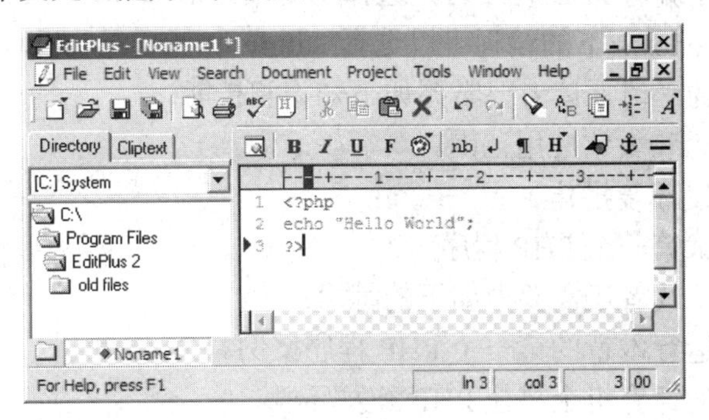


图 1-17 EditPlus

## 1.6.5 支持 PHP 的 IDE 环境

近些年来，随着 PHP 的发展，几款集成开发环境（IDE）也涌现出来。下面介绍几款常见的支持 PHP 的 IDE 环境。

### 1. PHPED

PHPED 是一款专业的支持 PHP 语言来创建应用系统的集成开发环境，PHPED 在 HTML、XML 和 CSS 方面也提供了良好的支持，并且提供了强大的 PHP 调试器、优化器以及配置工具等，是一款非常优秀的 PHP 开发环境。

### 2. Zend Studio

Zend Studio 是一款好评如潮的专业 PHP 集成开发环境，内置功能强大的 PHP 编辑和调试工具。支持语法自动填充、自动排版、代码复制等诸多功能，并支持本地和远程两种调试模式，可以运行在多种环境下。Zend Studio 几乎包含所有的 PHP 组件，可以大大缩短项目的开发周期，使复杂的开发过程变得简单。

### 3. Dreamweaver 与 GoLive

Dreamweaver 是 Macromedia 公司推出的专门用于网页排版的软件，并且提供可见即所得的网页编辑工具。对于动态网站来说，Dreamweaver 提供了 ASP、PHP、JSP 等多种脚本语言的支持，并且可以根据操作自动生成代码。



GoLive 是 Adobe 公司推出的一款网页编辑工具，功能上与 Dreamweaver 类似。随着 Adobe 公司与 Macromedia 公司的兼并成功，GoLive 的发展前景被人更看好。

## 1.7 小结

本章主要介绍了 PHP 的一些基础，并讲解了对 Apache 服务器和 PHP 的安装和配置，即开发环境的搭建。开发环境的搭建对于 PHP 的学习至关重要，如果不能正确搭建一个 PHP 环境，所有的 PHP 实践都将无法进行。对于综合网络服务器环境的搭建，与直接安装 Apache 服务器和 PHP 相比要简单得多。读者也可以选择其中的一种来安装，这样可以避免很多麻烦。在编写 PHP 程序时，选择一个带有语法标亮功能的编辑器可以带来很多方便。一般在 Windows 下的编程可以选择 UltraEdit 或者 EditPlus，体积比较小而且功能强大。通过本章的学习，读者要掌握如下知识和技能：

（1）PHP 的概念和大致应用范围。

（2）PHP 的开发环境搭建。

（3）写出并测试第一个 PHP 程序。

为了巩固所学，读者还需要做如下的练习：

（1）上机测试运行本章的第一个 PHP 程序案例。

（2）尝试在别的计算机上搭建 PHP 开发环境。

（3）尝试安装一种 PHP 综合服务器。

（4）自己学习使用下 Eclipse 和 PHP 插件。

# 第2章

# PHP基础语法

第 1 章介绍了 PHP 中的常用开发工具，并实现了“Hello，world!”页面的编写。本章将在其基础上详细的介绍 PHP 的程序编写基础。学习完本章，读者将能够使用 PHP 编写一些小型的程序代码，实现一些程序设计中的常见功能。

**本章学习目标：**

掌握 PHP 中变量和常量，表达式，程序控制语法，了解大程序的文件包含方式。具体的知识和技能学习点如下表所示：

| 本章知识技能学习点 | 掌 握 程 度 |
| --- | --- |
| PHP 程序的运行原理 | 理解含义 |
| 常量和变量的定义 | 必知必会 |
| 关键字和运算符的用法 | 必知必会 |
| 三种程序控制语法 | 必知必会 |
| 各种表达式的语法 | 必知必会 |
| 文件包含的用法 | 知道概念 |

## 2.1 语言构成与工作原理

宏观地讲，一个完整的 PHP 程序是由主程序与函数构成的。PHP 程序的执行从主程序开始，调用其他函数后返回主程序并结束。这里，PHP 的函数指用户自定义函数。用户自定义函数可以同主程序在一个 PHP 文件中，也可以在不同的文件中。通常将一些通用的函数放到其他的文件中方便程序的多次使用。在主程序或者函数中，会根据流程的不同来使用不同的流程控制语法。

在 PHP 的主程序和函数中，PHP 程序的基本单位是语句。PHP 要求每条语句必须以分号“;”结尾，这个规则对于那些有 C 语言、C++或者 Java 基础的读者来说很容易适应。但是对于那些有 VB 基础或者以前使用 ASP 来编程的读者来说可能会很苛刻，一些初学者经常会因为丢失分号造成错误。

一个完整的 PHP 语句通常是由一个或多个表达式构成的。表达式用来完成一些基本的运算操作。表达式通过把常量、变量、运算符等基本元素连接起来得到一个运算结果供其他函数或表达式调用。本章接下来的内容将主要介绍表达式及其各种元素。

将多个 PHP 程序组合起来，就构成了一个使用 PHP 开发的应用系统。一般来说，一个用 PHP 构建的系统由以下几部分构成。

❑ 操作系统：用于支持服务器。PHP 不要求操作系统的特定性，其跨平台的特性允许 PHP 可以在任何操作系统操作系统上运行，例如 Windows、Linux 以及 Sun 等。

- 服务器：用来支持 PHP 文件的运行。PHP 支持多种服务器软件，包括 Apache、IIS 等。
- PHP 包：用来对 PHP 文件进行解释和编译。
- 数据库系统：用来支持系统中的数据存储。PHP 支持多种数据库系统，包括 MySQL、PostgreSQL、SQL Server、Oracle 及 DB2 等，由于其支持 ODBC 的特性，PHP 还可以间接通过 ODBC 与更多的数据库系统相连接。
- 浏览器：用来浏览网页。由于 PHP 在发送到浏览器时已经被解释器编译成了其他的代码。所以 PHP 对浏览器没有任何限制。

图 2-1 给出了一个用户通过浏览器访问一个 PHP 网站系统的全部过程。由图 2-1 可以看到，以上几个部分被有机地结合起来。这个过程包括 5 个步骤：

（1）PHP 的代码传递给 PHP 包，请求 PHP 包给与解释并编译。

（2）服务器根据 PHP 代码的请求读取数据库。

（3）服务器与 PHP 包共同根据数据库中的数据或其他运行时的变量，将 PHP 代码解释成一般 HTML 代码，或其他可供浏览器读取的代码。



（4）解释后的代码发送给浏览器，浏览器对代码进行分析得到可视化内容。

（5）用户通过浏览器得到需要的信息。

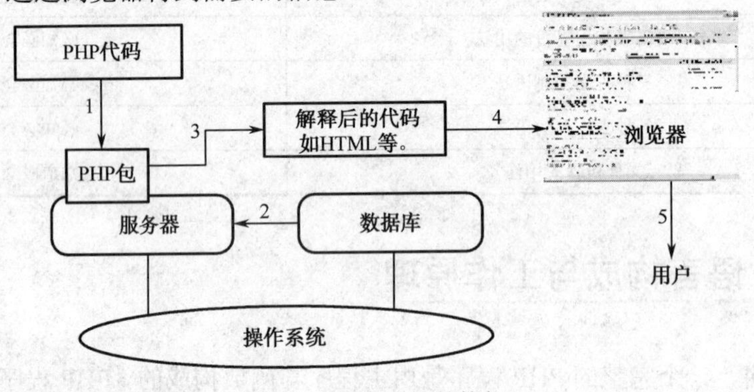


图 2-1　PHP 系统的构架

## 2.2　常量与变量

在 PHP 中，基本数据可分为常量和变量两种。常量名和变量名通常称为标识符。需要注意的是，标识符必须以字母或者下画线开头，并且只能包括字母、数字和下画线。例如下面几个标识符是合法的常量或者变量名，my_function、Size、_Black 等。以下的几个标识符是非法的名称，4award、That$this、!cfg 等。本节将对常量和变量做详细介绍。

PHP 的常量和变量的数据类型都是由程序决定的。因此，对常量和变量的赋值将直接决定其数据类型。

### 2.2.1　常量的定义

常量是一个不能改变的量，在脚本执行期间常量的值不能改变。常量默认为大小写敏感，也就是说，使用大写字母定义的常量名不能用小写字母来调用。常量可以用 define 函数来定义。一个常量一旦被定义，就不能再改变或者取消定义。define 函数的语法如下所示：

```
bool define(string name, value [, bool case_insensitive])
```

其中，name 指代常量名。value 指代常量的值，常量的值必须是标量，也就是专门用于表示一个特定值的量。case_insensitive 表示常量名是否为大小写敏感的，如果为 TRUE，则表示常量名是大小写不敏感的；反之，则表示常量名是大小写敏感的，默认值为 FALSE。

以下代码是一个使用 define 函数定义常量的例子。

```
<?php
define("C1", "Hello world.\n");            //定义 C1 为常量
echo C1;                                   //输出 C1
echo c1;                                   //变量 C1 拼写错误，这时不会输出 C1 的值
define("C2", "Hello world.\n", TRUE);      //设置 case_insensitive 为 TRUE
echo C2;                                   //输出 C2
echo c2;                                   //将 C 小写输出
?>
```

以上程序的运行结果如下所示。

```
Hello world.
c1Hello world.
Hello world.
```

如运行结果所示，如果没有指定大小写敏感选项，大写的常量名和小写的常量名是不同的。一般来说，在定义常量时往往设置其为大小写不敏感的，这样方便脚本中的常量调用。而且，为了与变量名相区别，通常在程序中使用大写字母表示常量。

### 2.2.2 变量的定义

变量是用来临时存储值的量。在 PHP 中，在"$"符号后面跟上一个变量名称表示一个变量，如$var。变量的名称对大小写敏感。例如$VAR、$var、$Var 和$vaR 分别表示不同的变量。与常量不同，在指定变量的时候，没有大小写敏感选项。

PHP 中的变量不需要先定义后使用，在变量第一次使用的时候，变量被自动定义。需要注意的是，类中的变量需要先定义。PHP 提供两种方式对变量进行赋值：传值赋值和传地址赋值。具体如下：

- 使用传值赋值对变量进行赋值时，整个原始表达式的值将被复制给目标变量。这时改变原始表达式，目标变量的值将不会被影响。例如，在表达式$a=$b 中，将$b 以传值赋值的方式传递给了变量$a，修改$b 将不会影响$a 的值。
- 使用传地址赋值对变量进行赋值时，目标变量简单地引用了原始变量。改动目标变量将影响到原始变量，反之亦然。传地址赋值通过在要赋值的变量前追加一个（&）符号来完成。例如，在表达式$a=&$b 中，将变量$b 以传地址赋值的方式传递给了$a，修改$b 的值将影响$a。

以下代码是一个变量赋值的例子。

```
<?php
$name = 'Simon';                 //对变量$name 进行赋值（传值赋值）
$name_b = $name;                 //对变量$name_b 进行赋值（传值赋值）
```

```
$addr = &$name;                        //对变量$addr 进行赋值（传地址赋值）
$name = "Elaine";                      //改变$name 的值
echo $name;                            //输出$name，会发现$name 的值发生了变化
echo $name_b;                          //输出$name_b，会发现$name_b 的值没有发生变化
echo $addr;                            //输出$addr，会发现$addr 的值发生了变化
$addr = "Helen";                       //改变$addr 的值
echo $name;                            //输出$name，会发现$name 的值发生了变化
echo $addr;                            //输出$addr，会发现$addr 的值发生了变化
?>
```

由以上例子可以看到，改变$name 或者$addr 的值均可以使$name 和$addr 的值发生变化，但是不会改变$name_b 的值。

### 2.2.3 变量的作用域

变量的作用域指的是变量定义的生效范围。大部分的PHP变量只有一个单独的范围。这个单独的范围跨度同样包含了引入的文件。PHP 中的变量按照变量作用域的不同分为3 种：本地变量、全局变量和静态变量



#### 1. 本地变量

PHP 中，按默认情况，任何用于函数内部的变量都将被限制在局部函数范围内。这种变量叫做本地变量。以下代码是一个说明本地变量默认范围的例子。

```
<?php
$a = 1;
function func()                                          //函数 func
{
    echo "Variable a in func: ".$a."<BR>";               //函数内部的变量调用
}
func();
echo "Variable a out of func: ".$a."<BR>";               //函数外的变量调用
?>
```

以上程序的运行结果如下：

```
Variable a in func:
Variable a out of func: 1
```

可以看到，在函数内没有任何输出，因为 echo 语句引用了一个局部版本的变量$a，而且在这个范围内，它并没有被赋值。而在函数外，程序正确地输出了变量$a。要解决这个问题，可以通过函数的参数将$a 传给函数体内部的代码。改写后的代码如下：

```
<?php
$a = 1;
function func($a)                                        //函数 func
{
    echo "Variable a in func: ".$a."<BR>";               //参数将被传入
}
func($a);
echo "Variable a out of func: ".$a."<BR>";               //输出$a
?>
```

此时由于函数 func 有了传入的参数$a，值 1 可以被正确地传入函数。需要注意的是，此时在函数 func 内部的$a 已经不是在程序第一行定义的$a 了，而是在函数的参数位置定义的另一个本地变量。这个变量的作用范围在函数的内部。

此外，还有一种方法可以解决上面的问题，就是使用 PHP 中的全局变量概念。

### 2. 全局变量

与本地变量相反，任何可以应用于全部 PHP 脚本的变量被称为全局变量。PHP 提供两种定义全局变量的方法。第一种方法，是使用 global 关键字。以下代码改写了上面的例子：

```
<?php
$a = 1;
function func()                                   //函数 func
{
    global $a;                                    //在函数内部标示$a 为全局变量
    echo "Variable a in func: ".$a."<BR>";        //输出$a
}
func();
echo "Variable a out of func: ".$a."<BR>";        //输出$a
?>
```

程序的运行结果如下：

```
Variable a in func: 1
Variable a out of func: 1
```

可以看到，这一次函数 func 正确地获取了变量$a 的值。

在全局范围内访问变量的第二个办法，是用特殊的 PHP 自定义 $GLOBALS 数组。以下代码重新编写了上面的例子。

```
<?php
$a = 1;
function func()
{
    echo "Variable a in func: ".$GLOBALS["a"]."<BR>";   //使用$GLOBALS["a"]代替$a
}
func();
echo "Variable a out of func: ".$a."<BR>";
?>
```

运行结果与上面相同。

### 3. 静态变量

变量范围的另一个重要类型是静态变量。静态变量仅在局部函数域中存在，但当程序执行离开此作用域时，其值并不丢失。以下代码改写了上面的例子：

```
<?php
function func()
{
    static $a = 1;                        //在函数内部标示$a 为静态变量，初始值为 1
echo "Variable a in func: ".$a."<BR>";
```

```
$a++;                                    //对变量$a 执行了加 1 操作
}
func();
func();
?>
```

上面的程序对 func 函数调用了两次，每次对$a 进行加 1 操作。由于$a 是静态变量，在第二次调用 func 函数时，$a 没有被重新初始化。程序的运行结果如下：

```
Variable a in func: 1
Variable a in func: 2
```

### 2.2.4 动态变量

前面介绍了如何对一个变量进行赋值，变量名由用户自行定义。本节将介绍如何使用动态变量。动态变量的变量名是可变的，也就是通过另一个变量传递的。对于这种变量，在 PHP 中，使用两个美元符号（$）进行定义。以下代码是一个动态变量的例子：

```
<?php
$var_name = "ic";                   //定义变量$var_name
$$var_name = "This is Simon";       //使用$var_name 的值作为这个变量的变量名
echo $var_name."<BR>";              //输出$var_name，即变量名
echo $$var_name."<BR>";             //输出变量的值
echo $ic."<BR>";                    //使用这个方法可以实现同样的变量调用
?>
```



程序运行结果如下：

```
ic
This is Simon
This is Simon
```

后两个输出语句输出了同样的结果。

## 2.3 运算符和关键字

通常，表达式都是由至少一个运算数和一个运算符组成。以下代码是几个表达式的例子：

```
$a = “Hello World”;
$sum = $var_a + $var_b;
$i++;
```

这里的“=”、“+”以及“++”都是运算符。运算符是表达式中对运算数进行操作的符号，包括算术运算符、字符串运算符、逻辑运算符等。

在 PHP 中，还有一个类似于 C 语言的概念——关键字。所谓关键字就是被 PHP 本身使用的用于实现一些基本操作的字，这些字不能用于其他用途。由于 PHP 的变量特性，所有的变量都是由“$”符号开头，大大方便了程序员在使用 PHP 编写程序时对关键字的躲避。

根据关键字类型的不同，通常可以分为 4 种类型：

- ❑ 用于数据类型定义的关键字。例如，int、float、string、bool、class、object、array 等。

- 用于流程控制结构的关键字。例如，if、else、elseif、do、while、break、continue 等。
- 用于设置存储类型的关键字。例如，static、global 等。
- 其他类型的关键字。

## 2.4 流程控制语法

PHP 的基本单位是语句，在通常的程序编写中，还可以用花括号将一组语句封装成一个语句组。一个常见的 PHP 脚本就是由一系列语句或者语句组构成的。本节将讲述 PHP 中的流程控制语法。

### 2.4.1 程序控制语句简介

从执行方式上看，PHP 程序语句的控制结构分为以下三种。

- 顺序结构：从第一条语句到最后一条语句完全按顺序执行。
- 选择结构：根据用户的输入或中间结果去执行若干不同的任务。
- 循环结构：需要根据某项条件重复地执行某项任务若干次，直到满足或不满足某条件为止。

大多数情况下，程序都不会是简单的顺序结构，而是顺序、选择、循环三种结构的复杂组合。在 PHP 中，有一组相关的控制语句，用以实现选择结构与循环结构。其中包括以下三种。

- 条件控制语句：if、else、elseif、switch。
- 循环控制语句：foreach、while、do while、for。
- 转移控制语句：break、continue、return。

本节后面的部分将详细介绍这些控制语句。

### 2.4.2 条件控制语句

条件控制语句主要通过选择语句结构，实现根据用户的输入或中间结果调用不同语句的功能。

#### 1. if 语句

if…elseif…else 语句的语法如下：

```
if (expr1)
statement1;
else
    statement2;
```

这里，如果 expr1 的值为 TRUE，则执行语句 statement1。否则，执行 statement2。如果需要执行多条语句，则使用花括号将语句扩起来，如 statement1 可以用下面的语句组代替。

```
{
    statement_1;                                    //第 1 条语句
    statement_2;                                    //第 2 条语句
```

```
}
```

如下是一个简单的if语句的例子。

```
<?php
$a = 59;
//以下代码实现了根据$a的值，判断是否及格
if($a >= 60)                                  //如果$a大于等于60，则输出“及格”
{
    echo “及格”;
}
else                                          //如果$a小于60，则输出“不及格”
    echo “不及格”;
?>
```

上面的例子首先判断$a是否大于等于60，如果是则输出“及格”，否则输出“不及格”。

### 2. if…elseif…else语句

if…elseif…else语句的语法如下：

```
if (expr1)
    statement1;
elseif(expr2)
    statement2;
else
    statement3;
```

这里，如果expr1的值为TRUE，则执行语句statement1。如果expr2的值为TRUE，则执行语句statement2。否则，执行statement3。与if语句类似，如果需要执行多条语句，则使用花括号将语句扩起来。

if…elseif…else语句也可以嵌套使用，如下所示：

```
if (expr1)
{
    if (expr2)
    {
        statement1;
        statement2;
    }
    else
    {
        statement3;
    }
}
```

嵌套使用条件语句需要满足外层条件才可以运行到内部的语句。例如，在上面的例子中，如果要想让程序执行statement1，则需要同时满足expr1和expr2为TRUE。

以下代码是一个简单的if…elseif…else语句的例子。

```
<?php
$a = 59;
//以下代码实现了根据$a的值，判断成绩等级的功能
if($a >= 60)                          //如果$a大于等于60则进行以下操作
```

```
    {
        if($a == 100)                   //如果$a 等于 100，则输出“满分”
            echo “满分”;
        elseif($a >= 90)                //如果$a 大于等于 90，则输出“优秀”
            echo "优秀";
        else                            //如果上述两种情况都没有满足，则输出“及格”
            echo “及格”;
    }
    else                                //如果$a 小于 60，则输出“不及格”
        echo “不及格”;
    ?>
```

上面的例子首先判断$a是否大于等于60，如果大于等于60，则继续判断$a是否等于100，如果等于100，则输出“满分”字样，否则继续判断是否大于等于90，如果满足，则输出“优秀”字样。如果都不满足，则输出“及格”。如果$a大于等于60的条件没有满足，则输出“不及格”字样。

### 3. switch 语句

switch 语句和具有类似功能的 if 语句相似。很多情况下需要把同一个表达式与很多不同的值比较，并根据它等于哪个值来执行不同的代码。switch 语句的语法如下所示：

```
switch (expr)
(
        case val1:
        statement1;
        break;
    case val2:
        statement2;
        break;
    default:
        statement3;
}
```

switch 语句开始时没有代码被执行，当一个 case 语句中的值和 switch 表达式 expr 的值匹配时，PHP 开始执行语句，直到 switch 的程序段结束或者遇到第一个 break 语句为止。break 语句的用法将在下面详细介绍。如果不在 case 的语句段最后写上 break，PHP 将继续执行下一个 case 中的语句段。一个 case 的特例是 default。它匹配了任何和其他 case 都不匹配的情况，并且应该是最后一条 case 语句。

以下代码是一个没有用 break 语句的例子。

```
<?php
switch($level)                          //这里根据$level 的值输出不同的文字
{
    case 3:                             //如果$level 等于 3，则输出“高级”
        echo "高级";
    case 2:                             //如果$level 等于 2，则输出“中级”
        echo "中级";
    case 1:                             //如果$level 等于 1，则输出“初级”
        echo "初级";
```

```
        default:                              //如果$level 不等于 1 或 2 或 3，则输出错误信息
            echo "错误的等级值";
    }
    ?>
```

上面的 switch 结构没有包含 break 语句，当$level 的值为 3 的时候，程序将输出“高级中级初级错误的等级值”。也就是说，所有的 case 语句都被执行了。但是，并不是说所有的 switch 结构都需要用 break 语句进行分隔，以下代码就是通过不使用 break 语句达到了期望的效果。

```
    <?php
    $level=3;
    switch($level)
    {
        case 3:                                          //对$level=3 的处理
            echo "赋予管理员权限";
            //其他相关操作
        case 2:                                          //对$level=2 的处理
            echo "赋予站务权限";
            //其他相关操作
        case 1:                                          //对$level=1 的处理
            echo "赋予版主权限";
            //其他相关操作
        default:                                         //对其他$level 值的处理
            echo "赋予普通用户权限";
            //其他相关操作
    }
    ?>
```

这里，拥有高$level 的用户要拥有所有比他$level 低的用户的权限，这样，不需要 break 语句，程序就可以依次执行下部代码，可以节省很多重复的代码。

与 if 语句相比，switch 语句通常会达到更高的效率。如下的例子用 switch 重新编写了上面用 if 语句实现的例子，并实现了同样的功能。

```
    <?php
    $a = 59;
    //以下代码实现了根据$a 的值，判断成绩等级的功能
    switch($a)
    {
        case $a == 100:                  //如果$a 等于 100，则输出“满分”
            echo "满分";
            break;
        case $a >= 90:                   //如果$a 大于等于 90，则输出“优秀”
            echo "优秀";
            break;
        case $a >= 60:                   //如果$a 大于等于 60，则输出“及格”
            echo "及格";
            break;
        default:                         //如果$a 小于 60，则输出“不及格”
            echo "不及格";
```

```
}
?>
```

可以看出，switch 结构比 if 语句更加简洁和易懂。

### 2.4.3 循环控制语句

循环语句主要用于反复执行某一个操作。对于数组的循环遍历，PHP 提供了 foreach 专门用来遍历数组中的元素。本节将介绍 PHP 中其他循环控制语句。

#### 1. while 与 do…while 语句

while 循环是 PHP 中最简单的循环语句。while 语句的基本语法如下所示：

```
while (expr)
      statement;
```

这里，只要 while 表达式中 expr 的值为 TRUE，就重复执行嵌套中的循环语句 statement。与 if 语句类似，statement 语句可以用一个花括号括起来的语句组代替。

与 while 语句相似的循环语句还有 do…while。do…while 语句的基本语法如下所示：

```
do
{
      statement;
} while (expr)
```

do…while 和 while 循环的区别在于表达式的值是在每次循环结束时检查，而不是开始时。do...while 的循环语句保证会执行一次，然而在 while 循环中就不一定了。以下代码说明了 while 与 do…while 的区别。

```
<?php
$a = 5;
while($a > 5)                    //当$a 大于 5 时循环，先判断后执行循环体
{
      echo "This is while!";
      $a--;
}
do                               //当$a 大于 5 时循环，先执行循环体后判断
{
      echo "This is do...while!";
      $a--;
} while ($a > 5)
?>
```

上面的例子，由于$a>5 不成立，只有 do…while 语句被运行了一次。

#### 2. for 语句

for 循环是 PHP 中最复杂的循环结构。for 循环的语法如下所示。

```
for (expr1; expr2; expr3)
      statement;
```

其中，第一个表达式 expr1 在循环开始前无条件运行一次。expr2 在每次循环开始前运行，如果值为 TRUE，则继续循环，执行嵌套的循环语句。如果值为 FALSE，

则终止循环。expr3 在每次循环之后被执行。以下代码实现了与上面 while 实例同样的功能。

```
<?php
for($a=5;$a>5;$a--)                                    //从 5 开始循环，每次减 1
    echo "This is for!";
?>
```

在这个例子中，首先$a=5 被执行，每次循环的时候均判断$a 是否大于 5，如果是，则执行循环体。循环体结束后，执行$a--语句将$a 自减 1。然后开始新的循环。

### 2.4.4 转移控制语句

转移控制结构实现了程序流程上的转移。在 PHP 中，主要有三种转移控制语句——break、continue 和 return。

#### 1. break 语句

break 语句用于结束当前循环结构 for、foreach、while、do...while 或者选择结构 switch 的执行。break 可以接受一个可选的数字参数来决定跳出几重循环。下面是一个在 while 中使用 break 的例子。



```
<?php
$a = 5;
$b = 10;
while($a < 100)                      //如果$a 小于 100，则开始循环
{
    echo "a=".$a."<BR>";             //输出$a
    while($b > 0)                    //如果$b 大于 0，则开始循环
    {
        echo "b=".$b."<BR>";         //输出$b
        $b--;
        if($b==3)
            break 2;                 //如果$b 等于 3，则跳出最外的 while 循环
    }
    $a++;
    if($a==30)
        break;                       //如果$a 等于 30，则跳出循环
}
?>
```

#### 2. continue 语句

continue 在循环结构用用来跳过本次循环中剩余的代码并开始执行下一次循环。与 break 不同，continue 跳出后将继续执行下一次循环。下面的代码将上面的例子中的 break 改成了 continue。

```
<?php
$a = 5;
$b = 10;
while($a < 100)                      //如果$a 小于 100，则开始循环
```

```
{
    echo "a=".$a."<BR>";          //输出$a
    while($b > 0)                 //如果$b 大于 0，则开始循环
    {
        echo "b=".$b."<BR>";      //输出$b
        $b--;
        if($b==3)
            continue 2;           //如果$b 等于 3，则结束最外边 while 的本次循环，
                                  //并继续下次循环
    }
    $a++;
    if($a==30)
        continue;                 //此处实际上没有任何意义，因为将继续下一次循环
}
?>
```

#### 3. return 语句

return 语句用于结束一个函数或一个脚本文件。如果在一个函数中调用 return 语句将立即结束此函数的执行，并将它的参数作为函数的值返回。如果在全局范围中调用，则当前脚本文件中止运行。有时候，通常将 return 看做一个函数。因此，也可以使用 return()表示，并且在括号内写上要返回的参数。事实上，return 是语句而不是函数，不用括号比用括号更常见。



## 2.5 表达式

表达式是 PHP 最重要的一部分。PHP 中的语句都是由表达式构成的。表达式是由运算数和运算符按照一定的语法规则构成的符号序列。前面介绍的常量和变量就是表达式的最基本形式。本节将详细介绍 PHP 中的表达式。

### 2.5.1 表达式的分类

本章的 2.2 节介绍了变量的概念。下面是一个简单的使用变量的例子。

```
<?php
$a = 100;                         //赋值语句
?>
```

其中，第二行$a 和 100 就是一个最简单的表达式。在这个表达式中，值 100 分配给变量$a，因此，“100”是一个值为 100 的表达式。这条语句执行以后，$a 的值也为 100，此时，$a 也是一个值为 100 的表达式。

按照运算数的数量，表达式分为以下三种。

- 单目表达式：即运算符只有一个的表达式，如$a，100，$a++，--$a 等。
- 双目表达式：即运算符有两个的表达式，如$a+$b，$a=100 等。
- 三目表达式：即运算符有三个的表达式，如$first ? $second : $third 等。

### 2.5.2 算术操作表达式

算术操作表达式用于实现PHP中的算术操作。算术运算符的用法和功能如表2-1所示。

表2-1 算术运算符

| 运 算 符 | 名 称 | 用 法 | 功 能 |
|---|---|---|---|
| + | 加法 | $a + $b | 获得$a 和$b 的和 |
| - | 减法 | $a - $b | 获得$a 和$b 的差 |
| * | 乘法 | $a * $b | 获得$a 和$b 的乘积 |
| / | 除法 | $a / $b | 获得$a 除以$b 的商 |
| % | 取模 | $a % $b | 获得$a 除以$b 的余数 |
| ++ | 自加 | $a++<br>++$a | 对$a 加 1 |
| -- | 自减 | $a--<br>--$a | 对$a 减 1 |



需要注意的是：

- ❑ 除号（/）总是返回浮点型数值。
- ❑ 如果取模（%）的两边是浮点型数值，小数点右侧的数会被忽略不计，而以整型数方式求模。
- ❑ 对于自加与自减操作，如果运算符在运算数之前，则表示先计算后取值。否则，先取值后计算。

以下代码是一个应用算术表达式的例子。

```
<?php
//$a 和$b 以整型赋值
$a = 55;
$b = 23;
//对$a 和$b 进行计算
echo "a+b=".($a + $b)."<BR>";
echo "a-b=".($a - $b)."<BR>";
echo "a*b=".($a * $b)."<BR>";
echo "a/b=".($a / $b)."<BR>";
echo "a%b=".($a % $b)."<BR>";
//$a 和$b 以浮点型赋值
$a = 5.4;
$b = 2.7;
//对$a 和$b 进行除法和取模计算
echo "a/b=".($a / $b)."<BR>";
echo "a%b=".($a % $b)."<BR>";
?>
```

例子的运行结果如下：

```
a+b=78
a-b=32
a*b=1265
```

```
a/b=2.39130434783
a%b=9
a/b=2
a%b=1
```

从运行结果可以看出，虽然 5.4 可以被 2.7 除尽，取模运算的结果仍然为 1（也就是 5%2 的值）。

对于变量的自加与自减运算，将自加或自减符号写在变量的前面和变量的后面意义是不同的。如果写在前面，如++$a，则在运行含有这个表达式的语句时。现将$a 加 1，然后再用加 1 后的$a 进行运算。如果写在后面，如$a++，则先将$a 进行运算，然后再加 1。以下代码是一个应用自加和自减的例子。

```
<?php
$i=1;           //初始值为 1
echo $i++;      //将$i 加 1，因为用了$i++，此时输出的是$i 的初始值 1，运行后$i 的值为 2
echo ++$i;      //将$i 加 1，因为用了++$i，此时输出的是$i+1 的结果 3
echo $i--;      //输出 3
echo --$i;      //输出 1
?>
```

对于加减乘除以及取模的运算符，也可以按照类似自加自减的方法使用。使用方法是在运算符的后边直接连接等号“=”。例如$a+=1。这样使用表示在运算符左边的变量自身上直接与运算符右边的变量或者常量操作。以下代码直接实现了$a=$a+1 的功能。

```
<?php
$a=0;
$a+=1;
echo $a;
?>
```

### 2.5.3 字符串操作表达式

字符串操作表达式用于实现 PHP 中的字符串操作。字符串的操作只有一种，就是连接字符串。但是，与“+”和“+=”的关系类似，PHP 中有两个字符串运算符，其用法和功能如表 2-2 所示。

表 2-2 字符串运算符

| 运 算 符 | 名 称 | 用 法 | 功 能 |
|---|---|---|---|
| . | 连接 | $a.$b | 连接$a 与$b 字符串 |
| .= | 连接赋值 | $a.=$b | 连接$a 与$b 字符串，并将连接结果赋值给$a |

以下代码是一个应用字符串表达式的例子。

```
<?php
$a = "Hello ";
$b = $a."World";                    //执行后，$b 的值为 Hello World
$a = "Hello ";
$a .= "World";                      //执行后，$a 的值为 Hello World
?>
```

## 2.5.4 逻辑操作表达式

逻辑操作表达式用于实现PHP中的逻辑操作。逻辑运算符的用法和功能如表2-3所示。

表2-3 逻辑运算符

<table>
<tr><th>运算符</th><th>名称</th><th>用法</th><th>功能</th></tr>
<tr><td>and<br>&&</td><td>逻辑与</td><td>$a and $b<br>$a && $b</td><td>如果$a与$b都为TRUE，则结果为TRUE</td></tr>
<tr><td>or<br>||</td><td>逻辑或</td><td>$a or $b<br>$a || $b</td><td>如果$a与$b任意一个为TRUE，则结果为TRUE</td></tr>
<tr><td>xor</td><td>逻辑异或</td><td>$a xor $b</td><td>如果$a与$b任意一个且只有一个为TRUE，则结果为TRUE</td></tr>
<tr><td>!</td><td>逻辑非</td><td>!$a</td><td>如果$a不为TRUE，则结果为TRUE</td></tr>
</table>

逻辑运算符的最常见用法是应用在条件结构中，条件结构会在后面进行详细介绍。这里仅举例说明逻辑表达式的用法。

```
<?php
$a = 1;
$b = 10;
if($a>0 and $b<100)                         //如果$a大于0并且$b小于100
    echo "variable a larger than zero and b less than 100";
if($a>0 or $b>100)                          //如果$a大于0并且$b大于100
    echo "variable a larger than zero or b larger than 100";
if(!($a<0))                                 //如果$a小于0
    echo "variable a not less than zero";
?>
```



需要注意的是，逻辑运算符“and”与“&&”，“or”与“||”用法及功能完全相同。但是它们操作的优先级不同。这一点会在本书2.5.7节中做详细介绍。

## 2.5.5 比较操作表达式

比较操作表达式用于实现PHP中的比较操作，它允许在代码中对两个值进行比较。比较运算符的用法和功能如表2-4所示。

表2-4 比较运算符

| 运算符 | 名称 | 用法 | 功能 |
|---|---|---|---|
| == | 等于 | $a == $b | 如果$a等于$b，则结果为TRUE |
| === | 全等 | $a === $b | 如果$a等于$b，并且它们数据类型相同，则结果为TRUE |
| !=<br><> | 不等 | $a != $b<br>$a <> $b | 如果$a不等于$b，则结果为TRUE |
| !== | 非全等 | $a !== $b | 如果$a不等于$b，并且它们数据类型不同，则结果为TRUE |
| < | 小于 | $a < $b | 如果$a小于$b，则结果为TRUE |
| > | 大于 | $a > $b | 如果$a大于$b，则结果为TRUE |
| <= | 小于等于 | $a <= $b | 如果$a小于或者等于$b，则结果为TRUE |
| >= | 大于等于 | $a >= $b | 如果$a大于或者等于$b，则结果为TRUE |

比较运算符经常与逻辑运算符结合使用，事实上，在前面的例子中已经用到了最常用的“大于”、“小于”等，这里将通过一个实际的例子详细说明。以下代码将比较$score变量和值 60 的大小，并输出“及格”或者“不及格”字样。

```
<?php
$score = 60;
if($score>=60)                          //如果大于等于 60 分，则输出“及格”
    echo "及格";
if($score<60)                           //如果小于 60 分，则输出“不及格”
    echo "不及格";
?>
```

在这里，用到了“大于等于”运算符和“小于”运算符。同样，可以结合前面的逻辑运算符来实现这个功能。如下所示是改写后上面的例子。

```
<?php
$score = 60;
if($score>60 or $score==60)             //如果大于等于 60 分，则输出“及格”
    echo "及格";
if($score<60)                           //如果小于 60 分，则输出“不及格”
    echo "不及格";
?>
```

这里使用了“大于”运算符和“等于”运算符来代替前面的“大于等于”运算符。需要注意的是，“等于”运算符是“==”，这和赋值运算符“=”是不同的。对于 PHP 的初学者，经常会错误地将“==”写成“=”。

上面的例子中，两种条件完全相反，所以也可以通过这种方式来实现。

```
<?php
$score = 60;
if($score>60 or $score==60)             //如果大于等于 60 分，则输出“及格”
    echo "及格";
if(!($score>60 or $score==60))          //如果不是大于等于 60 分，则输出“不及格”
    echo "不及格";
?>
```

这种方法一目了然地说明了“及格”与“不及格”间的关系。

与比较操作表达式相关的还有一种三目运算符（?:)。对于表达式 expr1 ? expr2 : expr3，如果表达式 expr1 的值为 TRUE，则此表达式的值为 expr2，如果表达式 expr1 的值为 FALSE，则此表达式的值为 expr3。下面是应用比较运算符与三目运算符结合使用的例子，其功能与前面的例子完全相同。

```
<?php
//以下代码是一个判断成绩是否及格的例子。如果成绩超过 60 分则输出“及格”，否则
“不及格”。
//成绩用$score 存储。这里设置$score 为 59。则运行后输出“不及格”
$score = 59;
echo $score>=60 ? "及格" : "不及格";
?>
```

### 2.5.6 位操作表达式

PHP 中的位运算符允许对整型数中指定的位进行移位。如果左右参数都是字符串，则位运算符将操作这个字符串中的字符。位运算符的用法和功能如表 2-5 所示。

表 2-5 位运算符

| 运算符 | 名称 | 用法 | 功能 |
|---|---|---|---|
| & | 按位与 | $a & $b | 如果$a 与$b 相应的位都为 1，则结果中相应的位为 1 |
| \| | 按位或 | $a \| $b | 如果$a 或$b 相应的位为 1，则结果中相应的位为 1 |
| ^ | 按位异或 | $a ^ $b | 如果$a 与$b 相应的位不同，则结果中相应的位为 1 |
| ~ | 按位非 | ~$a | 将$a 中为 1 的位设为 0，为 0 的位设为 1 |
| << | 左移 | $a << $b | 将$a 中的位向左移动$b 位（每一次移动都表示乘以 2） |
| >> | 右移 | $a >> $b | 将$a 中的位向右移动$b 位（每一次移动都表示除以 2） |

下面是一个应用位运算符对整数和字符串进行操作的例子。



```
<?php
$a = 100;                    //设$a 为整数 100
echo $a << 3;                //左移 3 位，即乘 8，得到 800
$a = "Hello";                //设$a 为字符串 Hello
echo $a << 3;                //左移 3 位，得到一个没有意义的字符串
?>
```

### 2.5.7 运算符的优先级

运算符优先级指定表达式中运算符应用的先后顺序。例如，表达式 1+2*3 的结果是 7，而不是 9。这是因为乘号的优先级比加号高。运算符的优先级从低到高如表 2-6 所示。在进行表达式的计算时，表达式会按照运算符的优先级，自高到低进行运算。

表 2-6 运算符的优先级

| 结合方向 | 运算符 | 优先级 |
|---|---|---|
| 左 | , | 1 |
| 左 | or | 2 |
| 左 | xor | 3 |
| 左 | and | 4 |
| 右 | = += -= *= /= .= %= &= \|= ^= ~= <<= >>= | 5 |
| 左 | ? : | 6 |
| 左 | \|\| | 7 |
| 左 | && | 8 |
| 左 | \| | 9 |
| 左 | ^ | 10 |
| 左 | & | 11 |

续表

| 结合方向 | 运算符 | 优先级 |
| --- | --- | --- |
| 无 | == != === !== <> | 12 |
| 无 | < <= > >= | 13 |
| 左 | << >> | 14 |
| 左 | + - . | 15 |
| 左 | * / % | 16 |
| 右 | @ | 17 |
| 右 | ! ~ ++ -- | 18 |
| 右 | [] | 19 |
| 无 | () | 20 |
| 无 | new | 21 |

需要注意的是：

- 在逻辑运算符中，"或"通常比"与"高。如果需要实现优先计算"与"，需要使用"and"和"||"配对使用。
- 优先级可以用括号"()"进行强制改变。例如，在表达式(1 + 2) * 3 中，优先计算加法。
- 尽管"!"比"="的优先级高，PHP 在某些情况下先计算"="。例如，在表达式 if(!$a = func())中，func 函数的输出被赋给了变量$a。
- 由于运算符优先级过于复杂，为了避免代码维护的开销，对于复杂表达式，建议适当地使用括号对运算符的计算顺序进行明确。例如，$sum=$a+$b*$c 与 $sum=$a+($b*$c)的含义与运行结果完全相同，但是使用第二种表达式对于一个不熟悉加号与乘号优先顺序的人来说，会更有助于理解。

## 2.6 特殊的全局变量

在第 2.2 节中，介绍了 PHP 中全局变量的用法。这种全局变量是一种狭义意义上的全局变量，也就是仅在一个 PHP 脚本中有效，并不能跨越到其他的 PHP 脚本中。通常来讲，PHP 不提供跨脚本的全局变量。但是，在实际应用中，往往需要这种跨脚本的操作。在 PHP 中提供了一些特殊的全局变量用来实现这种操作。这些特殊的全局变量主要包括以下几种。

- $_GET[]：用来接收来自用户浏览器的使用 GET 方法发送的变量的数组。
- $_POST[]：用来接收来自用户浏览器的使用 POST 方法发送的变量的数组。
- $_COOKIE[]：用来接收来自用户浏览器的存储在 Cookies 中变量的数组。
- $_ENV[]：用于存储环境变量的数组。
- $_SERVER[]：用于存储服务器变量的数组。

对于这些特殊的全局变量的使用方法，本书会在后面的章节中详细介绍。

## 2.7 文件包含

在实际应用中，往往需要将一些公用的代码放到一个单独的文件中，其他的文件只需要包含这个文件就可以了。这样做，有助于提高代码的重用性，并为后期维护带来很大的便利。本节将介绍如何在 PHP 中实现文件包含操作。

### 2.7.1 使用 require 和 require_once 语句进行文件包含

require 语句用于将指定的文件包含到代码本身，语法格式如下所示：

```
require(string filename)
```

其中，filename 指代要包含的文件名。需要注意的是，虽然 require 语句是写在 PHP 代码中的，但是被包含的文件仍然要按照一个完整的 PHP 脚本文件来写，即用“<?php … ?>”来标记其中的 PHP 代码。



以下代码是一个使用 require 语句实现文件包含的例子。其中 include.inc 文件是被包含文件，test.php 用于包含 include.inc 文件。

include.inc 的代码如下所示：

```
<?php
if($score>60 or $score==60)
    echo "及格";
if(!($score>60 or $score==60))
    echo "不及格";
?>
```

test.php 的代码如下所示：

```
<?php
$score = 60;
require("include.inc");                                          //包含 include.inc
?>
```

运行结果如下所示：

```
及格
```

可以看到，变量$score 在包含的文件中同样有效。上面的代码与下面的代码完全相同。

```
<?php
$score = 60;
if($score>60 or $score==60)
    echo "及格";
if(!($score>60 or $score==60))
    echo "不及格";
?>
```

require 语句还可以使用 return 语句来返回一个值，这个特性有点类似于将 require 看做函数了。以下代码使用这一特性改写了上面的例子，实现了同样的功能。

include.inc 的代码如下所示：

```
<?php
```

```
    if($score>60 or $score==60)
        $result = "及格";
    if(!($score>60 or $score==60))
        $result = "不及格";
    return $result;
?>
```

test.php 的代码如下所示：

```
<?php
$score = 60;
echo require("include.inc");                    //输出 require 的返回结果
?>
```

上面这种方式似乎更易于理解，但是这种方法并不多见。一般来说，放在被包含文件中的代码往往是一个公用函数。在使用 require 包含公用文件时，经常会出现函数被重定义的错误。以下代码中的 include2.inc 文件和 test.php 文件都包含了 include.php，这样，在 include.php 中定义的函数 checkScore 就会被定义两次，因此出现了错误。

include.inc 的代码如下所示：

```
<?php
function checkScore($score=0)                    //用于检查分数的函数
{
    if($score>60 or $score==60)
        $result = "及格";
    if(!($score>60 or $score==60))
        $result = "不及格";
    return $result;
}
?>
```

include2.inc 的代码如下所示：

```
<?php
require("include.inc");
echo checkScore(60);
?>
```

test.php 的代码如下所示：

```
<?php
require("include.inc");
require("include2.inc");
?>
```

程序的运行结果如下所示：

```
Fatal error: Cannot redeclare checkscore() (previously declared in C:\htdocs\TEST\include.inc:2) in C:\htdocs\TEST\include.inc on line 9
```

这里，test.php 中的语句“require("include.inc");”是没有必要的。PHP 提供了一个能够自动检测文件是否已经被包含的方法，即使用 require_once 语句。require_once 语句能够自动识别文件是否已经被包含，由此避免可能的重定义错误。

将上面例子中的 require 全部改写成 require_once 后，错误就不存在了。

### 2.7.2 使用 include 与 include_once 语句进行文件包含

PHP 还提供了一种文件包含语句，即 include 语句。include 语句在使用方法和功能上与 require 语句几乎完全相同，主要有以下两个不同点。

#### 1. 机制不同

require 语句在进行文件包含时，不管这条 require 语句是否被运行，都会将被包含文件中的代码包含进来。而 include 语句在进行文件包含时，如果这条 include 语句没有被运行，则被包含文件中的代码将不会被包含进来，如以下代码所示。

```
<?php
$a = 1;
if($a == 2)                                    //如果$a 等于 2，则调用 include.inc
    require("include.inc");
?>
```

在这个例子中，if 语句的条件无法被满足，因此，程序将不会执行 require 语句。但是，由于 require 语句的运行机制，include.inc 中的代码仍然被包含进来，只是没有被调用。使用 include 语句改写上面的例子的代码如下所示：



```
<?php
$a = 1;
if($a == 2)                                    //如果$a 等于 2，则调用 include.inc
    include("include.inc");
?>
```

在这个例子中，程序没有把 include.inc 中的代码包含进来。

#### 2. 文件不存在时的错误处理方式不同

如果被包含文件无法找到，require 语句与 include 语句的错误提示是不相同的。require 语句会抛出一个致命错误并中止脚本的运行，而 include 只会抛出警告信息。在以下代码中，incl.inc 是一个不存在的文件。

```
<?php
require("incl.inc");                           //调用 incl.inc
echo "This is a test";
?>
```

运行结果如下所示：

```
Warning: require(incl.inc) [function.require]: failed to open stream: No such file or directory in C:\htdocs\TEST\test.php on line 2

Fatal error: require() [function.require]: Failed opening required 'incl.inc' (include_path='.;C:\php\pear\') in C:\htdocs\TEST\test.php on line 2
```

可以看到，错误类型为 Fatal error，并且代码在 require 语句处终止了。将 require 改写成 include，代码如下所示：

```
<?php
include("incl.inc");
echo "This is a test";
```

```
?>
```

运行结果如下所示：

```
Warning: include(incl.inc) [function.include]: failed to open stream: No such file or directory in C:\htdocs\TEST\test.php on line 2

Warning: include() [function.include]: Failed opening 'incl.inc' for inclusion (include_path='.;C:\php\pear\') in C:\htdocs\TEST\test.php on line 2

This is a test
```

可以看到，错误类型为 Warning，并且代码并没有在 include 语句处终止，下面的代码仍然被运行了。

与 require 和 require_once 的关系类似，include 也有一个相对应的 require_once 语句，用来处理重定义的错误问题。其用法和功能与 require_once 完全相同，这里不再赘述。

## 2.8 小结

本章介绍了 PHP 的程序基础，即常用的编程方法和语句语法。在实际的 PHP 项目中，表达式将会被反复用到。能够正确地书写项目需要的表达式也正是本章的重点和难点。除此之外，对于三种语句结构，也是在实际工作中会被反复用到的。通过本章的学习，读者要掌握以下知识点：

（1）程序的三种控制结构。

（2）常量和变量的定义和用法。

（3）各种数学表达式的程序写法。

为了巩固所学知识，读者还需要做以下的练习：

（1）上机测试运行本章的语法案例，并尝试修改扩充这些案例，比如将 while 语句修改为 for 语句，对比看看有什么不同。

（2）上机设计开发一个程序案例，并使用所有选择和循环语句的情况。

（3）总结在自己调试上述程序中碰到的问题，写出经验要点报告。

# 第3章 PHP数据类型与操作

第 2 章介绍了 PHP 的程序编写基础，并且了解了变量与常量的定义。在 PHP 中，变量和常量根据所赋的数据的类型不同，其数据类型也不尽相同。本章将重点介绍 PHP 中的几种数据类型及其基本操作。

**本章学习目标：**

掌握 PHP 中的数据类型和数据类型间的转换。具体的知识和技能学习点如下表所示：

| 本章知识技能学习点 | 掌握程度 |
| --- | --- |
| 标量数据类型 | 理解含义 |
| 合成数据类型 | 必知必会 |
| 特殊的数据类型 | 必知必会 |
| 数据类型间的转换 | 必知必会 |
| 使用函数强制转换 | 知道概念 |

## 3.1 PHP 的数据类型

在计算机和数学领域，提到数据类型，其含义就是对数据一般结构的抽象描述。例如，一提到“整数”这个词，就指代对所有整数的抽象含义，马上就能使人联想到诸如 1、2、3、4 这些数字。在 PHP 中，同样有着数据类型的概念。PHP 共支持八种数据类型：其中，四种标量类型分别为整型（Integer）、浮点型（Float）、字符串型（String）和布尔型（Boolean）；两种合成类型分别为数组（Array）和对象（Object）；两种特殊的类型分别为空值（NULL）和资源（Resource）。

一般编程语言中的数据类型是在定义时指定的。在使用时，编译器通过定义时的数据类型决定其存储结构等。与其他编程语言不同，PHP 中的数据类型通常不是由程序员在定义变量时决定，而是由 PHP 运行过程决定。

PHP 的这种自动设置数据类型的机制在提供给程序员很大便利的同时，也带来了一些隐患。例如，PHP 编译器的判断可能不同于程序员的预期想法。因此，PHP 还提供了一些强制类型转换方法来解决这个问题。也就是说，程序员可以通过一些内部函数，例如 cast 或者 settype 函数等，将某种类型的变量转换成其他一种指定的类型。

### 3.1.1 标量数据类型

标量数据类型包括整型（Integer）、浮点型（Float）、字符串型（String）和布尔型（Boolean）。这 4 种数据类型是 PHP 中最基本的数据类型，在其他语言中，包括 C 语言、C++、Java 和

C#都有相应的数据类型。PHP 中的这 4 种数据类型的相应语法类型也与其他语言几乎完全相同。如果读者有这方面的经验或者熟悉其中一种语言可以跳过本小节的学习。

### 1. 整型

整型是专门用来表示整数的一种数据类型。在 PHP 中，整型可以用十进制、八进制或十六进制来表示。对于整数中的正数和负数，可以通过在前面加上表示正、负值的加号或者减号，例如-1、0、+1 等。如果用八进制来表示，数字前必须加上 0，例如 00、01、02 等。用十六进制表示，数字前必须加上 0x，例如 0x1，0x2 等。以下代码是一个对整型变量进行赋值的例子。

```
<?php
$a = 100;                    //一个十进制整数
$a = -100;                   //一个十进制负数
$a = 0144;                   //一个八进制数
$a = 0x64;                   //一个十六进制数
?>
```

整型数的字长和平台有关，一般是$-2^{31}$～$+2^{31}$。与 C 语言等其他语言不同，PHP 不支持无符号整数。也就是说，PHP 不能通过节省符号位使 PHP 得到更大的取值范围。如果希望 PHP 能够处理更大或者更小的数，可以使用下面要介绍的浮点型。



### 2. 浮点型

浮点型数值是用来表示带有小数点的数的一种数据类型，浮点型数通常称为浮点数。浮点数可以用普通的带有小数点的数来表示，例如 1.1、0.0 等。它也可以用科学计数法来表示，例如 1.0E3，2.1e-3 等。这里如果使用科学计数法进行表示，需要用字母 E 或者 e 来表示数的指数幂，例如 1.0E3 表示 $1.0*10^3$。以下代码是一个对浮点型变量进行赋值的例子。

```
<?php
$a = 1.234;                  //一般的浮点数表示法
$a = 1.2e3;                  //使用科学计数法表示浮点数
$a = 7E-10;                  //另一种使用科学计数法表示的浮点数
?>
```

与整型数类似，浮点数的字长也和平台相关，通常具有 14 位十进制数字的精度。由于浮点数在精度上存在一些问题，浮点数通常不会精确到最后一位。有时会将整型数自动转换成浮点数，如以下两种情况会将指定的整型数解释为浮点型数。

- 指定的数超过了整型的范围，也就是指定的数或者运算结果发生了溢出。这时，变量的返回值将被认为浮点型数值。
- 如果指定的数在小数点右侧有任何数，将被视为浮点型数值。例如 3.0，虽然 3.0 的数值与整数 3 完全相等，但是由于出现了小数点，PHP 会将其按照浮点数进行处理。

### 3. 字符串型

字符串型用来表示一条字符串。所谓的字符串就是由一连串的字符构成的一个集合，如前面介绍的“Hello world”就是一个字符串。这个字符串由 10 个字母字符和一个空格字符构成。

字符串型变量可以用三种方法定义，包括单引号形式、双引号形式和标识符形式。其中，最简单的表示方法是使用单引号（'）将字符串括起来，例如'Hello'，'world'等。使用单引号表示字符串需要注意以下几点：

- 如果要在字符串中表示单引号，则需要用反斜线（\）进行转义。例如要表示字符串“it's”则需要写成“'it\'s'”。
- 如果需要在单引号之前或者字符串结束的位置表示一个反斜线，也需要用反斜线进行转义，即用两个反斜线(\\)表示。例如要表示字符串“C:\”则需要写成“'C:\\'”。如果不这样写，字符串中的反斜线就会与表示字符串结束的单引号连接，这时，PHP 处理时就会出错。
- 在单引号表示的字符串中出现的变量不会用变量的值代替。也就是在字符串中写变量名时，PHP 不会将其按照变量进行处理。例如字符串“'$var'”输出时就会输出“$var”，而不会输出$var 代表的值。

以下代码是一个简单的输出单引号字符串的例子。

```
<?php
$a = 100;
echo 'This is a String.<BR>';                    //一个普通的字符串
echo 'What\'s this<BR>';                         //转义字符方式输出单引号
echo 'The file is stored in C:\\<BR>';           //转义字符方式输出反斜线
echo 'The variable is $a<BR>';                   //变量不会用变量的值（100）代替
?>
```

下面是程序的输出结果：

```
This is a String.
What's this
The file is stored in C:\
The variable is $a
```

第二种表示字符串的方法是使用双引号（"）表示。使用双引号表示字符串最大的好处，就是其支持更多的转义字符，表 3-1 是转义字符的列表。

表 3-1　转义字符

| 转义字符 | 含　义 |
|---|---|
| \n | 换行 |
| \r | 回车 |
| \t | 水平制表符 |
| \\ | 反斜线 |
| \$ | 美元符号 |
| \" | 双引号 |
| \0 | 八进制数 |
| \x0 | 十六进制数 |

从表 3-1 可以看出，使用双引号表示字符串时，对于单引号不需要使用转义符号就可以直接输出。例如，使用双引号表示字符串“What's this”，如果仍然按照上面的例子的形式书写代码，就像 “"what\'s this"”，这时，PHP 会将反斜线和单引号都原封不动地输出。

与单引号表示的字符串不同，使用双引号的字符串表达方法可以将字符串中的变量替换成字符串的值。以下代码用双引号重新编写了上面的例子。

```
<?php
$a = 100;
echo "This is a String.<BR>";                //一个普通的字符串
echo "What's this<BR>";                      //直接输出单引号
echo "The file is stored in C:\\<BR>";       //转义字符方式输出反斜线
echo "The variable is $a<BR>";               //变量会用变量的值（100）代替
?>
```

运行结果如下所示：

```
This is a String.
What's this
The file is stored in C:\
The variable is 100
```

由运行结果可以看出，$a 被$a 的值 100 替代了。如果想使$a 在用双引号表示的字符串中原封不动地输出，则需要使用转义字符来实现，如下所示：

```
<?php
echo "The variable is \$a<BR>";              //变量不会用变量的值（100）代替
?>
```

还有一种字符串的表示方法是使用定界符（<<<）。在“<<<”之后提供一个标识符，然后是字符串，再是同样的标识符结束字符串。在理解上，可以将使用定界符表示的字符串看成用户自定义字符串的定界符的形式。也就是，除了单引号和双引号之外的任何其他形式。

使用定界符表示字符串的时候，要求在要表示字符串的那一行的最后输入“<<<”并紧跟一个标识符。然后在下一行开始输入字符串，字符串中可以换行。当字符串完全结束的时候，在新一行的最开始输入前面紧跟在“<<<”后面的标识符，并以分号结束。需要注意的是，从“<<<”开始到最后的分号是一条语句，字符串中的每一行都只是这个语句的一部分，而不是一条单独的语句。因此，在字符串中，不需要输入任何分号作为结束。如果输入分号，则分号将被看做字符串的一部分被输出。

以下代码是一个使用定界符表示字符串的例子。

```
<?php
echo <<<EE                                   //输出多行字符串
This is a PHP book.
This book talks about PHP;
Thank you.
EE;
?>
```

这里，程序使用“EE”作为标识符，程序的运行结果输出了两个 EE 之间的字符串，如下所示：

```
This is a PHP book.
This book talks about PHP;
Thank you.
```

从运行结果可以看出，字符串中的引号并没有被当做语句的结束符，而是被原封不动地输出到运行结果中了。

#### 4. 布尔型

布尔型变量是PHP中最简单的一种数据类型，专门用来表示逻辑中的真与假。布尔型变量只有两个有效值：TRUE 和 FALSE，相当于数字电路中的 1 和 0。其中，TRUE 用来表示逻辑真，FALSE 用来表示逻辑假。使用布尔型变量需要注意以下两点：

- TRUE 和 FALSE 的 PHP 关键字及函数名不区分大小写。
- 赋值 1 或 0，就被视为整数，而非布尔值的 TRUE 或 FALSE。

### 3.1.2 合成数据类型

合成数据类型就是将简单的数据类型合成起来。也就是将前面介绍的标量数据类型合成起来。PHP 提供两种合成数据类型：数组（Array）和对象（Object）。合成数据类型中的每种数据类型都可以包括一种或几种其他的数据类型。

#### 1. 数组

数组是一种把值（values）映射到键（keys）的类型。此类型可以用来表示一组连续的数，在数据结构中，通常用数组来表示矢量、散列表、集合、栈和队列等。除此之外，数组也可以很容易地模拟树。对于数组这种数据类型，本书将在第 8 章中详细介绍。



#### 2. 对象

对象是对现实生活中物体的模拟，例如一辆汽车、一张书桌都可以看做一个对象。几乎所有的对象都具有两个相同的特征：状态和行为。例如，汽车具有行驶、停止等状态和刹车、加速、减慢、换挡等行为。PHP 中的对象是面向对象编程思想的一个重要体现，本书将在第 5 章中详细介绍。

### 3.1.3 特殊的数据类型

除了标量数据类型和合成数据类型，PHP 还提供了两种特殊的数据类型：空值（NULL）和资源（Resource）。

#### 1. 空值

空值（NULL）表示一个没有值的变量。NULL 唯一可能的值就是 NULL。以下三种情况被认为空值。

- 变量没有被赋值。
- 变量被赋值为 NULL、0、FALSE 或者空字符串。
- 变量被赋值为非 NULL 的值后，被 unset 函数释放。关于 unset 函数的具体用法，将在本书第 4 章中介绍。

与其他语言不同，空值与前面介绍的整型数 0 和空的字符串是相同的，如果将一个变量赋值成 0 或者空字符串，PHP 都会把这个变量看做为空值。如以下代码所示：

```
<?php
$a = "";                                    //$a 为空字符串
```

```
if(isset($a))
    echo "[1] is NULL<br>";
$a = 0;                                    //$a 为 0
if(isset($a))
    echo "[2] is NULL<br>";
$a = NULL;                                 //$a 为 NULL
if(isset($a))
    echo "[3] is NULL<br>";
$a = FALSE;                                //$a 为 FALSE
if(isset($a))
    echo "[4] is NULL<br>";
?>
```

这个程序通过比较$a 与 NULL 的值来判断对变量$a 的赋值是否为空值，运行结果如下所示：

```
[1] is NULL
[2] is NULL
[4] is NULL
```

由此可见，对$a 的赋值均为 NULL 空值。

#### 2. 资源

程序能用到的一切东西都可以称为资源。在 PHP 中，资源也是变量，用于保存到外部资源的引用。资源类型变量可以保存诸如打开文件、数据库连接、图形画布区域等很多特殊句柄。PHP 中，资源是一个独立的个体，无法将其他类型的数值转换为资源。

### 3.1.4 数据类型的获得与验证

前面介绍了 PHP 中的几种数据类型。本节将介绍使用函数来获得变量的数据类型，以及如何测试变量的数据类型。在 PHP 中，使用 gettype 函数来获得变量的类型，其语法结构如下所示：

```
string gettype(var)
```

使用这种方式可以获得 var 变量的类型。以下代码是一个使用 gettype 函数的例子。

```
<?php
$a = 1.1;
echo gettype($a);                          //获得$a 的数据类型
?>
```

通过运行上面的代码，可以得到运行结果“double”。double 是 PHP 早期的一种数据类型，虽然现在已经不再有这种类型，但是，对于很多函数来说，这种数据类型仍然有效。因此，PHP 保留了 double 关键字，与 float 完全相同。

但是，由于 gettype 函数在内部进行了字符串的比较等操作，本函数的执行效率不高，不建议用于变量类型的测试。如果需要判断某个变量是否是某种数据类型，可以用 is_* 系列函数进行。表 3-2 介绍了使用 is_*函数测试数据类型的方法。

表 3-2　用于测试数据类型的 is_*函数

| 函 数 名 | 语　　法 | 说　　明 |
| --- | --- | --- |
| is_array | bool is_array(var) | 检测变量是否是数组 |
| is_bool | bool is_bool(var) | 检测变量是否是布尔型 |
| is_float | bool is_float(var) | 检测变量是否是浮点型 |
| is_double | bool is_double(var) | 检测变量是否是浮点型 |
| is_real | bool is_real (var) | 检测变量是否是浮点型 |
| is_int | bool is_int (var) | 检测变量是否是整数 |
| is_integer | bool is_integer (var) | 检测变量是否是整数 |
| is_long | bool is_long (var) | 检测变量是否是整数 |
| is_null | bool is_null (var) | 检测变量是否为 NULL |
| is_numeric | bool is_numeric (var) | 检测变量是否为数字或数字字符串 |
| is_object | bool is_object (var) | 检测变量是否是对象 |
| is_resource | bool is_resource (var) | 检测变量是否为资源类型 |
| is_scalar | bool is_scalar (var) | 检测变量是否是一个标量 |
| is_string | bool is_string (var) | 检测变量是否是字符串 |



is_*函数提供了一个判断变量是某种类型的方法。以下代码说明了部分 is_*系列函数的用法。对于其他的 is_*函数，用法类似。

```
<?php
$a = 1.1;
if(is_bool($a))                     //判断$a 是否是一个布尔型变量
    echo "Variable a is a boolean";
if(is_float($a))                    //判断$a 是否是一个浮点型变量
    echo "Variable a is a float";
if(is_int($a))                      //判断$a 是否是一个整型变量
    echo "Variable a is an integer";
if(is_null($a))                     //判断$a 是否是一个空值
    echo "Variable a is a null";
if(is_numeric($a))                  //判断$a 是否是一个数值型变量
    echo "Variable a is a numeric";
if(is_scalar($a))                   //判断$a 是否是一个标量
    echo "Variable a is a scalar";
if(is_string($a))                   //判断$a 是否是一个字符串
    echo "Variable a is a string";
?>
```

运行结果如下所示：

```
Variable a is a float
Variable a is a numeric
Variable a is a scalar
```

因为$a 被赋值成 1.1，是一个浮点数。同时，它也是一个标量数据类型，也是一个数值型。因此，使用 is_*系列函数的输出结果明确地说明了这一点。

## 3.2 数据类型间的转换

前面介绍了 PHP 支持的 8 种数据类型，同时，PHP 还支持这 8 种类型间的转换。对于数据类型的转换，可以通过直接输入目标的数据类型来实现，也可以通过 settype 函数来实现。本节将主要介绍 8 种数据类型间的转换。

### 3.2.1 转换成整型

将其他类型转换成整型的方法是在变量前使用“(integer)”或“(int)”进行强制转换。转换的规则如下所述。

#### 1. 浮点型数据转换

如果被转换的变量是浮点型数据，则小数点后的位数将被舍弃。如果浮点数超过了整型的取值范围，因为无法得到一个有效的整型结果，结果可能是 0 或者整型的最小负数。以下代码是一个浮点型转换为整型的例子。

```
<?php
$a = 1.59;              //$a 是一个普通的浮点型数据，转换成整型后会将小数点后的数舍弃
echo (int)$a."\n";
$b = 2.93E30;           //$b 是一个超过了整型取值范围的浮点型数据，无法得到一个有效的
                        //整型结果
echo (int)$b."\n";
?>
```

运行结果如下所示：

```
1
0
```

#### 2. 布尔型数据转换

如果被转换的变量是布尔型数据，则 TRUE 将产生出 1，FALSE 将产生出 0。以下代码是一个布尔型转换为整型的例子。

```
<?php
$a = TRUE;                  //$a 是 TRUE，转换后应该是 1
echo (int)$a."\n";
$b = FALSE;                 //$a 是 FALSE，转换后应该是 0
echo (int)$b."\n";
?>
```

运行结果如下所示：

```
1
0
```

#### 3. 字符串型数据转换

如果被转换的变量是字符串型数据，则会对字符串左侧的第一位进行判断。如果第一位是数字，则会从第一位开始将读取到的数字转换成整型数据。如果第一位不是数字，则结果为 0。以下代码是一个字符串型转换为整型的例子。

```
<?php
$a = "100";          //$a 的全部字符都是数字，则结果就为其中的数字 100
echo (int)$a."\n";
$b = "Simon";        //$b 的全部字符都是字母，则结果为 0
echo (int)$b."\n";
$c = "Simon 100"; //$c 的左侧第一个字符是字母，则其中的数字不能被转换，结果为 0
echo (int)$c."\n";
$d = "100 Simon"; //$d 的左侧第一个字符是数字，则将其右侧字母舍弃，结果为 100
echo (int)$d."\n";
?>
```

运行结果如下所示：

```
100
0
0
100
```

#### 4. 其他类型数据转换

对于其他类型，PHP 没有提供其转换成整型的方法。



### 3.2.2 转换成浮点型

将其他类型转换成浮点型的方法是在变量前使用“(float)”进行强制转换。转换的规则如下所述。

#### 1. 整型数据转换

如果被转换的变量是整型数据，结果不变。以下代码是一个整型转换为浮点型的例子。

```
<?php
$a = 1;                    //$a 是一个整型数据，转换成浮点型后结果不变
echo (float)$a."\n";
?>
```

运行结果如下所示：

```
1
```

#### 2. 布尔型数据转换

如果被转换的变量是布尔型数据，则 TRUE 将产生出 1，FALSE 将产生出 0。类似于先将其转换成整型，然后再转换成浮点型。以下代码是一个布尔型转换为浮点型的例子。

```
<?php
$a = TRUE;                 //$a 是 TRUE，转换后应该是 1
echo (float)$a."\n";
$b = FALSE;                //$a 是 FALSE，转换后应该是 0
echo (float)$b."\n";
?>
```

运行结果如下所示：

```
1
0
```

### 3. 字符串型数据转换

如果被转换的变量是字符串型数据，其方法与转换成整型的方法类似。如果字符串中包含小数点“.”或者表示科学计数法的“e”或“E”中的任何一个字符的话，字符串被当做浮点型来处理。否则，就被当做整型。以下代码是一个字符串型转换为浮点型的例子。

```
<?php
$a = "4.29";                //$a 是一个用小数点表示的浮点型，转换结果为 4.29
echo (float)$a."\n";
$b = "1.57E4";              //$b 是一个用科学计数法表示的浮点型，转换结果为 1.57*10^4
echo (float)$b."\n";
?>
```

运行结果如下所示。

```
4.29
15700
```

### 4. 其他类型数据转换

对于其他类型，PHP 没有提供其转换成浮点型的方法。

## 3.2.3 转换成字符串型

将其他类型转换成字符串型的方法是在变量前使用“(string)”进行强制转换。转换的规则如下所述。

### 1. 整型或浮点型数据转换

如果被转换的变量是整型或浮点型数据，结果即为其数值。以下代码是一个整型和浮点型转换为字符串型的例子。

```
<?php
$a = "100";                     //$a 的是一个整型数据，转换结果为 100
echo (string)$a."\n";
$b = "1.57E4";                          //$b 的是一个浮点型数据，转换结果为 1.57E4
echo (string)$b."\n";
?>
```

运行结果如下所示：

```
100
1.57E4
```

### 2. 布尔型数据转换

如果被转换的变量是布尔型数据，则 TRUE 将产生出字符串“1”，FALSE 将产生出空串。以下代码是一个布尔型转换为字符串型的例子。

```
<?php
$a = TRUE;                      //$a 是 TRUE，转换结果为 1
echo (string)$a."\n";
$b = FALSE;                     //$b 是 FALSE，转换结果为空串
echo (string)$b."\n";
?>
```

运行结果如下所示：

```
1
```

### 3. 对象或者数组型数据转换

如果被转换的变量是对象或者数组型数据，转换结果将为字符串对象或字符串数组。这里，无法通过PHP的输出语句输出其结果，在实际应用中，可以根据情况对其进行分析。

### 4. 资源型数据转换

如果被转换的变量是资源型数据，转换结果将为一个类似“Resource id #”的字符串。在“#”后紧跟PHP在运行时给该资源的标识代号。

## 3.2.4 转换成布尔型

将其他类型转换成布尔型的方法是在变量前使用“(boolean)”或者“(bool)”进行强制转换。转换的规则如下所述。

### 1. 结果为FALSE的数据转换



对于下列情况，其转换结果为FALSE：

- 整型或浮点型数0。
- 空字符串和字符串“0”。
- 没有任何元素的空数组。
- 没有任何元素的对象。
- 特殊类型NULL。

### 2. 结果为TRUE的数据转换

对于其他没有在规则1中说明的情况，其结果为TRUE。

需要注意的是，在测试布尔型时不能使用echo或print进行。因为使用echo或print进行输出时，PHP将其转换成了字符串型数据。如果布尔型的数值为FALSE，根据前面的说明，将被转换成空串，则什么都不会被输出。可以使用gettype或者is_bool函数进行判断。

## 3.2.5 转换成数组

将其他类型转换成数组的方法是在变量前使用“(array)”进行强制转换。转换的规则非常简单，即转换成与原变量数据类型相同的数组。数组中只有一个元素。以下代码是一个将整型数转换成数组的例子。

```
<?php
$a = 1;
print_r((array)$a);                                    //将$a 转换为数组
?>
```

运行结果如下所示：

```
Array
(
```

```
    [0] => 1
)
```

### 3.2.6 转换成对象

将其他类型转换成对象的方法是在变量前使用“(object)”进行强制转换。转换的规则非常简单，即转换成一个新的对象，其中名为 scalar 的成员变量将包含原变量的值。以下代码是一个将整型数转换成对象的例子。

```
<?php
$a = 1;
$obj = (object)$a;                                    //将$a 转换为对象
echo $obj -> scalar;
?>
```

运行结果如下所示：

```
1
```

### 3.2.7 使用函数进行数据类型的强制转换

本节将介绍使用函数来强制设置变量类型。

在 PHP 中，使用 settype 函数来设置变量的类型，其功能与直接输入目标的数据类型进行数据类型转换的方法完全相同，其语法结构如下所示：

```
bool settype(var, string type)
```

这个函数的功能是将 var 变量设置成 type 类型。其中，var 可以是任意类型的变量。type 的可能值包括：

- boolean（或 bool） 表示布尔型。
- integer（或“int”） 表示整型。
- float 表示浮点型。
- string 表示字符串型。
- array 表示数组。
- object 表示对象。
- null 表示空值。

由于其他任何类型都不可以转换成资源数据类型，所以 type 的可能值不包括资源数据类型。以下代码将一个浮点型数转换成整型数。

```
<?php
$a = 1.1;
echo settype($a, "int");                              //设置$a 的数据类型为整型
?>
```

运行结果如下所示：

```
1
```

通过运行结果可以看出，1.1 被转化成了整型数 1。

## 3.3 小结

本章介绍了 PHP 中的数据类型以及变量的各种数据类型间的转换。在实际应用中，数据类型间的转换是非常重要的，而且经常被用到。例如，一个用于表示月份的数据可能要以字符串型数据的方式保存在数据库中用于显示，而以整型数据的方式参与一些时间运算。读者可以根据 3.2 节中的实例仔细体会数据类型间的转换方法。通过本章的学习，读者要掌握如下知识点：

（1）数据类型的基本概念。

（2）数据类型的合成方法。

（3）数据类型间的转换。

为了巩固所学，读者还需要做如下的练习：

（1）尝试把生活中的一些数据转化成计算机中的一些数据类型。

（2）上机验证运行本章的案例，并尝试改写。

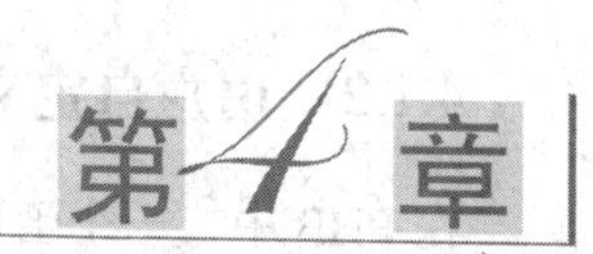

# 函数处理与数据引用

在介绍PHP语言组成时提到过，一个基本的PHP脚本通常是由主程序和函数构成的。这些函数不仅构成了一个PHP脚本的主要功能，也实现了程序代码的结构化，方便他人阅读。本章主要介绍PHP中的常用函数、用户自定义函数的编写以及数据引用。

**本章学习目标：**

函数是程序构成的基本单位，本章掌握PHP中函数的定义和使用，当然，学习之处，要掌握PHP本身提供的常用函数。具体的知识和技能学习点如下表所示：

| 本章知识技能学习点 | 掌握程度 |
|---|---|
| 函数的定义 | 理解含义 |
| 函数的调用 | 必知必会 |
| 用户自定义函数的编写 | 必知必会 |
| PHP的一些常用函数 | 必知必会 |
| PHP中的引用 | 知道概念 |

## 4.1 函数的定义与使用

函数是实现特定功能的一段程序。使用函数，有助于程序代码的重用和整个脚本的结构化。在PHP中，函数也是经常被使用到的一类结构。与变量和常量类似，用于函数名的标识符具有相同的规则。本节将主要介绍PHP中函数的调用和用户自定义函数的编写。

### 4.1.1 函数的调用

在PHP中，调用函数的方法非常简单。只需要按照函数格式写出函数及其相应的参数即可。例如，用于截取字符串的函数substr的定义如下所示：

```
string substr(string str, int start)
```

其中，str和start是参数。此时，调用函数substr的语句如下所示：

```
<?php
substr("This is a test", 8);                    //取字符串的第8位到最后一位
?>
```

如果函数有返回值，可以将函数直接赋值给其他变量，或直接输出，如以下代码所示：

```
<?php
$newstr = substr("This is a test", 8);
echo substr("This is a test", 8);
?>
```

### 4.1.2 用户自定义函数的编写

在 PHP 中，一个函数通常由 4 个部分组成，包括函数名、参数、函数体和返回值。一个典型的函数如下所示：

```
<?php
function func($arg_1, $arg_2, ..., $arg_n)                  //一个用户自定义函数
{
    //这里是函数的功能代码
    return $val;
}
?>
```

在上面的例子中，func 是函数名，$arg_1 到$arg_n 是参数，$val 是返回值。在函数两个花括号中的程序段是函数体。在编写用户自定义函数时，需要注意以下几点：

- 任何有效的 PHP 代码都有可能出现在函数内部，甚至包括其他函数的定义。
- 函数名是非大小写敏感的，不过在调用函数时，通常使用其在定义时相同的形式。
- PHP 中的函数定义可以在函数调用之前，也可以在函数调用之后。但是，如果函数的定义在条件结构之内，或者在其他函数之内，则函数的定义必须能在函数调用之前被运行到。



以下代码是一个定义函数的例子。

```
<?php
$jud = TRUE;
if($jud)                                          //如果$jud 为 TRUE
{
    //函数 add 用来计算并返回两个参数的和
    function add($a, $b)
    {
        //函数 addone 用来返回参数+1 的值
        function addone($a)
        {
          return $a + 1;
        }
        return $a + $b;
    }
}
echo add(23, 45);                                 //输出 23 和 45 的和
echo addone(67);                                  //在 67 上加 1
?>
```

在上面的例子中，函数 add 在 if($jud)中。此时，只有$jud 为 TRUE 时，函数 add 的定义才会生效。此外，由于函数 addone 定义在函数 add 中，只有在函数 add 被调用了一次以后，函数 addone 的定义才会生效。

通过以上函数定义方法，读者可以在开发网站或者其他基于 Web 的系统时建立自己的函数库。在编写某个页面或者某个功能时，通过对函数的直接调用使系统可以不依赖

于函数的具体实现，而只是从外部调用函数的功能。这样做，虽然系统中的具体功能是通过函数的具体功能实现的，但是当函数中的功能需要重新编写或者算法需要优化时，只需要重新编写函数的实现代码，而不需要修改系统中的其他代码。

## 4.2 PHP 常用函数

除了用户自行编写的函数库外，PHP 自身也提供了很多常用的功能函数。PHP 自身提供的函数非常多，但并不是所有的函数都会经常用到。因此，读者只要熟悉一些常用的函数即可。本节将面向实际开发的需要来介绍一些常用函数。

### 4.2.1 获得日期时间信息函数 getdate

getdate 函数主要用来获得当前时间，或者用来分析时间戳的具体意义。时间戳是一个长整数，包含了从 UNIX 新纪元（1970 年 1 月 1 日零时）到给定时间的秒数，其语法格式如下所示：

```
array getdate([int timestamp])
```

返回一个根据 timestamp 得到的包含有日期时间信息的数组。如果没有给出时间戳，则默认是当前时间。对于 getdate 函数返回的数组，其键名包括日期时间的完整信息，具体键名如表 4-1 所示。

表 4-1 getdate 函数返回数组键名

| 键 名 | 说 明 | 键 名 | 说 明 |
|---|---|---|---|
| seconds | 秒的数字表示 | minutes | 分钟的数字表示 |
| hours | 小时的数字表示 | mday | 月份中第几天的数字表示 |
| wday | 星期中第几天的数字表示 | mon | 月份的数字表示 |
| year | 4 位数字表示的完整年份 | yday | 一年中第几天的数字表示 |
| weekday | 星期几的完整文本表示 | month | 月份的完整文本表示 |
| 0 | 自从 UNIX 纪元开始至今的秒数 | | |

以下代码实现了返回今天为一年中的第几天的信息。

```
<?php
$today = getdate();                          //设置变量$today 为当前日期
print_r($today);                             //输出今天的详细信息
echo "今天是今年的第".$today['yday']."天";    //输出今天是一年中的第几天
?>
```

运行结果如下所示：

```
Array
(
    [seconds] => 23
    [minutes] => 0
    [hours] => 14
    [mday] => 8
```

```
        [wday] => 2
        [mon] => 8
        [year] => 2006
        [yday] => 219
        [weekday] => Tuesday
        [month] => August
        [0] => 1155045623
)
今天是今年的第 219 天
```

从上面的运行结果可以看出，getdate 函数返回的是一个包含完整时间信息的数组。在实际应用中，通常使用 getdate 函数中的各个元素实现一些需要的功能。

### 4.2.2 获得当前时间函数 gettimeofday

上节中的 getdate 函数可以返回当前日期时间的详细信息，但是 getdate 有一个缺点，就是时间不够精确，只能精确到秒。因此，PHP 引进了 gettimeofday 函数，用来返回精确到微秒级的时间，其语法格式如下所示：



```
array gettimeofday(void)
```

对于 gettimeofday 函数返回的数组，包含有如下可供系统调用的数据：

- sec　自从 UNIX 纪元开始至今的秒数。
- usec　微秒数。
- minuteswest　格林威治向西的分钟数。格林威治时间是用以计算全球不同地区时间的基础。例如，中国所处时区为东 8 区，也就是现在的北京时间减 8 小时等于格林威治时间。这里的 minuteswest 是从格林威治时区与当前系统时区向西计算的偏差。
- dsttime　夏令时修正的类型。如果是夏令时为 1，否则为 0。

以下代码对这两个函数返回的秒数做了一下比较。

```
<?php
$today = getdate();                //设置变量$today 为当前时间
echo $today[0]."\n";               //输出秒数
$today = gettimeofday();           //设置变量$today 为当前时间
print_r($today);                   //输出今天的详细信息
?>
```

运行结果如下所示：

```
1155046478
Array
(
    [sec] => 1155046478
    [usec] => 939119
    [minuteswest] => 0
    [dsttime] => 0
)
```

从比较可以看出，gettimeofday 函数返回的秒数与 getdate 函数返回的秒数是一样的，所以只有在用到微秒级计算或统计时才会用到 gettimeofday 函数。

### 4.2.3 日期验证函数 checkdate

checkdate 函数主要用来验证一个日期是否有效。这种有效性验证可以用来检测用户数据的有效性，其语法格式如下所示：

```
bool checkdate(int month, int day, int year)
```

如果给出的日期有效，则返回 TRUE，否则返回 FALSE。检查由参数构成的日期的合法性。日期在以下情况下被认为有效：

- ❑ year 的值是从 1～32767。
- ❑ month 的值是从 1～12。
- ❑ day 的值在给定的 month 所应该具有的天数范围之内。

以下代码对一个从用户表单接收到的日期数据进行验证。如果验证通过，则输出用户输入的日期，否则，输出一条错误信息。

```
<?php
//接收用户输入数据
$user_yr     = 2006;                                          //[1]开始
$user_mth    = 2;
$user_day    = 29;                                            //[1]结束
//输出用户输入的数据并对用户的输入进行验证
if(checkdate($user_mth, $user_day, $user_yr))
     echo "User's Input: ".$user_yr."-".$user_mth."-".$user_day;
else
     echo "Error!!";
?>
```

运行结果如下所示：

```
E
rror!!
```

这是因为 2006 年并不是闰年，2 月只有 28 天。所以返回了错误的信息。如果把标记为[1]的部分更改为以下代码：

```
$user_yr     = 2006;
$user_mth    = 2;
$user_day    = 28;
```

这时的运行结果如下所示：

```
User's Input: 2006-2-28
```

### 4.2.4 格式化本地时间日期函数 date

date 函数主要用来对日期时间进行格式化，以方便输出或者存储。其语法格式如下所示：

```
string date(string format [, int timestamp])
```

date 函数将返回按照给定的格式对时间戳 timestamp 进行格式化而产生的字符串，格式在 format 字符串中指定。如果没有给出时间戳，则使用本地当前时间。

对于 format 参数，可以使用字符的组合进行格式设置，可用的字符及其说明和取值范围如表 4-2 所示。

表 4-2 date 函数的 format 参数

| 字 符 | 说 明 | 取 值 范 围 |
| --- | --- | --- |
| a | 小写的上午和下午值 | am 或 pm |
| A | 大写的上午和下午值 | AM 或 PM |
| B | Swatch Internet 标准时 | 000～999 |
| d | 月份中的第几天，有前导零的 2 位数字 | 01～31 |
| D | 星期中的第几天，文本表示，3 个字母 | Mon～Sun |
| F | 月份，完整的文本格式 | January～December |
| g | 小时，12 小时格式，没有前导零 | 1～12 |
| G | 小时，24 小时格式，没有前导零 | 0～23 |
| h | 小时，12 小时格式，有前导零 | 01～12 |
| H | 小时，24 小时格式，有前导零 | 00～23 |
| i | 有前导零的分钟数 | 00～59 |
| I | 是否为夏令时 | 如果是夏令时为 1，否则为 0 |
| j | 月份中的第几天，没有前导零 | 1～31 |
| l | 星期几，完整的文本格式 | Sunday～Saturday |
| L | 是否为闰年 | 如果是闰年为 1，否则为 0 |
| m | 数字表示的月份，有前导零 | 01～12 |
| M | 三个字母缩写表示的月份 | Jan～Dec |
| n | 数字表示的月份，没有前导零 | 1～12 |
| o | 与格林威治时间相差的小时数 | |
| r | RFC 822 格式的日期 | |
| s | 秒数，有前导零 | 00～59 |
| S | 每月天数后面的英文后缀，2 个字符 st，nd，rd 或者 th | |
| t | 给定月份所应有的天数 28 到 31 | |
| T | 本机所在的时区 | |
| U | 从 Unix 纪元开始至今的秒数 | |
| w | 星期中的第几天 | 数字表示 0（表示星期天）～6（表示星期六） |
| W | ISO-8601 格式年份中的第几周，每周从星期一开始 | |
| y | 2 位数字表示的年份 | |
| Y | 4 位数字完整表示的年份 | |
| z | 年份中的第几天 | 0～366 |
| Z | 时差偏移量的秒数 | |

例如，要表示当前时间“2006-08-21, Mon, 12:23:43”，可以将上面的格式字符串 format 写成“Y-m-d, D, H:i:s”来实现。需要注意的是，因为 date 函数会把 format 字符串中的字母当做格式的表示形式输出，如果需要在 format 中写入字母本身，需要用转义符来实现。

以下代码实现了输出当前日期是本月的第几天的功能。

```
<?php
echo date("\N\o\w \i\s jS \d\a\y\.");
?>
```

运行结果如下所示：

```
Now is 21st day.
```

以下代码在编写程序的时候忽略了转义符，出现了错误。

```
<?php
echo date("Now is jS day.");
?>
```

运行结果如下所示：

```
120061 3057 21st 21pm06.
```

从上面的结果可以看出，程序没有得到期望的结果。

以下代码输出了一些常用的时间格式。

```
<?php
//以下代码主要用来演示 date()的格式，<BR>为 HTML 的换行符
echo date("F j, Y, g:i a")."<BR>";
echo date("m.d.y")."<BR>";
echo date("j, n, Y")."<BR>";
echo date("Ymd")."<BR>";
echo date("H:i:s")."<BR>";
?>
```

运行结果如下所示：

```
August 8, 2006, 2:50 pm
08.08.06
8, 8, 2006
20060808
14:50:08
```

date 函数是经常使用的一个函数。date 函数不仅可以用来表示日期，也可以用来表示时间。因此，在一般的程序设计中，需要使用到时间的，建议使用此函数来进行。

### 4.2.5　获得本地化时间戳函数 mktime

mktime 函数主要用于对日期时间进行本地化时间戳计算。其语法格式如下所示：

```
int mktime([int hour [, int minute [, int second [, int month [, int day [, int year [, int is_dst]]]]]]])
```

mktime 函数参数可以从右向左省略，任何省略的参数会被设置成本地日期和时间的当前值。参数从左到右分别表示小时、分钟、秒、月份、日、年、是否为夏令时。需要注意的是，参数的顺序与一般的时间表示法并不相同，在脚本编程中，经常因为混淆这些值的顺序而出错。

以下代码简单地演示了 mktime 函数的应用。

```
<?php
echo mktime(0,0,0,8,3,2006);
?>
```

运行结果如下所示：

```
1154563200
```

因为 mktime 函数的返回结果是一个 UNIX 时间戳，显示的意义不大。所以 mktime 函数经常和 date 函数联合使用，用来实现时间的计算。以下代码实现了一些关于日期的简单计算。

```
<?php
//今天是 2006 年 8 月 8 日
echo date("M-d-Y", mktime (0,0,0,date("m")    ,date("d")+1,date("Y")    ))."<BR>"; //明天
echo date("M-d-Y", mktime (0,0,0,date("m")-1,date("d"),    date("Y")    ))."<BR>"; //上个月的今天
echo date("M-d-Y", mktime (0,0,0,date("m"),    date("d"),    date("Y")+1))."<BR>"; //明年的今天
?>
```

运行结果如下所示：

```
Aug-09-2006
Jul-08-2006
Aug-08-2007
```



mktime() 除了可以用来做日期计算和格式转换，还可以对非法日期进行验证，并对其进行自动修正，以下代码均可以输出字符串“Jan-01-2007”。

```
<?php
echo date ("M-d-Y", mktime (0,0,0,12,32,2006));
echo date ("M-d-Y", mktime (0,0,0,13,1,2006));
echo date ("M-d-Y", mktime (0,0,0,1,1,2007));
echo date ("M-d-Y", mktime (0,0,0,1,1,07));
?>
```

根据这一特性，还可以使用 mktime 函数直接进行一些日期的计算。例如，可以通过在月底最后一天的 day 参数上加 1 得到一个错误的日期，由此计算出下个月的第一天。

mktime 函数还有一个很特殊的行为，如以下代码所示：

```
<?php
echo date ("M-d-Y", mktime (0,0,0,0,0,0));
?>
```

这里，mktime 函数的所有参数均为零，这时返回的时间并不是 UNIX 纪元的第一天，而是“Nov-30-1999”。

### 4.2.6 输出控制函数 flush

flush 提供了输出缓存区的功能。该函数主要应用在网页比较大或者网页的后台操作比较多的情况，分阶段的输出缓存区可以使访问者耐心地等待页面的完成。其语法格式如下所示：

```
void flush(void)
```

以下代码演示了这个函数的基本用法。

```
<?php
echo "Starting...<BR>";
for($i=0;$i<10000000;$i++)
```

```
{
    if($i%100000 == 0)                          //每处理 100000 次输出缓存区 1 次
    {
        echo "Processing ".$i."<BR>";
        flush();                                //输出缓存区
    }
}
echo "All done.";
?>
```

通过观察程序的运行过程可以看出，每循环十万次则输出一行。如果删除掉代码中对 flush 函数的调用，所有的输出将在一千万次循环后同时输出。

### 4.2.7 变量检测函数 isset 与变量释放函数 unset

isset 函数提供了变量检测功能，该函数用来检测变量是否已经被赋值（不包括 NULL）。unset 函数用于销毁指定的变量。

isset 函数的格式如下所示：

```
bool isset(var [, var [, ...]])
```

unset 函数的格式如下所示：

```
void unset(var [, var [, ...]])
```

这里，参数 var 是要进行检测或销毁的变量。对于 isset 函数，如果变量已被赋值，则返回 TRUE，否则返回 FALSE。

以下代码演示了这两个函数的基本用法。

```
<?php
$var = 1;
var_dump(isset($var));                  //输出 TRUE
unset ($var);                           //释放$var
var_dump(isset($var));                  //输出 FALSE
$var = "";                              //空串不同于 NULL，是一个有效的值
var_dump(isset($var));                  //输出 TRUE
$var = NULL;                            //NULL 可看做未被赋值
var_dump(isset($var));                  //输出 FALSE
?>
```

### 4.2.8 随机函数 rand 与 srand

rand 函数用来产生一个随机数，其语法格式如下所示：

```
int rand([int min, int max])
```

这里，参数 min 和 max 用来指定随机数的产生范围。如果不指定，将产生 0 到 RAND_MAX 的随机数。需要注意的是，rand 函数产生的是伪随机数，也就是不完全的随机，也并不能指定产生随机数的种子。因此，PHP 引进了 srand 函数用于支持用户自定义随机数发生器。

srand 函数的格式如下所示：

```
void srand(int seed)
```

以下代码演示了这两个函数的基本用法。

```
<?php
//seed 用户自定义函数以微秒作为种子
function seed()
{
    list($msec, $sec) = explode(' ', microtime());
    return (float) $sec;
}
//播下随机数发生器种子，用 srand 函数调用 seed 函数的返回结果
srand(seed());
//输出产生的随机数，随机数的范围为 10～100
echo rand(10,100);
?>
```

这里的microtime函数用于返回当前的UNIX时间戳，返回一个包含两部分的字符串。第一部分是微秒部分，第二部分是当前的时间戳。在上面的例子中，仅使用了时间戳作为种子的发生器。



## 4.3 关于引用的解释

在第 2 章介绍 PHP 中的变量赋值时介绍过变量的传地址赋值。使用“&”符号进行的传地址赋值实际上就是对变量的一种引用方法。在 PHP 中，引用意味着对同一个变量的引用，也就是对于同一个值来说，可以通过引用的方法使其具有多个变量名。引用通常分为两种类型：对变量的引用，对函数的引用。

### 4.3.1 对变量的引用

对变量的引用及使用两个变量来指代一个内容。以下代码是一个对变量引用的例子。

```
<?php
$a = 0;                 //首先赋值$a=0
$b = &$a;               //$b 是对$a 的引用
echo $b."\n";           //输出$b，可以得到与$a 相同的值
$b = 1;                 //对$b 赋值
echo $a."\n";           //输出$a，可以看到$a 也发生了变化
?>
```

运行结果如下所示：

```
0
1
```

这里，$a 随着$b 的改变也发生了变化，这就与非引用的直接赋值是完全不同的。这种对变量的引用还可以用于函数的参数变量。如以下代码所示：

```
<?php
function func(&$parm)       //参数是对变量的引用
{
    $parm = 1;              //对参数赋值
}
```

```
$a = 0;                         //对$a 赋值
func($a);
echo $a;                        //输出$a，可以看到$a 发生了变化
?>
```

运行结果如下所示：

```
1
```

在上面的例子中，函数 func 使用的是对变量$a 的引用，因此在函数中的$parm 变量实际上就是对变量$a 的引用。当$parm 发生变化时，$a 也会发生变化。还有两种较特殊的引用：

- $this　在对象中，$this 永远调用它的对象自身的引用。
- parent　在对象中，parent 永远调用它的父对象的引用。

### 4.3.2　对函数的引用

除了对变量的引用以外，PHP 还提供了对函数的引用的方法，用来实现对函数返回结果的引用。在使用函数的引用方法时，是在函数名前面应用“&”符号。如以下代码所示：

```
<?php
function &func()                //函数名前有“&”符号
{
    static $var = 0;            //静态变量$var
    return $var;
}

$a = &func();                   //对函数的返回值的引用
$a = 1;                         //对引用重新赋值
$b = &func();
echo $b;                        //$b 与$a 的值相同
?>
```

运行结果如下所示：

```
1
```

从上面的例子可以看出，对$a 的赋值造成对函数返回值的影响，以至于$b 的值被赋成了$a 的值。

### 4.3.3　引用的释放

与释放一个变量的方法类似，释放一个引用也是通过 unset 函数来实现的。但是与释放变量不同的是，释放引用并不会消除引用中的值，只会消除引用的变量名。如以下代码所示：

```
<?php
$a = 100;
$b = &$a;
echo $b."\n";
unset($b);                      //释放对$a 的引用$b
echo $a."\n";
?>
```

运行结果如下所示：

```
100
```

这里可以看出，$a 的值并没有被释放。

## 4.4 小结

本章介绍了 PHP 中的函数与引用。在通常的 PHP 程序编写过程中，通常将一些独立的功能模块放到函数中，以方便程序代码的阅读与理解。因此，如何编写和调用函数是非常重要的。对于本章介绍的 PHP 常用函数，在实际应用中会被反复用到，也是需要读者认真理解的。由于 PHP 中的函数很多，篇幅所限，本章不能将 PHP 中的全部函数一一介绍。对于其他的一些常见函数，本书会在后面相应的章节中介绍。读者也可以通过访问 PHP 的官方网站 http://www.php.net 来查看 PHP 函数库手册。通过本章的学习，读者要掌握如下知识点：

（1）函数的概念。

（2）函数的使用方法。

（3）用户自定义函数。

为了巩固所学，读者还需要做如下的练习：

（1）上机测试运行本章的案例，并尝试修改这些案例。

（2）自己编写一个自定义函数，并调用之。

（3）编写一个程序，包含程序的 3 种结构和函数。

# 第5章 PHP中类的应用

在第4章中，对PHP中的函数做了一些介绍。函数是PHP中用来实现结构化编程的一个很重要方式。但是，由于函数与变量是分离的，当系统规划过于庞大或者要处理的数据量特别大时，往往会带来很多麻烦。使用面向对象（OOP，Object Oriented Programming）可以有效地解决这个问题。

**本章学习目标：**

PHP5的一个重要的改进就是增加了很多面向对象的操作，使面向对象的程序设计在PHP中实现了可能。本章将主要介绍PHP中面向对象的使用。具体的知识和技能学习点如下表所示：

| 本章知识技能学习点 | 掌 握 程 度 |
|---|---|
| 类的概念 | 理解含义 |
| 类的信息封装 | 必知必会 |
| 静态类 | 知道概念 |
| 类的属性和方法的定义 | 必知必会 |
| 构造函数 | 必知必会 |
| 类的扩展和继承 | 必知必会 |
| 接口和抽象类 | 理解含义 |
| 经典设计模式 | 知道概念 |

## 5.1 PHP中面向对象程序设计的应用

使用面向对象主要有以下几点好处：

- 具有独立性。这样使程序的各个模块能够各自独立，不互相牵制。有利于后期的维护和调试。
- 具有灵活性。面向对象提供了继承的功能，新模块可以方便地继承已有对象的功能。
- 具有通用性。如果某几个对象具有相同的特征，则可以通用的定义为一个对象，然后各自根据区别进行继承。
- 具有重用性。如果新的对象与已有对象功能相同，即使不在一个项目中，也可以简单地将对象复制过来，而不需要很麻烦地删减代码。

面向对象中一个重要的概念就是类，本节将主要介绍一些类与对象的基本概念。

### 5.1.1 类简介

类是变量与作用于这些变量的函数的集合。一个类可以简单地看做一个对象源头。例如，一盏台灯可以看做一个对象。在 PHP 中，可以作为一个类来表示。台灯的最主要属性就是是否在发光。两个主要的方法是开灯和关灯，以下代码实现了一个简单的台灯类。

```
<?php
class Lamp
{
    var light;                                  //台灯是否在发光

    //开灯
    function poweron()
    {
        $this->light = ON;
    }

    //关灯
    function poweroff()
    {
        $this->light = OFF;
    }
}
?>
```



### 5.1.2 类的信息封装

使用面向对象的好处之一就是面向对象的“独立性”。在实际开发中，往往使用类将一个功能完全封装起来，方便其他模块的操作。

例如，在一个新闻系统的网站中，使用一个数据库操作类将新闻数据库的各种操作全部封装起来。该类提供了方法 insert 用来添加一条新的新闻，方法 update 用来修改一条已有新闻，方法 delete 用来删除一条已有新闻，方法 select 用来读取已有新闻。其他的功能也可以通过调用这个封装好的类来实现。在需要进行新闻管理时，只需要使用该类创建一个新闻对象，然后就可以调用以上方法实现新闻的管理操作了。

这种做法可以使系统的层次分明。如果修改一个底层功能，不需要更新其他部分。例如，新闻系统专门用来存储新闻数据的表，其名称发生了变化，则只需要修改这个封装好的类即可，不需要修改其他部分的代码。

### 5.1.3 静态类

在 5.1.2 节的例子中，需要创建一个新闻对象以实现对新闻数据库的操作。有时，在没有声明任何实例的情况下，访问类中的函数或者基类中的函数和变量的功能也很有用处。使用这样的方法不需要创建没有意义的新闻对象。这就是静态类。静态类中的变量和函数可以直接用类名进行调用。具体的调用方法将在后面详细介绍。

## 5.2 创建一个简单类

在PHP中，使用关键字class创建新的类。类中的变量和函数分别用var和function关键字来定义。以下代码创建了一个简单的类，该类可用于存储一个论坛系统的帖子。

```
<?php
class Thread
{
    var $topic;                                    //帖子主题
    var $body;                                     //帖子内容
    var $date;                                     //帖子发布时间
    var $author;                                   //帖子作者
    //函数Thread用于初始化变量等
    function Thread()
    {
        //初始化变量
    }

    //函数Send用于提交新帖子
    function Send()
    {
        //检测变量的合法性后执行插入操作，将变量存储到数据库中
    }
    //函数Edit用于编辑帖子
    function Edit()
    {
        //检测变量的合法性后执行更新操作，将变量存储到数据库中
    }

    //函数Delete用于删除帖子
    function Delete()
    {
        //检测作者的权限后将从数据库中将相关数据删除
    }
}
?>
```

在上面的例子中，函数体并没有任何代码，也就是该类并不能实现任何功能。但是，一个基本类的框架已经构建好了。其中Thread函数为构造函数，主要用来初始化类中的变量等。函数Send、Edit和Delete用于对数据库的操作，可以实现帖子的提交、编辑和删除功能。

## 5.3 PHP5与PHP4的差异

在面向对象方面，PHP5主要具有以下新的特点：

- ❑ 可以使用 public/private/protected 对类中元素的访问范围进行限定。
- ❑ 对构造函数和析构函数的支持。
- ❑ 接口的应用。
- ❑ 可以通过 instanceof 操作符进行对象类型的判断。
- ❑ 支持类的克隆。
- ❑ 支持静态类以及静态方法。
- ❑ 支持抽象类以及抽象方法。

## 5.4 定义属性和方法

在创建一个简单类的时候，可以看到在类中包含有一系列的变量和函数。在使用这个类创建的对象中，类中的变量被称为属性，类中的方法被称为方法。本节将主要介绍类中的属性与方法的定义。

### 5.4.1 属性与方法的定义

类的组成如图 5-1 所示。

class Thread

属性：

$topic
$body
$date
$author

方法：

Thread()
Send()
Edit()
Delete()

图 5-1 类的结构图

属性的定义方法如下所示。

```
var variable_name;
```

其中，var 是关键字，variable_name 是要定义的属性名。方法的定义方式与定义一个函数相同。

这里，需要明确的是类的属性与类的函数中变量的区别。并不是类中所有的变量都可以看做类的属性，类的函数中的变量作用范围仅限于函数本身，不可看做类的属性。在以下代码中，两个$a 是不同的。

```
class a
{
    var $a;                          //这是类的属性
function fun($a)
{
        $a = "Hello World";          //这是普通变量，作用范围是这个构造函数内部。
        $this->a = $a;               //这里将函数内的变量值赋给类的属性$a。
    }
}
```

### 5.4.2 传统的构造函数

构造函数是类中的一个特殊函数，当创建一个类的实例时，构造函数将会自动调用。在类中定义的函数与类同名时，这个函数将会被 PHP 认为是一个构造函数。构造函数主要具有以下特点：

- ❑ 构造函数的函数名和类名必须完全相同。如果构造函数的函数名与类名不同，则该函数将被看做一个普通的函数，不会在创建对象时自动调用。
- ❑ 构造函数没有返回类型和返回值。这是因为构造函数是在创建对象时自动调用的，并不是一个独立的函数，因此，不需要返回值。

- 构造函数的主要功能通常是对类中对象完成初始化工作。例如对类中变量的赋值操作。

构造函数与类中的其他函数一样，可以是有参数的函数，也可以是无参数的函数。例如上面的 Thread 函数也可以写成如下所示的形式：

```
function Thread($topic, $body, $date, $author)
{
    //初始化变量
}
```

使用这种形式创建新的对象时，PHP 会要求在创建的时候要指定类中 4 个变量的值。当然，也可以改写成带有默认值的函数。在实际应用中，这样的用法更有意义。

### 5.4.3 PHP 类中的一些特殊方法

除了上面介绍的通过用户自定义的方式来定义类中的方法外，PHP 还提供了一些特殊的方法供 PHP 内部调用。

#### 1. 构造函数__construct

除了前面介绍的通过使用类的同名函数来创建构造函数的方法。PHP 还提供了一个特殊的构造函数__construct。其作用与前面介绍的相同。代码如下所示：

```
<?php
class MyClass                                          //定义类
{
    function __construct()                             //构造函数
    {
        print "这是一个构造函数";
    }
}
$myclass = new MyClass;
?>
```

运行结果如下所示：

```
这是一个构造函数
```

从程序的运行结果可以看出，构造函数被调用了。

#### 2. 析构函数__destruct

与构造函数相反，析构函数是在对象被销毁的时候自动调用的。PHP 提供了一个特殊方法__destruct 用来做析构函数。代码如下所示：

```
<?php
class MyClass                                          //定义类
{
    function __destruct()                              //析构函数
    {
        print "这是一个析构函数";
    }
```

```
}
$myclass = new MyClass;
$myclass = NULL;
?>
```

运行结果如下所示：

```
这是一个析构函数
```

从程序的运行结果可以看出，析构函数被调用了。

### 3. 字符串转换函数__toString

使用类创建的对象的数据类型是对象，所以不能用 print 或者 echo 语句进行输出。代码如下所示：

```
<?php
class MyClass                                   //定义类
{
    var $name;
    function __construct($name)                 //构造函数
    {
        $this->name = $name;
    }
}
$myclass = new MyClass("Simon");
echo $myclass;
?>
```



运行结果如下所示：

```
Object id #1
```

在调用对象时，可能的预期输出结果应该是 echo $myclass->$name。PHP 提供了一个特殊的函数__toString 来解决无法输出对象的问题。在类中定义__toString 函数可以返回一个可输出的字符串。将上面的例子改写如下：

```
<?php
class MyClass                                   //定义类
{
var $name;
    function __construct($name)                 //构造函数
    {
        $this->name = $name;
    }
    function __toString()                       //字符串转换函数
    {
        return $this->name;
    }
}
$myclass = new MyClass("Simon");                //创建新对象
echo $myclass;                                  //输出对象的值
?>
```

运行结果如下所示：

```
Simon
```

## 5.5 类的引用、扩展与继承

上一节介绍了类的基本定义与常见的类型。本节将继续介绍类的编写与调用。

### 5.5.1 类的引用

在前面几节中，反复提到了类中创建对象这一概念。在 PHP 中，使用 new 关键字进行类的引用。以下代码是用 Thread 类创建的一个论坛帖子对象。

```
$th = new Thread();
```

此时，$th 就可以表示一个主题帖对象了。类可以看做一种数据类型，那么，$th 的数据类型就是 MainThread。需要注意的是，由于在前面的构造函数中并没有指定默认值，所以，在创建对象时，类的参数必须与构造函数完全相同。

对于类中的属性和函数，使用“->”进行调用。以下代码对类的$id 属性进行赋值，然后执行 Send 函数。

```
<?php
$th = new Thread();                                //创建新对象
$th->id=1;                                         //为 id 赋值
$th->Send();                                       //调用 Send 方法
?>
```

如果要在类中调用类本身的属性或者函数，可以用 this 指代类本身。例如，上面的 Send 函数改写如下：

```
<?php
function Send($id=0)                               //Send 方法，其中$id 为参数
{
    $this->id = $id;
    //其他代码
    parent::Send();
}
?>
```

使用这个类创建对象并调用 Send 函数的方法如下：

```
<?php
$th = new Thread();                        //创建新对象
$th->Send(1);                              //调用 Send 方法
?>
```

通过 Send(1)将常量 1 传递给函数 Send。由于在 Send 函数中使用了$this->id = $id 语句，实现了与$th->id=1 同样的功能。

### 5.5.2 类的扩展与继承

在实际项目的开发中，经常会用到一些通用类。例如，上一节中所说的论坛帖子类的例子就可以看做一个通用类。在一个论坛系统中，帖子可能会有很多种，例如主题贴、回复贴、投票贴以及交易贴等。通过对通用类属性、功能的不断丰富，可以实现各种其

他功能，而通用类中的功能不需要进行重新编写即可以直接使用。这种扩展出来的类称为扩展类，而扩展类所基于的通用类称为基类。这个扩展的过程称之为继承。

在继承的过程中，扩展类拥有基类的所有变量和函数，并包含所有在派生类中定义的部分。扩展类是基类的一个扩张。除此之外，扩展类还可以通过重新定义与基类中同名的函数来覆盖基类的功能。这样，在使用扩展类创建的对象调用方法时，旧方法将不会被执行。但是，在某些情况下，为了方便起见，可能想在扩展类中去调用基类被覆盖了的函数。此时则需要用 parent 关键字来指代基类。

以下代码是论坛系统中的主题贴，即用户通过在版面发表新帖子的功能发布的帖子。

```
<?php
class MainThread extends Thread
{
    var $id;                                        //帖子编号
    var $board;                                     //帖子所在讨论区
    var $allowreply;                                //是否允许回复

    //构造函数，用于初始化变量
    function MainThread($id, $board, $allowreply)
    {
        //用于初始化变量
    }

    function Send()
    {
        //检测变量的合法性后执行插入操作将变量存储到数据库中
        parent::Send();                             //用于调用基类的 Send 函数
    }

    function Edit()
    {
        //检测变量的合法性后执行更新操作将变量存储到数据库中
        parent::Edit();                             //用于调用基类的 Edit 函数
    }
}
?>
```

在这个例子中，因为新变量的加入，Send 和 Edit 函数不得不重新编写，而 Delete 函数的功能则可以继续沿用基类的代码。此时，如果使用 MainThread 创建一个对象，调用 Send 和 Edit 函数时，所执行的实际函数是在 MainThread 类中定义的。而调用 Delete 函数时，所执行的实际函数是在 Thread 函数中定义的。

除了一般的函数，构造函数也会实现覆盖。虽然扩展类与基类的类名不同，构造函数的函数名也不同，但是从根本上讲，它们具有相同的作用。例如上面的例子，如果在 MainThread 类中没有指定构造函数，则使用 MainThread 类创建一个对象时，基类 Thread 的构造函数将被调用。如果指定了构造函数，则 MainThread 类自己的构造函数将被调用。

## 5.6 操作与调用

前面介绍了类的创建，本节将主要介绍如何操作和调用类以及类中的元素。

### 5.6.1 静态类的调用

在上一节中，介绍了静态类的概念。与使用 parent 关键字调用基类的同名函数一样，静态类的调用也是使用“::”实现的。以下代码调用了 MainThread 类中的 Send 函数，并没有创建任何对象。

```
MainThread::Send();
```

这里，MainThread 就是类的本身，而不是通过类创建出的对象。因此不能像前面使用“->”来调用。需要注意的是，与其他语言不同，PHP 中的静态类和非静态类并没有明确的界限。同样的一个类，如果通过创建对象来调用，就可以看做一个非静态类。如果通过类名直接调用，就可以看做一个静态类。



### 5.6.2 实例类型判断方法 instanceof

前面介绍了通过类来创建对象，但是当系统过于大的时候，对象往往会很多。这时，可能需要判断某个对象是否是某个类创建出来的。这有点类似于前面介绍的判断数据类型的 is_*系列函数。这里使用 instanceof 方法来进行。具体用法如下所示：

```
$var instanceof class_name
```

如果变量$var 是类 class_name 创建的对象，则返回 TRUE，否则返回 FALSE。以下代码使用 instanceof 函数实现了对象的类型判断。

```
<?php
$th = new Thread;                          //创建新对象
if ($th instanceof Thread)                 //如果对象$th 是 Thread 类型的，则输出 Yes
    echo "Yes";
else
    echo "No";
?>
```

这个例子使用前面例子中的 Thread 类创建了一个对象$th，然后用 instanceof 判断$th 是否是 Thread 生成的对象，如果是则输出“Yes”，否则输出“No”。运行结果如下所示：

```
Yes
```

### 5.6.3 对象的克隆

除了前面介绍的通过类创建新的对象，PHP 还提供了一个创建新对象的简易方法——克隆对象。这种方法通常应用于要通过一个类创建两个类似的对象的情况下。克隆的对象会拥有被克隆对象的全部属性。

PHP 中使用 clone 关键字实现对象的克隆，语法格式如下所示：

```
$new_obj = clone $old_obj
```

这里，$old_obj 是一个已经存在的对象，$new_obj 是通过$old_obj 克隆出来的对象。以下代码是一个克隆对象的例子。

```
<?php
    //定义类 staff，其中包括属性 id 和 name
    class staff
    {
        private $id;
        private $name;

        function setID($id)
        {
            $this->id = $id;
        }
        function getID()
        {
            return $this->id;
        }

        function setName($name)
        {
            $this->name = $name;
        }
        function getName()
        {
            return $this->name;
        }
    }
    //创建一个新的 staff 对象并初始化
    $ee1 = new staff();
    $ee1->setID("145");
    $ee1->setName("Simon");

    //克隆一个新的对象
    $ee2 = clone $ee1;
    //重新设置新对象的 ID 值
    $ee2->setID("146");

    //输出 ee1 和 ee2
    echo "ee1 ID: ".$ee1->getID()."<br>";
    echo "ee1 Name: ".$ee1->getName()."<br>";
    echo "ee2 ID: ".$ee2->getID()."<br>";
    echo "ee2 Name: ".$ee2->getName()."<br>";
?>
```

代码的运行结果如下所示：

```
ee1 ID: 145
ee1 Name: Simon
ee2 ID: 146
ee2 Name: Simon
```

从运行结果可以看出，由于$ee1 的 Name 属性在克隆到$ee2 后没有被重新设定，所以$ee2 的 Name 属性仍然是“Simon”。而程序对$ee2 中的 ID 进行了修改，从 145 修改到 146。

在实际应用中，这种需求可能会时常存在，例如将 ID 的值加 1。当然，可以通过修改上面的代码使设置$ee2 的 ID 属性时实现加 1 操作。但是，PHP 提供了更为简洁的方法——__clone 函数。如果在类中定义了__clone 函数，则在执行克隆操作时，这个函数将被自动调用，以实现一些操作。上面的代码可以修改成如下所示：

```
<?php
    //定义类 staff，其中包括属性 id 和 name
    class staff
    {
        private $id;
        private $name;

        function setID($id)
        {
            $this->id = $id;
        }
        function getID()
        {
            return $this->id;
        }

        function setName($name)
        {
            $this->name = $name;
        }
        function getName()
        {
            return $this->name;
        }
        //这里是__clone 函数
        function __clone()
        {
          $this->id = $this->id + 1;
        }
    }
    //创建一个新的 staff 对象并初始化
    $ee1 = new staff();
    $ee1->setID("145");
    $ee1->setName("Simon");

    //克隆一个新的对象
    $ee2 = clone $ee1;
    //重新设置新对象的 ID 值
    //$ee2->setID("146");
```

```
    //输出 ee1 和 ee2
    echo "ee1 ID: ".$ee1->getID()."<br>";
    echo "ee1 Name: ".$ee1->getName()."<br>";
    echo "ee2 ID: ".$ee2->getID()."<br>";
    echo "ee2 Name: ".$ee2->getName()."<br>";
?>
```

这段代码在执行$ee2 = clone $ee1 语句时自动调用了__clone 函数，所得到的结果与前面相同。

## 5.7　一些设计观念

面向对象的程序设计理念不仅表现在程序的语法规则和语言特性上，更重要的是面向对象表现了一种设计思想。面向对象的程序设计本身就在强调程序的设计方法。当设计一个软件时，很多设计观念被反复地用到，甚至已经成为了一种共用的规则，这些规则通常被称为设计模式。本节要介绍的是 3 种最常用的设计模式。



### 5.7.1　策略模式（Strategy Pattern）

策略模式指的是程序中涉及决策控制的一种模式。例如，用一段 PHP 代码来显示一张 HTML 页面。访问者的浏览器可能会是 IE，也可能会是 Netscape。这时程序就需要根据客户端浏览器的不同来显示相同的网页内容。

策略模式通常通过定义一个抽象的基类，然后根据情况的不同创建不同的类继承这个基类。接下来，根据实际情况的判断，对这个基类采用不同的方式进行继承。

以下代码实现了根据客户端浏览器的类型输出不同的文字表达式的功能。这里，PHP 是通过$_SERVER['HTTP_USER_AGENT']来获取用户端信息的。

```
<?php
    //baseAgent 类，抽象的基类
    abstract class baseAgent
    {
        abstract function PrintPage();
    }
    //ieAgent 类，用于客户端是 IE 时调用的类
    class ieAgent extends baseAgent
    {
        function PrintPage()
        {
            return "当前浏览器是 IE！ ";
        }
    }
    //otherAgent 类，用于客户端不是 IE 时调用的类
    class otherAgent extends baseAgent
    {
        function PrintPage()
        {
```

```
                return "当前浏览器不是 IE! ";
            }
        }
        //判断并创建不同的对象类型，对象名为$currPage
        if(strstr($_SERVER["HTTP_USER_AGENT"], "IEAGENT"))
        {
            $currPage = new ieAgent();
        }
        else
        {
            $currPage = new otherAgent();
        }
        //输出
        echo $currPage->PrintPage();
?>
```

上面程序在 IE 下的输出结果如下所示：

```
当前浏览器是 IE!
```

### 5.7.2 单例模式（Singleton Pattern）

单例模式指的是在应用程序的范围内只对指定的类创建一个实例。例如，对于一篇公共的文档可以允许多个用户同时阅读，但是仅允许一个用户进行编辑，否则会出现更新不同步的问题。

单例模式包含的对象只有一个，就是单例本身。使用单例模式的类通常拥有一个私有构造函数和一个私有克隆函数，确保用户无法通过创建对象的方式或者克隆的方式对它进行实例化。除此之外，该模式中包含一个静态私有成员变量$instance 与静态方法 getInstance。getInstance 方法负责对其本身实例化，然后将这个对象存储在$instance 静态成员变量中，以确保只有一个实例被创建。

以下代码是一个简单的单例模式例子，通过对单例属性$switch 的设置实现了对开关状态的改变。

```
<?php
    //单例模式的类 Lock
    class Lock
    {
        //静态属性$instance
        static private $instance = NULL;
        //一个普通的成员属性
        private $switch = 0;
        //getInstance 静态成员方法
        static function getInstance()
        {
            //如果对象实例还没有被创建，则创建一个新的实例
            if (self::$instance == NULL)
            {
                self::$instance = new Lock();
            }
```

```
            //返回对象实例
            return self::$instance;
        }
        //空构造函数
        private function Lock()
        {
        }
        //空克隆成员函数
        private function __clone()
        {
        }
        //设置$switch 的函数，如果$switch 为 0 则将其设置成 1，否则将其设置成 0
        function setLock()
        {
            if($this->switch==0)              //如果属性 switch 等于 0，则将其设置为 1
             $this->switch = 1;
            else                              //如果属性 switch 等于 1，则将其设置为 0
             $this->switch = 0;
        }
        //获取$switch 状态
        function getLock()
        {
            //返回 switch 属性
            return $this->switch;
        }
    }
    //调用单例，设置$switch
    Lock::getInstance()->setLock();
    //判断开关状态
    if(Lock::getInstance()->getLock() == 0)//如果属性 switch 等于 0，则输出开关状态为“关”
        echo "开关状态：关";
    else                                   //如果属性 switch 等于 1，则输出开关状态为“开”
        echo "开关状态：开";
?>
```

运行结果如下所示。

```
开关状态：开
```

从上面的运行结果可以看出，第一次调用 Lock::getInstance()将$switch 设置成 1，第二次调用 Lock::getInstance()时获取的对象与第一次调用时相同。所以输出结果为$switch 为 1 时的结果。

### 5.7.3 工厂模式（Factory Pattern）

工厂模式是指创建一个类似于工厂的类，通过对类中成员方法的调用返回不同类型的对象。例如，一个管理系统对于访问用户的权限设置是不同的。对于普通用户仅拥有一般的浏览权限，对于管理员拥有对数据的修改和删除权限，对于维护人员拥有访问用户的授权权限等。

工厂模式通常创建一个基类，根据对象类型的不同创建不同的扩展类，而工厂类就像生产零件一样生产出类型不同的对象。在主程序中，通过对对象的调用实现不同的功能。

以下代码实现了上面的例子。Factory 类就是一个工厂类，类中方法 Create 用于创建类型不同的对象以得到不同的权限。

```
<?php
    //抽象基类 User
    abstract class User
    {
        protected $name = NULL;
        //构造函数
        function User($name)
        {
            $this->name = $name;           //将属性 name 设置成创建对象时传入的参数
        }
        //获取属性$name
        function getName()
        {
            return $this->name;            //返回 name 属性
        }
        //是否具有浏览权限
        function ViewAccess()
        {
            return "No";                   //抽象基类的浏览权限为 No
        }
        //是否具有编辑权限
        function EditAccess()
        {
            return "No";                   //抽象基类的编辑权限为 No
        }
        //是否具有删除权限
        function DeleteAccess()
        {
            return "No";                   //抽象基类的删除权限为 No
        }
        //是否具有用户管理权限
        function ManageAccess()
        {
            return "No";                   //抽象基类的管理权限为 No
        }
    }
    //普通用户
    class Client extends User
    {
        //重写 ViewAccess 函数，对普通用户授予浏览权限
        function ViewAccess()
        {
```

```
            return "Yes";
        }
    }
    //管理员
    class Administrator extends User
    {
        //重写 ViewAccess 函数，对普通用户授予浏览权限
        function ViewAccess()
        {
            return "Yes";
        }
        //重写 EditAccess 函数，对普通用户授予编辑权限
        function EditAccess()
        {
            return "Yes";
        }
        //重写 DeleteAccess 函数，对普通用户授予删除权限
        function DeleteAccess()
        {
            return "Yes";
        }
    }
    //维护人员
    class Supporter extends User
    {
        //重写 ViewAccess 函数，对普通用户授予浏览权限
        function ViewAccess()
        {
            return "Yes";
        }
        //重写 EditAccess 函数，对普通用户授予编辑权限
        function EditAccess()
        {
            return "Yes";
        }
        //重写 DeleteAccess 函数，对普通用户授予删除权限
        function DeleteAccess()
        {
            return "Yes";
        }
        //重写 ManageAccess 函数，对普通用户授予管理权限
        function ManageAccess()
        {
            return "Yes";
        }
    }
    //工厂类
    class Factory
```

```
	{
		//静态成员属性
		private static $users = array("Simon"=>"Client", "Elaine"=>"Administrator",
"Bob"=>"Supporter");
		//创建对象的成员方法
		static function Create($name)
		{
			//根据成员属性的不同创建不同的对象
			switch (self::$users[$name])
			{
				case "Client":
					return new Client($name);
				case "Administrator":
					return new Administrator($name);
				case "Supporter":
					return new Supporter($name);
			}
		}
	}
	//一个存放用户名的数组
	$users = array("Elaine", "Simon", "Bob");
	//对于每个用户分析其权限
	foreach($users as $user)
	{
		$obj = Factory::Create($user);                       //创建对象
		echo $obj->getName() . "的权限: \n";
		echo "浏览: ".$obj->ViewAccess()."\n";               //输出浏览权限
		echo "修改: ".$obj->EditAccess()."\n";               //输出修改权限
		echo "删除: ".$obj->DeleteAccess()."\n";             //输出删除权限
		echo "管理: ".$obj->ManageAccess()."\n";             //输出管理权限
	}
?>
```

运行结果如下所示：

```
Elaine 的权限:
浏览: Yes
修改: Yes
删除: Yes
管理: No
Simon 的权限:
浏览: Yes
修改: No
删除: No
管理: No
Bob 的权限:
浏览: Yes
修改: Yes
删除: Yes
管理: Yes
```

需要注意的是，工厂模式通常与策略模式结合使用，工厂模式通过对实际情况的判断，选择正确的策略创建出合适的对象。

## 5.8 接口与抽象类

接口是为了实现一种特定功能而预留的类似于类的一种类型。在接口中，只允许定义常量和函数。这里的函数没有任何函数体来表示函数的功能等。接口的主要目的是提供给类一种类似于模板的框架，以方便类的构建。除了使用接口来规范类的格式外，PHP还提供了一种规范类的方式——抽象类。从某种角度来说，抽象类与接口有着异曲同工之效，但是也有着一些区别。

### 5.8.1 接口的定义

在 PHP 中，接口的定义形式如下所示：

```
interface InterfaceName
{
      CONST 1;
      ...
      CONST N;

      function methodName1();
      ...
      function methodNameN();
}
```



其中，InterfaceName 是接口名，methodName1 到 methodNameN 都是接口中定义的方法名称。

以下代码是一个定义接口的例子。

```
<?php
   interface staff_i                                              //定义接口
   {
      function setID($id);
      function getID();
      function setName($name);
      function getName();
   }
?>
```

这个接口包含 4 个函数体。在使用类来实现这个接口的时候，要求类必须至少包含这 4 个函数。否则在运行的时候就会出现类似下面的错误。

```
Fatal error: Class staff contains 1 abstract method and must therefore be declared abstract or implement the remaining methods (staff_i::getID) in C:\htdocs\TEST\test.php on line 32
```

### 5.8.2 单一接口的实现

实现接口与定义一个新类的形式类似。不同的是，在定义时用关键字 implements 表示这个类是通过实现一个接口来实现的。其格式如下所示：

```
class class_name implements interface_name
```

以下代码是对上面例子中的接口的实现。

```
<?php
    class staff implements staff_i                              //该类用于实现 staff_i 接口
    {
        private $id;
        private $name;

        function setID($id)
        {
            $this->id = $id;
        }
        function getID()
        {
            return $this->id;
        }

        function setName($name)
        {
            $this->name = $name;
        }
        function getName()
        {
            return $this->name;
        }
        function otherFunc()                                    //这是一个接口中不存在的方法
        {
          echo "Test";
        }
    }
?>
```

从程序中可以看出，在实现时多了一个新的函数otherFunc。在实现接口时，PHP并不要求类中的函数必须与接口中的函数完全相同。PHP允许增加新的函数。

### 5.8.3 多重接口的实现

在设计接口时，根据需要设计多个接口，在实现时根据实际情况选择不同的一组来实现。这时就会需要使用一个类来实现两个或两个以上的接口，以下代码是用一个类实现了两个接口。

```
<?php
    interface staff_i1                                          //接口 1
    {
        function setID($id);
        function getID();
    }
```

```
interface staff_i2                                                    //接口 2
{
    function setName($name);
    function getName();
}

class staff implements staff_i1, staff_i2                             //接口的实现
{
     private $id;
     private $name;

     function setID($id)
     {
         $this->id = $id;
     }
     function getID()
     {
         return $this->id;
     }

     function setName($name)
     {
         $this->name = $name;
     }
     function getName()
     {
         return $this->name;
     }
     function otherFunc()
     {
       echo "Test";
     }
}
?>
```

类定义时使用了 class staff implements staff_i1, staff_i2 来实现两个接口，这就要求类 staff 必须包含所有 staff_i1 和 staff_i2 中的函数。

### 5.8.4 抽象类

抽象类的定义方法是在一般类定义时的 class 关键字前面添加 abstract 关键字，具体定义形式如下所示：

```
abstract class class_name
```

抽象类与一般类的区别在于，抽象类不能够用来创建对象，只能够用于继承。如果尝试用抽象类来创建对象，会出现下面的错误提示：

```
Fatal error: Cannot instantiate abstract class staff in C:\htdocs\TEST\test.php on line 40
```

在实际应用中，接口与抽象类的区别如下所示：

- 对接口的使用方式是通过实现 implements 关键字来进行的；对抽象类的操作是通过继承 extends 关键字来进行的。
- 对接口的实现可以同时实现多个接口；对于抽象类的继承只能继承一个抽象类。
- 在接口中不可以有函数的实现代码；在抽象类中可以有函数的实现代码。

以下代码是一个使用抽象类的例子，修改自上面的实现接口的代码。不同的是，用于实现接口的类 staff 被定义成抽象类，然后用一个新类 manager 来继承。

```
<?php
    //第一个接口
    interface staff_i1
    {
        function setID($id);
        function getID();
    }
    //第二个接口
    interface staff_i2
    {
        function setName($name);
        function getName();
    }
    //一个用于实现上面两个接口的抽象类
    abstract class staff implements staff_i1, staff_i2
    {
        private $id;
        private $name;

        function setID($id)
        {
            $this->id = $id;
        }
        function getID()
        {
            return $this->id;
        }
        function setName($name)
        {
          $this->name = $name;
        }
        function getName()
        {
            return $this->name;
        }
    }
    //一个继承了上面抽象类的类
    class manager extends staff
    {
```

```
        function is_manager()
        {
            return TRUE;
        }
    }
?>
```

## 5.9 小结

本章对 PHP 中的面向对象方法进行了介绍。虽然 PHP5 对面向对象的功能进行了很大程度上的加强。但是 PHP 并没有完全引进面向对象的全部思想。例如，PHP 并没有命名空间的定义等。由于面向对象技术的引进，使 PHP 不再只是一个小型的面向过程的脚本语言。面向对象使 PHP 增加了很多企业开发特性。在实际应用中，面向对象的思想可能会被反复用到。例如将模块封装以及代码重用等。所以，类的编写与调用也就成了本章的重点和难点。读者需要通过实际应用反复体会类的概念及其应用，方可领会面向对象的实质所在。通过本章的学习，读者要掌握如下知识点：



（1）类的概念。

（2）类中属性和方法的定义。

（3）类的使用。

（4）类的继承。

（5）理解接口。

为了巩固所学，读者还需要做如下的练习：

（1）观察生活中的类和继承，用代码写出来。

（2）编写一个类，实现属性和方法，然后编写程序调用。

（3）尝试把第 3 章和第 4 章编写的代码，用类的方式封装。

# 第6章 文件系统与文本数据操作

在程序设计中，文件是一个很重要的对象，Web 编程也不例外。文件的操作一直是在很多 Web 系统中都是被反复用到的。在实际应用中经常会遇到对文件和目录的创建、修改、删除等操作。本章将主要介绍如何使用 PHP 对文件系统以及文本数据进行操作。

**本章学习目标：**

掌握 PHP 中目录和文件的操作类函数的基本用法，会使用文本文件的数据操作，掌握文件上传和下载的具体方法，能修改应用本章实例。具体的知识和技能学习点如下表所示：

| 本章知识技能学习点 | 掌握程度 |
| --- | --- |
| 目录的概念 | 理解含义 |
| 打开和关闭目录 | 必知必会 |
| 读取目录中的文件 | 必知必会 |
| 创建和删除目录 | 必知必会 |
| 打开和关闭文件 | 必知必会 |
| 读/写文件 | 必知必会 |
| 负责删除文件 | 必知必会 |
| 远程文件操作 | 知道概念 |
| 网络中文件的上传和下载 | 必知必会 |

## 6.1 PHP 中的目录操作

所谓目录，也称文件夹，是操作系统用于管理文件的群组。在 PHP 中，常见的目录操作包括打开目录、关闭目录、读取目录中的文件、创建目录以及删除目录等。

### 6.1.1 打开目录

在 PHP 中，使用 opendir 函数打开一个目录。opendir 函数将返回一个资源对象，用于存储当前目录资源，其语法格式如下所示：

```
opendir(string path)
```

其中，path 是目录所在的路径。通常，为了确保程序的正确性，在打开目录之前通常使用 is_dir 函数判断路径的有效性。is_dir 函数的语法格式如下所示：

```
bool is_dir(string path)
```

以下代码是一个打开目录的例子。

```
<?php
$dir = "test/";                                    //设置目录为 test
if(is_dir($dir))                                   //如果目录存在，则打开
    $dir_res = opendir($dir);
else                                               //否则输出错误信息
    echo "目录不存在或者不是一个有效目录";
?>
```

### 6.1.2 关闭目录

PHP 中使用 closedir 函数关闭目录，其语法格式如下：

```
void closedir(dir_resource)
```

这里 dir_resource 是使用 opendir 函数打开目录时返回的资源对象。以下代码用于关闭上面打开的目录。

```
<?php
closedir($dir_res);                                //关闭目录
?>
```



### 6.1.3 读取目录中的文件

PHP 中使用 readdir 函数读取目录中的文件并返回文件名，其语法格式如下：

```
string readdir(dir_resource)
```

这里 dir_resource 是使用 opendir 函数打开目录时返回的资源对象。该函数按照文件系统中的文件排序返回文件名。每次执行阅读下一个文件并返回一条记录。以下代码是一个读取目录中文件的例子。

```
<?php
$dir = "files/";                               //定义路径
$dir_res = opendir($dir);                      //打开目录
while($filen=readdir($dir_res))                //循环读取目录中的文件
{
    echo $filen."<br>" ;
}
closedir($dir_res)                             //关闭目录
?>
```

运行结果如下所示：

```
.
..
class.php
test.php
test1.php
```

从运行结果可以看出，除了文件夹中的文件以外还包含有“.”和“..”两个文件夹。其中，“.”用于表示当前目录，“..”用于表示上一级目录。

### 6.1.4 创建目录

PHP 中使用 mkdir 函数创建目录，其语法格式如下：

```
bool mkdir(string pathname)
```

这里 pathname 是要创建的目录地址。以下代码是一个创建目录的例子。

```
<?php
$dir = "Test/";
if(!is_dir($dir))                          //如果目录不存在则创建
    mkdir($dir);
?>
```

执行后可以看到，程序在当前页面所在的目录下创建了一个新的名为“Test”的目录。

### 6.1.5 删除目录

PHP 中使用 rmdir 函数创建目录，其语法格式如下：

```
bool rmdir(string pathname)
```

这里 pathname 是要删除的目录地址。需要注意的是，删除目录时，目录必须是空的。以下代码是一个删除目录的例子。

```
<?php
$dir = "Test/";
if(is_dir($dir))                           //如果目录存在则删除
    rmdir($dir);
?>
```

执行后可以看到，在前面用 mkdir 函数创建的名为“Test”的目录被删除了。

## 6.2 PHP 中的文件操作

在文件系统中，一个目录中可能会包含很多文件。在实际应用中，文件的操作比目录的操作更普遍。本节将主要介绍 PHP 中的文件操作。需要注意的是，在 PHP 中，文件的概念不仅包括本地文件，而且还包括远程文件。本节中所讲述的文件路径既可以是一个本地的路径，也可以是一个远程的网址。

### 6.2.1 打开文件

在 PHP 中，使用 fopen 函数打开一个目录。fopen 函数将返回一个资源对象，用于存储当前文件资源，其语法格式如下：

```
fopen(string filename, string mode)
```

其中，filename 是文件的文件名及其所在路径，mode 是文件的打开模式。mode 参数的可能值及说明如表 6-1 所示。

表 6-1　fopen 函数的 mode 参数

| mode 的值 | 说　明 |
|---|---|
| r | 只读方式打开，文件指针指向文件头 |
| r+ | 读/写方式打开，将文件指针指向文件头 |
| w | 写入方式打开。如果文件存在则将文件清空，如果文件不存在则创建 |

续表

| mode 的值 | 说　明 |
|---|---|
| w+ | 读/写方式打开。如果文件存在则将文件清空，如果文件不存在则创建 |
| a | 写入方式打开。如果文件存在则追加，如果文件不存在则创建 |
| a+ | 读/写方式打开。如果文件存在则追加，如果文件不存在则创建 |
| x | 写入方式打开。如果文件存在则打开失败，如果文件不存在则创建 |
| x+ | 读/写方式打开。如果文件存在则打开失败，如果文件不存在则创建 |

### 6.2.2 关闭文件

PHP 中使用 fclose 函数关闭目录，其语法格式如下：

```
void fclose(file_resource)
```

这里 file_resource 是使用 fopen 函数打开文件时返回的资源对象。以下代码实现了一个打开关闭文件的操作。

```
<?php
$file = fopen("Test\\file.txt", "w");                    //打开文件
fclose($file);                                           //关闭文件
?>
```



### 6.2.3 读取文件

PHP 提供了多种读取文件方法。这里仅介绍最常见的 3 种。

#### 1. 读取文件中的一个字符

函数 fgetc 用来读取文件中的一个字符，其语法格式如下：

```
string fgetc(file_resource)
```

这里 file_resource 是使用 fopen 函数打开文件时返回的资源对象。该函数返回文件中的一个字符并将指针移动到下一个字符。以下代码是一个使用 fgetc 函数读取文件的例子。

```
<?php
$file = fopen("Test\\file.txt", "r");                    //打开文件
echo fgetc($file);                                       //读取文件中的一个字符
fclose($file);                                           //关闭文件
?>
```

从该程序的运行结果可以看出，文件中的第一个字符被输出了。

#### 2. 读取文件中的一行

函数 fgets 用来读取文件中的一行，其语法格式如下：

```
string fgets(file_resource)
```

这里 file_resource 是使用 fopen 函数打开文件时返回的资源对象。该函数返回文件中的一行并将指针移动到下一行。以下代码是一个使用 fgets 函数读取文件的例子。

```
<?php
$file = fopen("Test\\file.txt", "r");                    //打开文件
echo fgets($file);                                       //读取文件中的一行
```

```
fclose($file);                                  //关闭文件
?>
```

从该程序的运行结果可以看出，文件中的第一行被输出了。fgets是在实际应用中最常用到的一种方法，通常通过循环读取的方式获得文件的全部内容，并且可以方便地对文件的每一行进行处理。

### 3. 读取文件中任意长字符

函数fread用来读取文件中任意长字符，其语法格式如下：

```
string fread(file_resource, int length)
```

这里file_resource是使用fopen函数打开文件时返回的资源对象，length是要读取的字符长度。以下代码是一个使用fread函数读取文件的例子。

```
<?php
$file = fopen("Test\\file.txt", "r");
echo fread($file, 20);                          //读取文件中的前20个字符
fclose($file);
?>
```

从该程序的运行结果可以看出，文件中的前20个字符被输出了。需要注意的是，如果指定的length参数超过了文件的长度，文件的全部内容将被返回。

通常结合使用fread函数和filesize函数来获取文件的全部内容。filesize函数用于返回文件大小的字节数，其语法格式如下：

```
int filesize(string filename)
```

其中，filename是文件的文件名及其所在路径。以下代码是一个返回文件所有内容的例子。

```
<?php
$filename = "Test\\file.txt";
$file = fopen($filename, "r");
$filesize = filesize($filename);                //获取文件长度
echo fread($file, $filesize);                   //获取文件全部内容
fclose($file);
?>
```

## 6.2.4 写入文件

PHP中使用fwrite函数将数据写入文件，其语法格式如下：

```
int fclose(file_resource, string str [,int length])
```

这里file_resource是使用fopen函数打开文件时返回的资源对象，str是要写入文件的字符串，length是一个可选的指定长度的参数。如果指定length，则只将str的前length长度的字符写入文件。以下代码的代码实现了一个写文件的操作。

```
<?php
$filename = "Test\\file.txt";
$file = fopen($filename, "w");                  //以写模式打开文件
fwrite($file, "Hello, world!\n");               //写入第一行
fwrite($file, "This is a test!\n");             //写入第二行
fclose($file);                                  //关闭文件
?>
```

上面的代码运行后在 file.txt 中写入了两行，如下所示：

```
Hello, world!
This is a test!
```

### 6.2.5 删除文件

PHP 中使用 unlink 函数删除文件，其语法格式如下：

```
bool unlink(string filename)
```

其中，filename 是文件的文件名及其所在路径。以下代码实现了一个删除文件的操作。

```
<?php
$filename = "Test\\file.txt";
unlink($filename);                                    //删除文件
?>
```

上面的代码运行后，文件 file.txt 将被删除。

### 6.2.6 复制文件



PHP 中使用 copy 函数复制文件，其语法格式如下：

```
bool copy(string filename1, string filename2)
```

其中，filename1 是源文件的文件名及其所在路径，filename2 是目标文件的文件名及其所在路径。该函数的执行结果是将 filename1 复制到 filename2。以下代码实现了一个复制文件的操作。

```
<?php
$filename1 = "Test\\file.txt";
$filename2 = "Test\\file.bak";
copy($filename1, $filename2);                         //复制文件
?>
```

上面的代码运行后，文件 file.txt 将被复制到 file.bak。

## 6.3 本地文件的操作实例——小型留言本

前面介绍了一些对文件的基本操作，对于一些小型并且对安全要求不高的项目来说，完全可以使用本地文本文件来存放数据。本节将要实现一个小型留言本的编写，这个留言本实现了两个最基本的功能：留言与查看留言。

### 6.3.1 留言发表模块

留言发表模块提供给访问者的是一个简单的表单，用户在输入留言标题、留言内容和留言者姓名以后，程序会在文件夹 DB 下创建一个新的文本文件，并将用户输入的内容保存到这个文件中。

留言发表模块包括两个文件：Post.htm 是一个静态的 HTML 页面，提供一个表单供用户输入；Post.php 是一个 PHP 页面，用来接收用户的输入并将结果保存在文件夹 DB 中。

以下是 Post.htm 的 HTML 代码。

```
<html>
<head>
<title>发表新的留言</title>
<meta http-equiv="Content-Type" content="text/html; charset=gb2312">
</head>
<body>
<H1><p align="center">发表新的留言</p></H1>
<form name="form1" method="post" action="Post.php">
  <table width="500" border="0" align="center" cellpadding="0" cellspacing="0">
    <tr>
      <td>标题</td>
      <td><input name="title" type="text" id="title" size="50"></td>
    </tr>
    <tr>
      <td>作者</td>
      <td><input name="author" type="text" id="author" size="20"></td>
    </tr>
    <tr>
      <td>内容</td>
      <td><textarea name="content" cols="50" rows="10" id="content"></textarea></td>
    </tr>
  </table>
  <p align="center">
    <input type="submit" value="Submit">
    <input type="reset" value="Reset">
</p>
</form>
</body>
</html>
```

该页面在浏览器中的显示如图 6-1 所示。

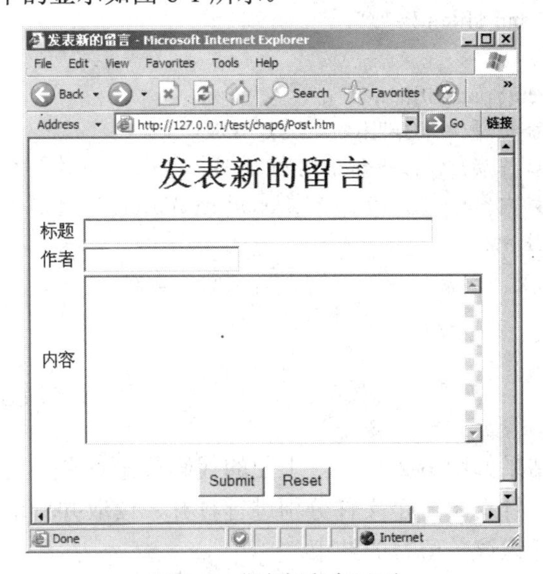


图 6-1 发表新留言界面

Post.php 的代码如下所示：

```
<?php
$path = "DB/";                                      //指定存储路径
$filename = "S".date("YmdHis").".dat";              //由当前时间产生文件名
$fp = fopen($path.$filename, "w");                  //以写方式创建并打开文件
fwrite($fp, $_POST["title"]."\n");                  //写入标题
fwrite($fp, $_POST["author"]."\n");                 //写入作者
fwrite($fp, $_POST["content"]."\n");                //写入内容
fclose($fp);                                        //关闭文件
echo "留言发表成功！";                               //提示发表成功
echo "<a href='Index.php'>返回首页</a>";
?>
```

上面的代码是在 DB 文件夹内创建一个以当前时间为文件名命名的文本文件。并且逐行写入标题、作者和内容。访问者在如图 6-1 所示的表单中输入信息后，一个新的文件就会在 DB 文件夹中创建。需要注意的是，在设计本例的文件名时，为了避免文件名的冲突，采用了当前系统时间作为文件名。



### 6.3.2 浏览模块

上面介绍了如何把用户输入的内容存放到文本文件中，本节将要介绍的是将这些文件显示出来。代码如下所示：

```
<?php
$path = "DB/";                                      //定义路径
$dr = opendir($path);                               //打开目录
while($filen = readdir($dr))                        //循环读取目录中的文件
{
    //如果文件名不是当前目录或父目录则对其文件进行读取
    if($filen != "." and $filen != "..")
    {
        $fs = fopen($path.$filen, "r");
        echo "<B>标题：</B>".fgets($fs)."<BR>";
        echo "<B>作者：</B>".fgets($fs)."<BR>";
        echo "<B>内容：</B><PRE>".fread($fs, filesize($path.$filen))."</PRE>";
        echo "<HR>";                                //输入一条线用来隔开每条留言
        fclose($fs);
    }
}
closedir($dr)                                       //关闭目录
?>
```

上面代码的运行结果如图 6-2 所示。上面的代码首先对文件夹 DB 进行读取并获得文件夹内的全部文件，针对每一个文件分别进行打开、读取并输出操作。每阅读一个文件输出一条分割线以标识该条留言的结束。

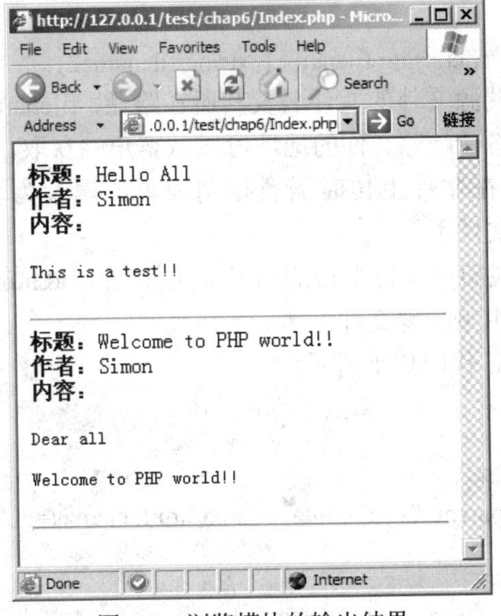

图 6-2 浏览模块的输出结果

## 6.4 远程文件的操作实例

远程文件的操作与本地文件的操作类似，只是将文件路径用网址代替。需要注意的是，读取远程文件时一般仅使用读操作。PHP 提供了一个配置参数来控制是否允许读取远程网址，该配置参数即 php.ini 文件中的 allow_url_fopen 选项，只要打开这个选项，就可以使用网址来代替文件名。

以下代码是一个简单的读取远程文件的例子，该实例获取了远程网址的前 100 个 HTML 字符。

```
<?php
$fp = fopen("http://127.0.0.1/test/test1.php", "r");          //打开文件
echo fread($fp, 100);                                          //读取文件中的 100 个字符
fclose($fp);                                                   //关闭文件
?>
```

可以看到，原来写在 fopen 的第一个参数中的文件路径在这里用一个网址代替了。

## 6.5 文件的上传与下载

除了前面介绍的读取和写入文件的功能，在实际应用中还有一个经常用到的功能，那就是文件的上传与下载。通过文件的上传与下载，可以实现访问者客户端与服务器的文件交换。

### 6.5.1 文件的上传

文件的上传与复制文件的方法类似。文件的上传通过函数 move_uploaded_file 来实

现，其语法格式如下：

```
bool move_uploaded_file(string filename1, string filename2)
```

其中，filename1 是客户端源文件的文件名及其所在路径，filename2 是在服务器上的目标文件的文件名及其所在路径。源文件的地址可以从客户端获取，在表单上使用 file 控件即可。需要注意的是，在文件上传时需要指明表单的属性为 enctype="multipart/form-data"，这样就可以上传文件了。

以下代码是一个实现简单文件上传的例子。文件 Upload.htm 用来显示供用户输入的表单，文件 Upload.php 用来实现文件上传。

Upload.htm 的 HTML 代码如下所示：

```
<html>
<head>
<title>文件上传</title>
<meta http-equiv="Content-Type" content="text/html; charset=gb2312">
</head>
<H1>文件上传</H1>
<form enctype="multipart/form-data" action="Upload.php" method="post">
    <input name="upfile" type="file"><BR>
    <input type="submit" value="Submit">
</form>
<body>
</body>
</html>
```

Upload.php 的代码如下所示：

```
<?php
$uploadfile = "upfiles/".$_FILES['upfile']['name'];         //上传后文件所在的文件名和路径
move_uploaded_file($_FILES['upfile']['tmp_name'], $uploadfile);        //上传文件
print_r($_FILES);                                                      //输出上传文件信息
?>
```

这里需要说明的是，$_FILES，$_FILES 是一个全局变量二维数组。该数组中每一行由 5 个元素组成。主要包括以下几项：

- $_FILES[]['name']　客户端源文件名。
- $_FILES[]['type']　上传文件的类型。
- $_FILES[]['size']　上传文件的字节数。
- $_FILES[]['tmp_name']　文件上传后在服务器上的临时存储文件名。
- $_FILES[]['error']　文件上传的错误代码。如果为 0，则表示没有错误发生。

上述程序的运行结果如下所示：

```
Array
(
    [upfile] => Array
        (
            [name] => simon.txt
            [type] => text/plain
            [tmp_name] => C:\php\tmp\phpA3.tmp
            [error] => 0
```

```
            [size] => 8
        )
)
```

从上面输出的数组可以看出，上传的文件在客户端的文件名叫 simon.txt；文件类型为 text/plain，即文本型文件；上传后的临时存储路径为 C:\php\tmp\phpA3.tmp；文件的大小为 8 字节；在文件上传过程中没有错误发生。

### 6.5.2 文件的下载

文件的下载相对简单，只需要通过 HTML 方式给出文件所在的地址即可。以下代码实现了对文件夹 Download 下所有文件的下载操作。

```
<?php
$dir = "Download/";                                        //定义路径
$dir_res = opendir($dir);                                  //打开目录
echo "<H1>文件下载</H1>";
while($filen=readdir($dir_res))                            //循环读取目录中的文件
{
    if($filen != "." and $filen != "..")
        echo "<a href='".$dir.$filen."'>".$filen."</a><br>" ; //输出文件名和下载地址
}
closedir($dir_res)                                         //关闭目录
?>
```

## 6.6 小结

本章主要介绍了 PHP 中的文件操作。在实际应用中，文件的操作是非常普遍的，掌握好操作文件的方法非常重要。对于文件的操作通常与对字符串的操作结合使用，下一章将主要介绍对字符串的操作方法。在实际应用中，经常结合文件的读/写操作和字符串的处理方法实现需求中的功能。通过本章的学习，读者要掌握如下知识点：

（1）文件和目录的概念。

（2）文件和目录操作的具体 PHP 函数和参数。

（3）文件上传和下载的具体方法。

为了巩固所学，读者还需要做如下的练习：

（1）上机测试运行本章的留言本案例，并尝试修改本案例。

（2）上机运行本章的文件上传和下载案例。

（3）上机设计开发一个案例，用到本章所有的文件操作函数。

# 第7章 字符的处理与正则表达式

前面介绍了字符串与表达式的概念。在PHP中，对于字符的处理是一个很重要的部分，很多应用中都包含字符处理的功能。正则表达式是有效处理一些复杂字符操作的便利方式。本章将重点介绍PHP中的一些常见字符处理操作以及正则表达式的应用。

**本章学习目标：**

掌握字符的显示和格式化，学习一些常见的字符串操作方法，尝试理解和使用正则表达式。具体的知识和技能学习点如下表所示：

| 本章知识技能学习点 | 掌 握 程 度 |
|---|---|
| 字符的特殊性 | 理解含义 |
| 字符的显示和格式化 | 必知必会 |
| 常见字符串的操作函数 | 必知必会 |
| 正则表达式的概念 | 理解含义 |
| 正则表达式的使用 | 必知必会 |
| 字符操作的注意事项 | 必知必会 |

## 7.1 字符类型的特殊性

字符串是由字符组成的。字符包括以下几种类型：

- 数字。例如1、2、3等。
- 字母。例如A、B、C、a、b、c等。
- 特殊字符。例如#、$、%、_、^、&等。
- 不可见字符。例如\n、\t、\r等。

其中，不可见字符是比较特殊的一组字符，用来控制字符串格式化输出的，并且不能在屏幕上看到字符本身，只能看到字符带来的一些结果，如以下代码所示：

```
<?php
echo "abcde\tfghij\rklmno\npqrst";                                //输出字符串
?>
```

运行结果如下所示：

```
abcde    fghij
klmno
pqrst
```

可以看出，由于不可见字符的应用，使得运行结果的格式发生了变化。

## 7.2 字符的显示与格式化

在本书前面的例子中，已经大量用到了字符的显示方法。这里对字符的显示做一下总结。

### 7.2.1 字符的显示

在 PHP 中，字符的显示主要分为两种方式，使用 print 和 echo 进行输出。print 的语法格式如下所示：

```
int print(str)
```

这里的 str 是用来输出的字符串，返回值永远为 1。print 是一个类似于函数的输出方式，但是 print 并不是一个真正意义上的函数。print 还有一种语法格式如下所示：

```
print str;
```

echo 的语法如下所示：

```
void echo(str1, str2, …)
```

这里的 str1、str2 等是用来输出的字符串，与 print 类似，echo 也有另一种语法格式，如下所示：

```
echo str1, str2, …;
```

使用多参数来输出多个字符串的结果与使用字符串连接符“.”的结果完全相同。以下代码是一个使用 echo 输出多个参数的例子。

```
<?php
echo "test ", "it", "\n";             //使用多参数
echo "test "."it"."\n";               //使用连接符“.”
?>
```

上面的例子输出了两行“test it”。

echo 与 print 基本上可以通用，但是有以下两点区别：

- ❑ 使用 print 的函数形式返回值为 1，echo 没有返回值。
- ❑ echo 支持多参数，print 不支持。

### 7.2.2 字符的格式化

PHP 中使用 sprintf 函数对字符串进行格式化操作，语法格式如下所示：

```
string sprintf(string format[, str1][, str2] …)
```

这里，format 是要输出的字符串格式，str1、str2 等是要格式化输出的其他字符串。format 字符串中的格式由一般的字符和一些以“%”开头的字符构成。这些以“%”开头的字符用来指代后面的参数。这些字符包括以下几种。

- ❑ %b 参数将被认为整型数，并且以二进制形式输出。
- ❑ %c 参数将被认为整型数，并且以 ASCII 码形式输出。
- ❑ %d 参数将被认为整型数，并且以有符号数形式输出。
- ❑ %u 参数将被认为整型数，并且以无符号形式输出。
- ❑ %o 参数将被认为整型数，并且以八进制形式输出。

- %x　参数将被认为整型数，并且以十六进制形式输出，其中的字母为小写形式。
- %X　参数将被认为整型数，并且以十六进制形式输出，其中的字母为大写形式。
- %f　参数将被认为浮点数。
- %s　参数将被认为字符串。

以下代码是一个格式化输出字符串的例子。

```
<?php
echo sprintf("This is an integer: %b, %c, %d, %u, %o, %x, %X\n", 23, 23, -23, -23, 23, 23, 23);
?>
```

运行结果如下所示：

```
This is an integer: 10111, ┤, -23, 4294967273, 27, 17, 17
```

需要注意的是，如果只是为了输出格式化的字符串，可以直接用 printf 进行，语法与 sprintf 相同。不同的是，printf 可以直接将格式化后的字符串输出。以下代码改写了上面的例子。

```
<?php
printf("This is an integer: %b, %c, %d, %u, %o, %x, %X", 23, 23, -23, -23, 23, 23, 23)
?>
```



运行结果与前面相同。

## 7.3　常见字符串的操作

对于字符串，PHP 提供了多种多样的函数对其进行各种操作。这里，仅介绍常见的字符串操作是如何通过函数来实现的。

### 7.3.1　字符串重复操作 str_repeat

前面介绍了 PHP 中的循环结构，以下代码演示了一个简单的循环结构。

```
<?php
for($i=0;$i<10;$i++)                                    //循环输出 10 次*-
    echo "*-";
?>
```

运行结果如下所示：

```
*-*-*-*-*-*-*-*-*-*-
```

对于字符串来说，使用这样单纯的循环简单字符串似乎有些大材小用了。PHP 针对字符串的重复提供了一个函数——str_repeat 函数，其语法格式如下所示：

```
string str_repeat ( string input, int multiplier)
```

这里，input 参数表示的是要重复的字符串，multiplier 表示的是要重复的次数，以下代码改写了上面的例子。

```
<?php
echo str_repeat("*-", 10);                              //输出 10 个*-
?>
```

运行结果与前面相同。

### 7.3.2 字符串替换操作 str_replace 和 str_ireplace

本节主要介绍两个用于字符串替换的函数 str_replace 和 str_ireplace。

#### 1. str_replace

str_replace 函数的语法格式如下所示：

```
str_replace(search, replace, subject [, int &count])
```

这里，search 是查找内容，replace 是要替换成的内容，subject 是要进行替换的字符串。&count 是一个变量，用来接收进行替换的次数。

以下代码演示并解释了各个参数的用法。

```
<?php
//这里在字符串<body text='%body%'>里面查找%body%并将其替换成 RED
//这样最后输出的字符串就是<body text='RED'>
//如果在 Web 浏览器，如 IE 中浏览这个代码的运行结果，则可以看到所有的文字都是
红色的
$bodytag = str_replace("%body%", "RED", "<body text='%body%'>");
echo $bodytag."\n";

//这里主要是对元音字母进行消除，包括大写字母和小写字母
$vowels = array("a", "e", "i", "o", "u", "A", "E", "I", "O", "U");
$onlyconsonants = str_replace($vowels, "", "Welcome to Ochi!");
echo $onlyconsonants."\n";

//这里是对句子$phrase 中的关键字进行一对一的匹配替换
//这个操作根据两个数组的元素顺序进行一次匹配并替换
$phrase    = "You should eat fruits, vegetables, and fiber every day.";
$healthy = array("fruits", "vegetables", "fiber");
$yummy     = array("pizza", "beer", "ice cream");
$newphrase = str_replace($healthy, $yummy, $phrase);
echo $newphrase."\n";

//这里主要是对句子中 ll 的替换，变量$count 用来接收替换的次数
//也就是有几个项目被替换了
$str = str_replace("ll", "tt", "Polly said she loves Golly!", $count);
echo $count;
?>
```

这段代码在 Web 浏览器中的运行结果如下所示（字符颜色为红色）：

```
Wlcm t Och! You should eat pizza, beer, and ice cream every day. 2
```

如果查看源文件，则可以看到如下所示的结果：

```
<body text='RED'>
Wlcm t Och!
You should eat pizza, beer, and ice cream every day.
2
```

### 2. str_ireplace

str_replace 函数的用途非常广泛，尤其在搜索引擎和模版式网站系统中尤其常见。但是 str_replace 有一个很大的不足就是 str_replace 是对大小写敏感的。因此在要实现大小写不敏感的替换信息时就会非常麻烦。例如，操作引擎系统中标亮查找的关键字就非常麻烦。为此，PHP 在 5.0 时引进了大小写不敏感的 str_ireplace 函数。

str_ireplace 函数在用法上与 str_replace 完全相同，可以看作是大小写不敏感的 str_replace。以下代码对上边 str_replace 函数例子中的前两个例子用 str_ireplace 进行了改写。

```
<?php
//这里在字符串<body text='%BODY%'>里面查找%body%并将其替换成 RED
$bodytag = str_ireplace("%body%", "RED", "<body text='%BODY%'>");
echo $bodytag."\n";

//这里主要是对元音字母进行消除，包括大写字母和小写字母
//因为使用了大小写不敏感的 str_ireplace 函数，虽然在 array 中没有指定大写的元音字母
//在查找中，大写的元音字母依然会被替换掉
$vowels = array("a", "e", "i", "o", "u");
$onlyconsonants = str_ireplace($vowels, "", "Welcome to Ochi!");
echo $onlyconsonants."\n";
?>
```



运行结果与前面相同。需要注意的是，这两个替换函数不仅支持字符串的替换，还可以用于二进制数据的替换，用法与字符串替换的用法相同。

## 7.3.3 字符串分解操作 str_split

在实际应用中，经常需要将一个很大的字符串分解成一些小的字符串进行处理。在 PHP 中，使用 str_split 函数对字符串进行分解，其语法格式如下：

```
array str_split(string str [, int split_length])
```

这里，str 是要进行分解的字符串，split_length 是分解的长度，也就是每小段有多长。如果不指定 split_length，默认为 1，也就是函数会将字符串分解成一个个单一字符。以下代码演示了这个函数的基本用法。

```
<?php
$str = "Hello World";
$arr1 = str_split($str);                    //分解$str，每个元素为 1 个字符
$arr2 = str_split($str, 3);                 //分解$str，每个元素为 3 个字符
print_r($arr1);
print_r($arr2);
?>
```

运行结果如下所示：

```
Array
(
    [0] => H
    [1] => e
    [2] => l
    [3] => l
```

```
        [4] => o
        [5] =>
        [6] => W
        [7] => o
        [8] => r
        [9] => l
        [10] => d
)
Array
(
        [0] => Hel
        [1] => lo
        [2] => Wor
        [3] => ld
)
```

可以看出，$arr1 中储存的是字符串的单一字符，$arr2 中储存的是字符串按照指定的长度 3 进行分解得到的结果。

### 7.3.4 字符串单词数的计算函数 str_word_count

上一节介绍了 str_split 的用法，但是在通常的应用中，往往需要实现一个更加复杂的需求——分词。因为每个词的字符数目不尽相同，str_split 函数则无法实现此功能。在 PHP 中，可以使用 str_word_count 函数实现这一功能，其语法格式如下：

```
str_word_count (string str [, int format])
```

这里，str 是要进行分解或者计算的字符串，format 包括以下两种。

- ❑ 返回一个包含 str 中全部单词的数组，数组的键值按照顺序排列。
- ❑ 返回一个包含 str 中全部单词的数组，数组的键值反映了单词所在的位置。

以下代码演示了这个函数的基本用法。

```
<?php
$str = "This is a test case";
//这里计算出在$str 中有多少个单词
$a = str_word_count($str);
//这里返回的是$str 的全部单词
$b = str_word_count($str, 1);
//这里返回的是$str 的全部单词，并且数组的键值反映了单词所在的位置
$c = str_word_count($str, 2);
print_r($a);
print_r($b);
print_r($c);
?>
```

运行结果如下所示：

```
5
Array
(
        [0] => This
        [1] => is
```

```
        [2] => a
        [3] => test
        [4] => case
)
Array
(
        [0] => This
        [5] => is
        [8] => a
        [10] => test
        [15] => case
)
```

### 7.3.5 字符串查找操作 strstr

前面介绍了字符串替换函数的用法，这里将介绍字符串查找。PHP 中使用 strstr 和 stristr 函数进行字符串查找操作。

strstr 函数的语法格式如下所示：



```
string strstr(string str, string search)
```

这里，str 是要进行查找的字符串，search 是要查找的内容。这个函数返回自找到的第一个完全匹配位置以后的全部内容。以下代码演示了这个函数的基本用法。

```
<?php
//在$num 中，2334 出现了两次，而 strstr 函数将只找到第一次出现的位置
$num = "11223344556622334455";
$do = strstr($num, "2334");
echo $do;
?>
```

运行结果如下所示：

```
23344556622334455
```

与替换函数 str_replace 类似，strstr 函数也是对大小写敏感的。为此，PHP 提供了一个类似于 str_ireplace 的大小写不敏感的 stristr 函数，其用法与 strstr 函数相同。

### 7.3.6 获得字符串长度 strlen

strlen 函数用来获得字符串的长度，其语法格式如下所示。

```
int strlen(string str)
```

这里，str 是要进行长度计算的字符串。值得注意的是，这个函数不同于 C 语言中的字符串长度计算，函数会把结束符考虑在内。这个函数计算的是字符串中真正出现的字符长度（包括首尾空格）。

以下代码演示了这个函数的基本用法。

```
<?php
$str = 'abcdef';
echo 'abcdef 的长度是'.strlen($str)."<BR>";
$str = ' ab cd ';
echo 'abcd 的长度是'.strlen($str)."<BR>";
?>
```

运行结果如下所示：

```
abcdef 的长度是 6
abcd 的长度是 7
```

### 7.3.7 获得字符串子串 substr

在实际应用中，通常需要截取某一段字符串，substr 函数用来截取一部分字符串，其语法格式如下所示：

```
string substr(string str, int start [, int length])
```

这里，str 是要进行截取的字符串。start 是开始的字符位置。length 是要截取的长度，如果不指定 length 则默认为截取到字符串末尾。需要注意的是，字符串的第一个字符的位置为 0。

以下代码演示并介绍了这个函数的基本用法。

```
<?php
//从第 1 位（第 2 个字符）开始截取一直到末尾
echo substr("abcdef", 1)."<br>";
//从第 1 位（第 2 个字符）开始截取 3 个字符
echo substr("abcdef", 1, 3)."<br>";
//从第 0 位开始截取 10 个字符，如果字符串不满 10 个字符则截取到末尾
echo substr("abcdef", 0, 10)."<br>";
//从-1 位开始截取到末尾，当开始位为负数时，从后向前数
//最末一位为-1，依次为-2， -3。
echo substr("abcdef", -1)."<br>";
echo substr("abcdef", -3, 1)."<br>";
//如果长度为负数，则该数字所表示的字符及其后边的字符将都被省略
echo substr("abcdef", 0, -1)."<br>";
echo substr("abcdef", 1, -2)."<br>";
echo substr("abcdef", -3, -1)."<br>";
?>
```

运行结果如下所示：

```
bcdef
bcd
abcdef
f
d
abcde
bcd
de
```

## 7.4 正则表达式简介

正则表达式是描述字符串集的字符串。例如，正则表达式“*PHP*”描述所有包含“PHP”，前面或后面跟零个或多个字符的字符串。PHPMyadmin、MyPHP、ZendPHPframework 或 PHP 本身都是例子。句号“.”匹配任何字符，“+”类似“*”，但至少要一个字符，所以“+PHP+”

只能匹配前述的“ZendPHPframework”字符串。[a-z]指一个匹配范围，所以[a-zA-Z_0-9]匹配字母、数字或下划线，也可以将它写成“\w”。“\w+”匹配至少有一个字符的单词字符序列。例如，正则表达式“^[a-zA-Z_]\w*$”。专用字符“^”意思是“以......开始”，“$”意思是“结尾”，那么“^[a-zA-Z_]\w*$”意思就是：以字母或下划线开始的字母、数字或下画线字符串。

正则表达式在对输入进行有效性验证时非常有用。除了前面介绍的\w 以外，\d 匹配数字，{n}匹配重复 n 次。例如，字符串“^8\d{5}$”匹配 8 开头的 6 位数字。

## 7.5 正则表达式与字符操作综合应用

正则表达式可以看做一种特殊的格式化字符串，因此正则表达式也具有一些字符操作的特性。本节将介绍如何通过正则表达式达到对字符操作的目的。

与 Perl 语言类似，正则表达式的函数规定表达式必须被包含在定界符中，如使用斜线“/”作为定界符。PHP 规定，任何字母、数字或反斜线（\）都不可以作为定界符，而 Perl 风格的“()”，“{}”，“[]”和“<>”等定界符在 PHP 中仍然适用。如果作为定界符的字符必须被用在表达式本身中，则需要用反斜线（\）转义。例如，正则表达式“/<\/\w-+php>/”。在这个正则表达式中，使用斜线（/）作为定界符，其中在正则表达式中用到了斜线（/），这种情况下，使用反斜线（\）对其进行转义。



### 7.5.1 获得与模式匹配的数组单元 preg_grep

preg_grep 函数用来获得与模式匹配的数组单元，其语法格式如下所示：

```
array preg_grep(string pattern, array input)
```

这里，pattern 是用来匹配的正则表达式，input 是用来匹配的数组。需要注意的是，preg_grep 函数返回的结果使用输入的键名进行索引。以下代码演示了这个函数的基本用法。

```
<?php
//首先定义一个数组并赋值，需要将完整的浮点数输出
$old_array[0] = "1234";
$old_array[1] = "123.4";
$old_array[2] = "12.34";
$old_array[3] = "0.1234";
$old_array[4] = ".123";
$old_array[5] = "123.";
//这里的正则表达式使用了加号，这样如果小数点前或者后为空，则不会被返回
$new_array = preg_grep ("/^(\d+)?\.\d+$/", $old_array);
print_r($new_array);
?>
```

运行结果如下所示：

```
Array
(
    [1] => 123.4
    [2] => 12.34
```

```
        [3] => 0.1234
        [4] => .123
)
```

从运行结果中可以看到，$old_array[4]与$old_array[5]被过滤掉了。

### 7.5.2 进行全局正则表达式匹配 preg_match_all

preg_match_all 函数用来进行全局正则表达式的匹配，其语法格式如下所示：

```
int preg_match_all(string pattern, string input, array matches [, int flags])
```

这里，pattern 是用来匹配的正则表达式，input 是用来匹配的字符串，matches 是匹配结果的存储数组，flag 可以是以下 3 个标记的任意组合。

- PREG_PATTERN_ORDER：其结果使$matches[0]用于存储全部模式匹配的数组，$matches[1]用于存储其第一个子模式所匹配的字符串组成的数组，$matches[2]等之后的数组元素的存储以此类推。
- PREG_SET_ORDER：其结果使$matches[0]用来存储第一组匹配项的数组，$matches[1]用来存储第二组匹配项的数组，$matches[2]等之后的数组元素的存储以此类推。
- PREG_OFFSET_CAPTURE：这个标记是一个可选标记，如果选择这个标记，则在输出每一个匹配结果的同时也返回其附属的字符串偏移量。

需要注意的是，如果在函数中不设定标记，则默认为 PREG_PATTERN_ORDER。如果在函数中同时使用两个以上标记，没有任何意义。以下代码演示了这个函数的基本用法。

```
<?php
//首先将要进行正则表达式匹配的字符串存入$str 变量，需要把其中的 7 位电话号码全部匹配出来
$str = "Please call me at 507-4235 or 716-6577";
//使用 PREG_PATTERN_ORDER 模式进行匹配
preg_match_all ("/\d{3}(\-\d{4})/", $str, $phones, PREG_PATTERN_ORDER);
print_r($phones);
echo "\n";
//使用 PREG_SET_ORDER 模式进行匹配
preg_match_all ("/\d{3}(\-\d{4})/", $str, $phones, PREG_SET_ORDER);
print_r($phones);
?>
```

运行结果如下所示：

```
Array
(
    [0] => Array
        (
            [0] => 507-4235
            [1] => 716-6577
        )

    [1] => Array
        (
            [0] => -4235
```

```
                [1] => -6577
            )

    )

    Array
    (
        [0] => Array
            (
                [0] => 507-4235
                [1] => -4235
            )

        [1] => Array
            (
                [0] => 716-6577
                [1] => -6577
            )

    )
```



从运行结果的比较可以看到两种标记的区别所在。同时，从上面的两组结果中可以看出，在字符串$str 中的两组电话号码全部被成功地匹配出来了。以下代码演示了PREG_OFFSET_CAPTURE 的用法。

```
<?php
//首先将要进行正则表达式匹配的字符串存入$str 变量，需要把其中的 7 位电话号码全部匹配出来
$str = "Please call me at 507-4235 or 716-6577";
//使用 PREG_OFFSET_CAPTURE 模式进行匹配
preg_match_all ("/\d{3}(\-\d{4})/", $str, $phones, PREG_OFFSET_CAPTURE);
print_r($phones);
?>
```

运行结果如下所示：

```
Array
(
    [0] => Array
        (
            [0] => Array
                (
                    [0] => 507-4235
                    [1] => 18
                )

            [1] => Array
                (
                    [0] => 716-6577
                    [1] => 30
                )
```

```
        )

    [1] => Array
        (
            [0] => Array
                (
                    [0] => -4235
                    [1] => 21
                )

            [1] => Array
                (
                    [0] => -6577
                    [1] => 33
                )

        )

)
```



从这个运行结果可以看出，使用 PREG_OFFSET_CAPTURE 已经使结果数组发生了变化，由原来的二维数组成为了新的三维数组，偏移量被当做数组的一部分输出。

### 7.5.3 进行正则表达式匹配 preg_match

preg_match 函数用来进行正则表达式匹配。与 preg_match_all 函数不同，preg_match 函数在第一次匹配后将停止搜索，其语法格式如下所示：

```
int preg_match(string pattern, string input, array matches [, int flags])
```

这里，preg_match 的函数用法与 preg_match_all 函数完全相同。需要注意的是，这里的 flags 只能使用 PREG_OFFSET_CAPTURE。以下代码使用 preg_match 函数重写了前面的例子，演示了这个函数的基本用法。

```
<?php
//首先将要进行正则表达式匹配的字符串存入$str 变量，需要把其中的第一个 7 位电话
号码全部匹配出来
$str = "Please call me at 507-4235 or 716-6577";
preg_match("/\d{3}(\-\d{4})/", $str, $phones, PREG_OFFSET_CAPTURE);
print_r($phones);
?>
```

运行结果如下所示：

```
Array
(
    [0] => Array
        (
            [0] => 507-4235
            [1] => 18
        )
```

```
        [1] => Array
            (
                [0] => -4235
                [1] => 21
            )

)
```

比较这个新的运行结果，只包含了前面运行结果的第一部分。由此可见，preg_match函数在得到第一个匹配项时就停止了匹配。

### 7.5.4 转义正则表达式字符 preg_quote

preg_quote函数用来进行正则表达式的转义。preg_quote函数用于将字符串中所有具有正则表达式意义的字符进行转义。在实际应用中，如果需要用动态生成的字符串来作为正则表达式进行模式匹配等操作，则可以用此函数转义其中可能包含的一些特殊字符。这些特殊字符包括：“.”“\\”“+”“*”“?”“[]”“^”“$”“()”“{}”“=”“!”“<>”“|”“:”等。preg_quote函数的语法格式如下所示：



```
string preg_quote(string str [, string delimiter])
```

这里，参数str是用来进行字符转义的正则表达式，delimiter是其他需要转义的字符。以下代码演示了这个函数的基本用法：

```
<?php
$str = preg_quote("/\d{3}(\-\d{4})/");
echo $str;
?>
```

运行结果如下所示：

```
/\\d\{3\}\(\\-\\d\{4\}\)/
```

如果需要对其他的字符进行转义，则需要使用参数 delimiter。以下代码对上面字符串中的“3”也进行了转义。

```
<?php
$str = preg_quote("/\d{3}(\-\d{4})/","3");
echo $str;
?>
```

运行结果如下所示：

```
/\\d\{\3\}\(\\-\\d\{4\}\)/
```

比较两段代码的运行结果可以看出，第二个例子的运行结果“3”前面，多了一个转义符“\”。

### 7.5.5 执行正则表达式的搜索和替换函数 preg_replace

preg_replace与前面的preg_match函数使用方法类似，并且还提供了字符串的替换功能，其语法格式如下所示：

```
preg_replace(pattern, replacement, subject [, int limit])
```

这里，参数pattern是进行匹配的正则表达式，replacement是要将匹配部分替换成的字符串或者正则表达式，subject是要被匹配的字符串，limit是要进行的匹配次数。以下代码演示了这个函数的基本用法。

```
<?php
$string = "Today is Aug 11, 2006.";
$pattern = "/(\w+) (\d+), (\d+)/i";
$replacement = "today";
print preg_replace($pattern, $replacement, $string);
?>
```

运行结果如下所示：

```
Today is today.
```

### 7.5.6 通过回调函数执行正则表达式的搜索和替换 preg_replace_ callback

preg_replace_callback用法几乎和preg_replace函数一样。但是，使用preg_replace_callback函数可以获得比preg_replace更完善的替换功能。preg_replace的替换只是基本的字符串间的计算，而preg_replace_callback函数可以将要替换的字符串传入一个函数进行处理，并将处理后的结果进行替换。根据callback函数的功能，这个函数提供了更好的灵活性。preg_replace_callback函数的语法格式如下所示：

```
preg_replace_callback(pattern, callback, subject [, int limit])
```

这里，参数callback是一个callback函数。所谓callback函数就是用来处理匹配字符串的函数。以下代码演示了这个函数的基本用法。

```
<?php
  //这个例子实现了字符串中7位电话号码的自动升位
  //升位规则为首位+8
  $text = "Our telephone numbers are 4355213 and 3566721.";
  //回调函数实现电话号码的升位规则
function upgrade($matches)
{
    return "8".$matches[0];                              //$matches[0] 是完整的匹配项
  }
//输出处理后的字符串
  echo preg_replace_callback("|\d{7}|","upgrade",$text);
?>
```

这段代码的运行结果如下：

```
Our telephone numbers are 84355213 and 83566721.
```

上面的例子中，upgrade函数就是callback函数，电话号码被匹配出来以后，传递给upgrade函数进行处理，处理后的结果被放回到字符串中。

### 7.5.7 用正则表达式进行字符串分割 preg_split

preg_split提供了用正则表达式分割字符串的功能，其语法格式如下所示：

```
array preg_split(string pattern, string subject [, int limit [, int flags]])
```

这里，参数pattern是进行匹配的正则表达式，subject是要被匹配的字符串，limit是要进行的匹配次数，flags是下列标记的组合。

- PREG_SPLIT_NO_EMPTY：如果设定了本标记，匹配结果中的非空字符串将不会被返回。
- PREG_SPLIT_DELIM_CAPTURE：如果设定了本标记，在进行匹配时，定界符模式中的括号表达式也会被返回。
- PREG_SPLIT_OFFSET_CAPTURE：如果设定了本标记，返回每个出现的匹配结果的同时也获取其附属的字符串偏移量。这与前面同名参数的使用方法相同。

以下代码演示了这个函数及其 3 种标记的基本用法。

```
<?php
//本例实现了一个对英文句子分词的功能，并且对句尾句号进行了过滤
$str = 'today is a nice day.';
$chars = preg_split('/[ ,.]/', $str, -1, PREG_SPLIT_NO_EMPTY);
print_r($chars);
print("\n");
$chars = preg_split('/[ ,.]/', $str, -1, PREG_SPLIT_DELIM_CAPTURE);
print_r($chars);
print("\n");
$chars = preg_split('/[ ,.]/', $str, -1, PREG_SPLIT_OFFSET_CAPTURE);
print_r($chars);
print("\n");
?>
```



运行结果如下所示：

```
Array
(
    [0] => today
    [1] => is
    [2] => a
    [3] => nice
    [4] => day
)

Array
(
    [0] => today
    [1] => is
    [2] => a
    [3] => nice
    [4] => day
    [5] =>
)

Array
(
    [0] => Array
        (
            [0] => today
            [1] => 0
```

```
        )

    [1] => Array
        (
            [0] => is
            [1] => 6
        )

    [2] => Array
        (
            [0] => a
            [1] => 9
        )

    [3] => Array
        (
            [0] => nice
            [1] => 11
        )

    [4] => Array
        (
            [0] => day
            [1] => 16
        )

    [5] => Array
        (
            [0] =>
            [1] => 20
        )

)
```

读者可以比较上面 3 种标记的运行结果，从中体会到它们的不同。

## 7.6 字符操作的注意事项

本章的前面介绍了字符操作的一些方法，以及正则表达式的基本使用。但是，由于 PHP 是一种脚本语言，因此在实际的字符操作时往往不能在浏览器上看到需要的结果，如以下代码所示。

```
<?php
echo "This is a test.\nTest again.";
?>
```

预期的运行结果如下所示：

```
This is a test.
Test again.
```

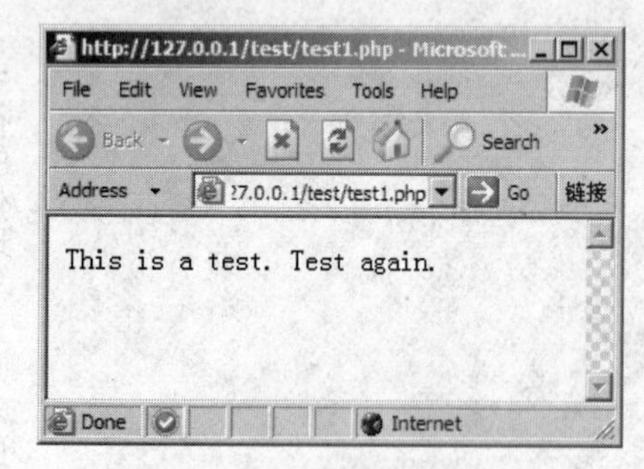


图 7-1 浏览器的输出结果

但是，由于浏览器会将其作为 HTML 脚本处理，在浏览器上的输出结果如图 7-1 所示。

可以看到，换行符不见了，并被一个空格取而代之。在实际应用中，这种情况非常多见，读者需要注意这一点。解决这个问题的方法可以使用以下两种方式。

（1）通过直接存储 HTML 标签的方法。如下面的例子。

```
<?php
echo "This is a test.<BR>Test again.";
?>
```

（2）通过使用 str_replace 进行替换的方法。如下面的例子。

```
<?php
echo str_replace("\n","<BR>","This is a test.\nTest again.");
?>
```

读者也可以自行编写一个自定义函数用于将字符串中的所有可能的HTML标签全部替换过来。



## 7.7 小结

本章介绍了PHP中的字符操作，其中结合正则表达式的操作是本章的重点也是难点。使用正则表达式可以有效地进行一些特殊的字符操作，但是正则表达式的书写对于初学者来说是一个很大的难点。读者需要慢慢体会其概念，熟练使用以后才能进行各种字符操作。通过本章的学习，读者要掌握如下知识点：

（1）字符和字符串的概念。

（2）字符的显示和格式化。

（3）正则表达式。

为了巩固所学，读者还需要做如下的练习：

（1）上机测试运行本章的字符串函数使用案例。

（2）上机测试运行本章的正则表达式案例。

（3）尝试编写一个程序，实现显示一个目录中 PHP 代码文件的前 6 行。

# 数组操作与数据结构算法

在第 3 章中，对合成数据类型——数组做了一些基本的介绍。数组是一个由若干同类型变量组成的集合，引用这些变量时可用同一名字。数组中的每一个变量都叫做数组的一个元素。

**本章学习目标：**

本章将对数组及其一些数组的使用技巧做详细讲解。包含数组的基本操作，一些经典的排序查找算法。具体的知识和技能学习点如下表所示：

| 本章知识技能学习点 | 掌 握 程 度 |
|---|---|
| 数组的概念 | 理解含义 |
| 常用数组的操作方法 | 必知必会 |
| 数组的排序 | 必知必会 |
| 顺序查找 | 必知必会 |
| 二分法查找 | 必知必会 |
| 数组的合并 | 必知必会 |
| 线性表的入栈与出栈 | 必知必会 |
| 使用 array_search 函数进行查找 | 知道概念 |

## 8.1　一维数组与多维数组

数组实际上就是一组变量。数组可以是一维的，也可以是多维的。所谓的多维数组可以理解成元素中包含数组的数组，例如二维数组就是由两个元素个数相同的一维数组构成的。本节将对一维数组与多维数组的定义做简要介绍。

### 8.1.1　一维数组简介

一维数组在本质上是由同类数据构成的表，表 8-1 说明了一个一维数组$array 键与值的对应情形。

表 8-1　一维数组

| 键 | 0 | 1 | 2 | 3 | 4 | … |
|---|---|---|---|---|---|---|
| 值 | 100 | 101 | 102 | 103 | 104 | … |

### 8.1.2　多维数组简介

PHP 允许使用多维数组，最简单的多维数组是二维数组。实际上，二维数组是以一维数组为元素构成的数组，表 8-2 说明了一个 4*4 二维数组$array 键与值的对应情形。从表中可以看出，每一行都可以看作一个一维数组。4 个一维数组按照键 0、1、2、3 的顺序又构成了一个新的数组。而这个新的数组就是一个二维数组。

表 8-2　二维数组

| 键 | 0 | 1 | 2 | 3 |
|---|---|---|---|---|
| 0 | 101 | 102 | 103 | 104 |
| 1 | 105 | 106 | 107 | 108 |
| 2 | 109 | 110 | 111 | 112 |
| 3 | 113 | 114 | 115 | 116 |

二维数组类似于一个普通的二维表。与二维数组和一维数组的关系类似，*N* 维数组可以看作多个 *N*-1 维数组组成的一个新的数组。



## 8.2　常用的数组操作

数组的一般操作主要包括数组的创建、调用、更新以及数组元素的遍历等，本节将逐一介绍这些操作。

### 8.2.1　数组的创建与调用

在 PHP 中使用 array 函数来创建一个数组，它接受一定数量用逗号分隔的 key => value 参数对。其中，key 可以是 integer 或者 string，value 可以是任何值。以下代码是一个创建一维数组的例子。

```
<?php
$array = array("key1" => "Simon", 2 => "Elaine");                //数组的创建
echo $array["key1"];                                             //输出 Simon
echo $array[2];                                                  //输出 Elaine
?>
```

以下代码是一个创建二维数组的例子。

```
<?php
$array = array("key1" => array(0 => 1, 1 => 10, 2 => 100),
               "key2" => array(0 => 5, 1 => 25, 2 => 125));
echo $array["key1"][0];                                          //输出 1
echo $array["key1"][1];                                          //输出 10
echo $array["key1"][2];                                          //输出 100
echo $array["key2"][0];                                          //输出 5
echo $array["key2"][1];                                          //输出 25
```

```
echo $array["key2"][2];                                   //输出 125
?>
```

上面的例子通过列举数组中每一个元素的方法输出数组。但是，当数组中元素过于多的时候，使用这种方法就显得过于麻烦了。通常在程序中，使用循环语句 foreach 来输出数组的每一个元素，关于 foreach 的具体用法，本节会在后面详细介绍。对于以调试为目的的输出，还有一个简单的方法，就是使用 print_r 函数直接输出数组内容。将上面的例子修改后如下所示：

```
<?php
$array = array("key1" => array(0 => 1, 1 => 10, 2 => 100),        //定义数组
               "key2" => array(0 => 5, 1 => 25, 2 => 125));
print_r($array);                                                   //输出数组
?>
```

代码运行结果如下所示：

```
Array
(
    [key1] => Array
        (
            [0] => 1
            [1] => 10
            [2] => 100
        )

    [key2] => Array
        (
            [0] => 5
            [1] => 25
            [2] => 125
        )

)
```

这种简单的方法可以输出数组的完整内容和结构。在代码调试的过程中，这种用法非常常见。但是，这种方法的输出不够美观，所以，在实际应用中，往往不使用这种方法。

在实际应用中，往往不明确地指定键名，PHP 会从 0 开始依次自动分配键名，如以下代码所示：

```
<?php
$array = array("a", "b","c");                              //定义数组
print_r($array);                                           //输出数组
?>
```

运行结果如下所示：

```
Array
(
    [0] => a
    [1] => b
    [2] => c
)
```

如上所示，数组的键名被自动分配了。

### 8.2.2 数组的更新

前面的例子中包括了对数组中元素的调用，数组创建以后，数组中元素的调用是通过方括号（[]）的方式进行的。同样，对数组元素进行更新也是通过方括号（[]）的方式进行的。通常，通过在方括号内指定键名，并明确地设定一个新值赋值给数组，以此来改变一个现有的数组，如以下代码所示：

```
<?php
$array = array("a", "b","c");                    //定义数组
$array[0] = "Simon";                             //修改数组元素
print_r($array);                                 //输出数组
?>
```

运行结果如下所示：

```
Array
(
    [0] => Simon
    [1] => b
    [2] => c
)
```



上面的程序通过对$array[0]的重新赋值实现了对数组元素进行更新的作用。

### 8.2.3 数组元素的遍历

在上面对数组元素进行逐一释放的例子中，使用了 foreach 函数。foreach 函数是 PHP 提供的一种遍历数组的简便方法。foreach 仅能用于数组，当试图将其用于其他数据类型或者一个未初始化的变量时会产生错误。有两种语法格式，如下所示（第二种比较次要但却是第一种的有效扩展）：

```
foreach (array as $value) statements
foreach (array as $key => $value) statements
```

第一种格式遍历给定的 array 数组。每次循环中，当前单元的值被赋给$value，并且数组内部的指针向前移一步。第二种格式做同样的事，只是当前单元的键值也会在每次循环中被赋给变量$key。以下代码使用了这两种方法对一个一维数组进行遍历。

```
<?php
//定义一个数组
$arr = array(0=>"zero", 1=>"one", 2=>"two");
//使用第一种方法对数组进行遍历
foreach ($arr as $value) {
    echo "Value: $value; ";
}
echo "<BR>";
//使用第二种方法对数组进行遍历
foreach ($arr as $key => $value) {
    echo "Key: $key; Value: $value; ";
}
?>
```

运行结果如下所示：

```
Value: zero; Value: one; Value: two;
Key: 0; Value: zero; Key: 1; Value: one; Key: 2; Value: two;
```

对多维数组的遍历，只需要嵌套使用 foreach 结构即可。以下代码对一个二维数组进行遍历。

```
<?php
//定义数组
$array = array("ar1" => array(5=>100, 3=>120, 4=>30),
"ar2" => array(4=>"three", 9=>"four", 1=>"five"));
//对数组进行遍历
foreach ($array as $v1)
{
    foreach ($v1 as $v2)
    {
        print "$v2\n";
    }
}
?>
```

运行结果如下所示：

```
100 120 30 three four five
```

## 8.3 数组索引与键名的操作技巧

所谓索引，就是数组键名的集合。在数组创建的时候，数组的索引也会随之被建立。如上面讲述的那样，如果没有指定键名，PHP 会自动分配键名，这就是索引起了作用。

除了在创建数组时可以省略键名，在更新数组的时候也可以省略键名。也就是只给数组名加上一对空的方括号。使用省略键名方式增加新的键，新的键名会使用最大整数键名加 1，如以下代码所示：

```
<?php
$array = array("a", "b","c");                    //定义数组
$array[] = "Simon";                              //增加一个新的数组元素
print_r($array);                                 //输出数组
?>
```

运行结果如下所示：

```
Array
(
    [0] => a
    [1] => b
    [2] => c
    [3] => Simon
)
```

在更新数组时，如果指定的键名还不存在，也会新建一个键，如以下代码所示：

```
<?php
$array = array("a", "b","c");                    //定义数组
```

```
$array[9] = "Simon";                                    //增加一个新的数组元素
print_r($array);                                        //输出数组
?>
```

运行结果如下所示：

```
Array
(
    [0] => a
    [1] => b
    [2] => c
    [9] => Simon
)
```

如果要删除一个键名，可以使用 unset 函数进行释放。unset 的详细用法本书在第 4 章中介绍过。unset 函数对于数组的应用有两种使用方法，一种是删除整个数组，一种是保持数组结构而逐一删除键。如果使用 unset 函数对数组中的每个元素进行逐一释放而保持数组结构，使用省略键名方式增加新的键时，新的键名依然会使用最大整数键名加 1。如果希望对数组进行重新索引，则需要使用 array_values 函数。以下代码是一个更新数组的例子。



```
<?php
//创建一个简单的数组
$array = array(0=>1, 1=>2, 2=>3, 3=>4, 6=>5);
print_r($array);
//现在把数组中键为 2 的值更新为 100
$array[2] = 100;
print_r($array);
//现在添加一个键
$array["X"] = 50;
print_r($array);
//现在删除所有键，但保持数组本身的结构
foreach($array as $i => $value)
{
    unset($array[$i]);
}
print_r($array);
//再添加一个键
$array[] = 25;
print_r($array);
//使用 array_values 函数进行重新索引
$array = array_values($array);
$array[] = 13;
print_r($array);
?>
```

运行结果如下所示：

```
Array
(
    [0] => 1
    [1] => 2
```

```
        [2] => 3
        [3] => 4
        [6] => 5
)
Array
(
        [0] => 1
        [1] => 2
        [2] => 100
        [3] => 4
        [6] => 5
)
Array
(
        [0] => 1
        [1] => 2
        [2] => 100
        [3] => 4
        [6] => 5
        [X] => 50
)
Array
(
)
Array
(
        [7] => 25
)
Array
(
        [0] => 25
        [1] => 13
)
```



## 8.4 数组的排序

在 PHP 数组函数库中，提供了多种对数组元素进行排序的函数。本节主要介绍其中最常用的 3 种——sort 函数、rsort 函数以及 array_multisort 函数。

### 8.4.1 递增排序 sort

sort 函数对数组中的值进行排序。当函数结束时数组单元将被从最低到最高重新安排，该函数的语法格式如下所示：

```
void sort(array array [, int sort_flags])
```

其中，array 是要排序的数组。sort_flags 表示排序行为，包括：

- ❑ SORT_REGULAR　正常比较单元。

❑ SORT_NUMERIC　单元被作为数字来比较。

❑ SORT_STRING　单元被作为字符串来比较。

以下代码应用 sort 函数实现了一个数组的排序。

```
<?php
$arr = array(5=>"zero", 3=>"one", 4=>"two");      //定义一个数组
sort($arr);                                        //使用 sort 对数组进行排序
foreach ($arr as $key => $value)                   //对数组进行遍历查看排序后的结果
{
    echo "Key: $key; Value: $value; ";
}
?>
```

运行结果如下所示：

```
Key: 0; Value: one; Key: 1; Value: two; Key: 2; Value: zero;
```

需要注意的是，数组在被排序后，键被重新分配了。排序函数是对数组的值进行排序，在这个例子中，就是对 zero、one、two 三个字符串进行排序，按照字母的顺序，排序结果为 one、two、zero。



### 8.4.2　**递减排序** rsort

与 sort 函数相反，rsort 函数对数组进行逆向排序（最高到最低），该函数的语法如下所示：

```
void rsort(array array [, int sort_flags])
```

语法中的参数含义与 sort 函数完全相同。以下代码使用 rsort 函数修改了上面的例子。

```
<?php
//定义一个数组
$arr = array(5=>"zero", 3=>"one", 4=>"two");
//使用 rsort 对数组进行排序
rsort($arr);
//对数组进行遍历查看排序后的结果
foreach ($arr as $key => $value) {
    echo "Key: $key; Value: $value; ";
}
?>
```

运行结果如下所示：

```
Key: 0; Value: zero; Key: 1; Value: two; Key: 2; Value: one;
```

从这里可以看出，使用 rsort 函数的排序结果与 sort 函数完全相反。但是，与 sort 函数相同，键值被重新分配了。

### 8.4.3　**数组排序** array_multisort

array_multisort 函数用于对多个数组或多维数组进行排序。使用 array_multisort 函数可以一次对多个数组进行排序或者根据某一维对多维数组进行排序。与 sort 函数和 rsort 函数不同的是，array_multisort 函数排序时保留原有的键名关联。即数组的键不会被重新分配，该函数的语法格式如下所示：

```
bool array_multisort(array array [,arg [,sort_flags ... [, array ...]]])
```

其中，array 是要被排序的数组。arg 表示排序顺序标志，包括以下几种：

- SORT_ASC - 按照最低到最高顺序排序（默认）。
- SORT_DESC - 按照最高到最低顺序排序。

sort_flags 表示排序行为，包括：

- SORT_REGULAR　正常比较单元（默认）。
- SORT_NUMERIC　单元被作为数字来比较。
- SORT_STRING　单元被作为字符串来比较。

以下代码是一个对多个数组进行排序的例子。

```
<?php
//定义 2 个数组
$ar1 = array(5=>"zero", 3=>"one", 4=>"two");
$ar2 = array(4=>"three", 9=>"four", 1=>"five");
//对数组进行排序
array_multisort($ar1, $ar2);
//对数组进行遍历查看排序后的结果
foreach ($ar1 as $key => $value) {
      echo "Key: $key; Value: $value; ";
}
echo "<BR>";
foreach ($ar2 as $key => $value) {
      echo "Key: $key; Value: $value; ";
}
?>
```

运行结果如下所示：

```
Key: 0; Value: one; Key: 1; Value: two; Key: 2; Value: zero;
Key: 0; Value: four; Key: 1; Value: five; Key: 2; Value: three;
```

以下代码是一个对多维数组进行排序的例子。

```
<?php
//定义一个二维数组
$array = array("ar1" => array(5=>100, 3=>120, 4=>30),
"ar2" => array(4=>"three", 9=>"four", 1=>"five"));
//对数组进行排序
array_multisort($array["ar1"], SORT_NUMERIC, SORT_DESC,
                    $array["ar2"], SORT_STRING, SORT_ASC);
//对数组进行遍历查看排序后的结果
foreach ($array as $v1)
{
     foreach ($v1 as $v2)
     {
          echo "$v2\n";
     }
}
?>
```

运行结果如下所示：

```
120 100 30 four three five
```

## 8.5 几种数组的应用实例

数组的一个重要应用就是实现对数据结构算法的应用。本节将以几个常见的例子来说明如何用 PHP 来实现这些应用。

### 8.5.1 顺序查找

顺序查找是在数组中查找某个元素的最简便方法。即通过对数组元素的逐一比较来得到结果。以下代码中的函数 search 即完成了这项操作。如果找到要找的值，则结果为该值所在的键。如果没有找到，则返回-1。

```
<?php
function search($array, $k)          //search 函数，$array 为数组，$k 为要查找的值
{
    $n = count($array);              //count 函数用于计算数组中的元素个数
    $array[$n] = $k;                 //新建一个元素，并将 k 存放进去
    for($i=0; $i<$n; $i++)           //逐一比较
    {
        if($array[$i]==$k)
        {
            break;
        }
    }
    if ($i<$n)                       //如果在新元素的前面找到了要找的值，则返回该值
    {
        return $i;
    }
    else                             //否则，返回-1
    {
        return -1;
    }
}
$array = array(5,6,3);               //测试 search 函数
echo search($array, 6);              //调用 search 函数并输出查找结果
?>
```

上面程序的运行结果为 1，也就是在数组$array 中找到了值为 6 的元素，键名为 1。

### 8.5.2 二分法查找

二分法查找是在数组中查找某个元素的一种效率较高的方法。但是二分法查找假想数组已经是排好序的，然后通过对数组元素的比较来得到结果。每次不成功的比较都会排除掉二分之一的数组元素。以下代码中的函数 search 即实现了这个算法。如果找到要找的值，则结果为该值所在的键。如果没有找到，则返回-1。

```
<?php
//search 函数 其中$array 为数组，$k 为要找的值，$low 为查找范围的最小键值，$high
为查找范围的最大键值
function search($array, $k, $low=0, $high=0)
{
    if(count($array)!=0 and $high == 0)                //判断是否为第一次调用
    {
        $high = count($array);
    }
    if($low <= $high)                                  //如果还存在剩余的数组元素
    {
        $mid = intval(($low+$high)/2);                 //取$low 和$high 的中间值
        if ($array[$mid] == $k)                        //如果找到则返回
        {
            return $mid;
        }
        elseif ($k < $array[$mid])                     //如果没有找到，则继续查找
        {
            return search($array, $k, $low, $mid-1);
        }
        else
        {
            return search($array, $k, $mid+1, $high);
        }
    }
    return -1;
}
$array = array(4,5,7,8,9,10);                          //测试 search 函数
echo search($array, 8);                                //调用 search 函数并输出查找结果
?>
```

这里需要注意在函数 search 中对 search 函数进行的递归调用。

### 8.5.3 使用 array_search 函数进行查找

除了可以使用前面介绍的方法对数组元素进行查找外，还可以使用 PHP 自带的 array_search 函数进行查找，其语法如下所示：

```
array_search(value, array)
```

其中，value 是要查找的值，array 是要查找的数组。该函数如果在数组中找到了值，则返回该值所在的键，如果没有找到，则返回 FALSE。以下代码是使用 array_search 进行查找的例子。

```
<?php
$array = array(4,5,7,8,9,10);
$found = array_search(8, $array);                      //调用 array_search 函数并输出查找结果
if($found)                                             //如果找到输出键
    echo "已找到，键为".$found;
else                                                   //如果没有找到输出错误信息
```

```
    echo "没有找到";
?>
```

输出结果如下所示：

```
已找到，键为 3
```

可以看出，array_search 函数的作用与前面介绍的查找功能相同。

### 8.5.4 线性表的入栈与出栈

在数据结构中，常常有入栈与出栈的例子。入栈即将更多的元素压入数组并放置到数组的最后。出栈即将数组的最后一个元素删除掉。

#### 1. 入栈

在 PHP 中，入栈通过函数 array_push 来实现，其语法格式如下所示：

```
int array_push(array, var [, var ...])
```

其中，var 即要压入数组的元素。array 为数组。函数将返回数组新的元素总数。以下代码是一个入栈的例子。



```
<?php
$stack = array("Simon", "Elaine");                          //定义数组
array_push($stack, "Helen", "Peter");                       //入栈
print_r($stack);
?>
```

运行结果如下所示：

```
Array
(
    [0] => Simon
    [1] => Elaine
    [2] => Helen
    [3] => Peter
)
```

可以看到，两个新元素被追加到了数组$array 的最后。除了可以将新元素从数组的末尾追加以外，还可以从数组的第一个元素前追加。这需要使用函数 array_unshift 来完成。array_unshift 函数的使用方法与 array_push 类似，以下代码改写了上面的例子，使用 array_unshift 来代替 array_push。

```
<?php
$stack = array("Simon", "Elaine");                          //定义数组
array_unshift ($stack, "Helen", "Peter");                   //入栈
print_r($stack);
?>
```

运行结果如下所示：

```
Array
(
    [0] => Helen
    [1] => Peter
    [2] => Simon
    [3] => Elaine
)
```

可以看到，两个新元素被追加到了数组$array 的最前面。

### 2. 出栈

在 PHP 中，出栈通过函数 array_pop 来实现，其语法如下所示：

```
array_push(array)
```

array 为数组。函数将返回数组的最后一个元素，即被删除的元素。以下代码是一个出栈的例子。

```
<?php
$stack = array("Simon", "Elaine", "Helen", "Peter");
echo array_pop($stack)."\n";                                    //出栈
print_r($stack);
?>
```

运行结果如下所示：

```
Peter
Array
(
    [0] => Simon
    [1] => Elaine
    [2] => Helen
)
```

可以看到，最后的一个元素已经从数组$array 中删除了。而被删除的元素的值也被成功地输出到了屏幕上。

与 array_push 和 array_unshift 的关系类似，对于 array_pop 函数也有一个对应的用于从数组前端出栈的函数。该函数是 array_shift，用法与 array_pop 类似。以下代码改写了上面的例子。

```
<?php
$stack = array("Simon", "Elaine", "Helen", "Peter");
echo array_shift($stack)."\n";                                  //出栈
print_r($stack);
?>
```

运行结果如下所示：

```
Simon
Array
(
    [0] => Elaine
    [1] => Helen
    [2] => Peter
)
```

可以看到，第一个元素已经从数组$array 中删除了。而被删除的元素的值也被成功地输出到了屏幕上。

## 8.5.5 数组的合并

array_merge 函数用于数组的合并操作，其语法格式如下所示：

```
array_merge(array1, array2, ...)
```

该函数用于将参数中的数组合并到一个数组中。以下代码是一个合并数组的例子。

```
<?php
$array1 = array("A","B","C","D");
$array2 = array("1","2","3","4");
$array3 = array("!","@","#","$");
$arrayX = array_merge($array1, $array2, $array3);              //将 3 个数组合并起来
print_r($arrayX);
?>
```

该函数的输出结果如下所示：

```
Array
(
        [0] => A
        [1] => B
        [2] => C
        [3] => D
        [4] => 1
        [5] => 2
        [6] => 3
        [7] => 4
        [8] => !
        [9] => @
        [10] => #
        [11] => $
)
```



如果前面的例子在数组定义的时候指定了键名，则在合并时如果键名有重复会出现问题。例如以下代码就没有得到预期的结果。

```
<?php
$array1 = array("AA"=>"A","BB"=>"B","CC"=>"C","DD"=>"D");
$array2 = array("AA"=>"1","BB"=>"2","CC"=>"3","DD"=>"4");
$array3 = array("AA"=>"!","BB"=>"@","CC"=>"#","DD"=>"$");
$arrayX = array_merge($array1, $array2, $array3);                    //合并数组
print_r($arrayX);
?>
```

运行结果如下所示：

```
Array
(
        [AA] => !
        [BB] => @
        [CC] => #
        [DD] => $
)
```

可以看出，只有 array3 中的元素被保存了下来。为此，PHP 还提供了一种合并数组的方式，即 array_merge_recursive 函数。该函数可以将键名相同的元素放置到一个数组中。例如以下代码使用 array_merge_recursive 函数改写了上面的例子。

```
<?php
$array1 = array("AA"=>"A","BB"=>"B","CC"=>"C","DD"=>"D");
```

```
$array2 = array("AA"=>"1","BB"=>"2","CC"=>"3","DD"=>"4");
$array3 = array("AA"=>"!","BB"=>"@","CC"=>"#","DD"=>"$");
$arrayX = array_merge_recursive($array1, $array2, $array3);        //合并数组
print_r($arrayX);
?>
```

运行结果如下所示：

```
Array
(
    [AA] => Array
        (
            [0] => A
            [1] => 1
            [2] => !
        )

    [BB] => Array
        (
            [0] => B
            [1] => 2
            [2] => @
        )

    [CC] => Array
        (
            [0] => C
            [1] => 3
            [2] => #
        )

    [DD] => Array
        (
            [0] => D
            [1] => 4
            [2] => $
        )

)
```

### 8.5.6 数组的拆分

前面介绍了数组的合并，PHP 除了提供数组的合并方法以外，还提供了数组的拆分方法。在介绍拆分数组的方法之前首先介绍一下取数组子集的方法。array_slice 函数用于取数组的子集，其语法格式如下所示：

```
array_slice(array, int start [, int length])
```

这里，array 是原数组，start 是子集的开始位置，length 是子集的长度。如果不指定 length，则表示一直取到数组的末尾。以下代码是一个使用 array_slice 获取数组子集的例子。

```
<?php
$array = array(1,2,3,4,5,6,7,8,9);
$arrayX = array_slice($array, 2, 6);            //获取数组的第 2 个元素到第 7 个元素
print_r($array);
print_r($arrayX);
?>
```

运行结果如下所示：

```
Array
(
    [0] => 1
    [1] => 2
    [2] => 3
    [3] => 4
    [4] => 5
    [5] => 6
    [6] => 7
    [7] => 8
    [8] => 9
)
Array
(
    [0] => 3
    [1] => 4
    [2] => 5
    [3] => 6
    [4] => 7
    [5] => 8
)
```



可以看到，数组的子集被取了出来，而且并不影响原数组。PHP 提供了一种真正达到拆分数组的函数——array_splice 函数。该函数与 array_slice 用法完全相同，不同的是，其结果会将取出的元素从原数组中删除。以下代码改写了上面的例子。

```
<?php
$array = array(1,2,3,4,5,6,7,8,9);
$arrayX = array_splice($array, 2, 6);            //获取数组的第 2 个元素到第 7 个元素
print_r($array);
print_r($arrayX);
?>
```

运行结果如下所示：

```
Array
(
    [0] => 1
    [1] => 2
    [2] => 9
)
Array
(
```

```
        [0] => 3
        [1] => 4
        [2] => 5
        [3] => 6
        [4] => 7
        [5] => 8
)
```

可以看出，被取出的元素已经从原数组中删除了。

### 8.5.7 随机排序

PHP 还提供了一个很有用的函数，就是类似扑克游戏中的洗牌。函数 shuffle 可以随机地将数组打乱，得到一个元素与原数组内容相同、顺序不同的新数组，其语法格式如下所示：

```
void shuffle(array)
```

以下代码演示了这个函数的使用方法。

```
<?php
$array = array('A','2','3','4','5','6','7','8','9','10','J','Q','K');
shuffle($array);                                    //随机排序数组
print_r($array);                                    //输出数组
?>
```

运行结果如下所示：

```
Array
(
        [0] => 2
        [1] => 4
        [2] => 8
        [3] => A
        [4] => 9
        [5] => 3
        [6] => Q
        [7] => J
        [8] => 10
        [9] => 6
        [10] => K
        [11] => 5
        [12] => 7
)
```

可以看到，数组$array 已经被打乱了。需要注意的是，这个运行结果不是绝对的，因为 shuffle 函数是随机打乱的机制，所以每次运行，其结果可能都会不同。

## 8.6 小结

本章介绍了 PHP 中数组的基本应用。在实际应用中，数组通常用于存放一组元素数据。例如，在订阅系统中用户提交的订阅清单等。本章中常用的数组操作是本章的重点，这些操作会在实际应用中经常被用到。读者可以结合索引的特性进行一些常用的数组操作。数组与数据结构算法的结合是本章的一个难点。但是，往往不通过类似 PHP 这种脚本语言来实现一些复杂的算法运算，在 Web 的实际应用中，复杂的算法也不多见。因此，对于一些复杂的算法操作，不建议读者使用 PHP 来实现。通过本章的学习，读者要掌握如下知识点：

（1）数组的概念。

（2）常用数组的操作方法。

（3）数组的排序和查找方法。

为了巩固所学，读者还需要做如下的练习：

（1）上机测试运行本章的代码案例，并尝试修改运行。

（2）尝试编写代码，将两个 PHP 文件的内容合并到一起。

# PHP 程序调试

在进行 PHP 的编写过程中，错误是不可避免的，如何有效地调试并修复错误是一个程序员必备的能力。PHP 提供了很好的错误提示，通过与 Eclipse 工具结合可以很方便地进行程序调试。本章将对 PHP 中的错误类型和程序调试方法进行详细讲解。

**本章学习目标：**

掌握 PHP 代码的调试方法，积累调试经验，为成为合格的程序员打好基础。具体的知识和技能学习点如下表所示：

| 本章知识技能学习点 | 掌 握 程 度 |
| --- | --- |
| 代码逻辑错误和运行错误 | 理解含义 |
| 如何解决语法错误 | 必知必会 |
| 如何解决语义错误 | 必知必会 |
| 如何处理逻辑错误 | 必知必会 |
| 如何解决运行时的错误 | 必知必会 |
| PHP 程序调试策略 | 必知必会 |
| 使用 PHPEclipse 进行 PHP 程序调试 | 知道概念 |

## 9.1 PHP 中常见错误类型

在 PHP 中，常见的错误类型主要有以下 5 种。

- 语法错误：程序中错误地使用了 PHP 语法。
- 语义错误：程序中正确地使用了 PHP 语法，但是没有任何意义。
- 逻辑错误：程序中的逻辑没有达到预期的结果。
- 注释错误：程序中的注释与程序代码不符合。
- 运行时错误：由于服务器或资源不可用，导致的代码失效。

其中，前 4 项是由程序员的失误造成的，第 5 项是因为一些客观因素造成的，与程序代码无关。

### 9.1.1 语法错误

几乎所有的语言都有自身的语法要求，错误地使用 PHP 语法将会导致错误。例如，以下代码就导致了一个语法错误。

```
<?php
$a = 1;
```

```
$b = 2;
$s = $a (+) $b;                                    //错误代码
echo $s;
?>
```

这里的第 4 行，错误地将加号用括号括了起来。虽然从代码可以看出要表示什么意思，但是 PHP 的编译器认为这是错误的，并输出下面的错误：

```
Parse error: syntax error, unexpected ')' in C:\htdocs\TEST\test.php on line 4
```

这个结果就是由于错误地使用了表达式语法造成的。

### 9.1.2 语义错误

语义错误比语法错误的级别要低一些，是在语法正确的前提下导致的错误。例如，以下代码就导致了一个语义错误。

```
<?php
$a = "I ";
$b = "love ";
$c = "you";
$s = $a + $b + $c;                                 //错误地使用了+进行字符串连接
echo $s;
?>
```



由于 PHP 中的字符串连接符是“.”而不是“+”，而上面的代码却使用了“+”作为字符串连接符。但是由于 PHP 能够隐式转换变量类型，上面的代码并不会导致编译器出错，只是没有得到预期的结果。

### 9.1.3 逻辑错误

逻辑错误对于 PHP 编译器来说并不算错误，但是由于代码中的逻辑问题，导致运行结果没有得到期望的结果。例如，以下代码试图根据$score 的值是否达到 60 来判断成绩是否及格。

```
<?php
if($score>60)                                      //判断$score 是否超过 60
    echo "及格";
else
    echo "不及格";
?>
```

上面的代码对于 PHP 编译器来说没有任何问题。但是当$score 的值为 60 时，程序会判断为不及格。这一点就没有符合要求，属于逻辑错误。

### 9.1.4 注释错误

对于一个大型系统或者很长的程序代码来说，程序中的注释与程序代码同样重要。有些时候，注释甚至比代码还重要。因为一个注释不详细的代码对于后期维护来说可以说是一个很困难的事情。例如，以下代码中的注释就没有符合程序代码。

```
<?php
//对$i 循环，从 0 到 100
```

```
for($i=0; $i<100; $i++)
{
    echo $i;
}
?>
```

上面代码中的注释应为“对$i 循环，从 0 到 99”。代码中的注释错误并不影响代码的运行，但是却影响对代码的修改与维护。

### 9.1.5 运行时错误

运行时错误与代码无关，是由于环境或资源因素导致的错误。例如，以下代码并没有任何错误，却在运行时出现了一条警告信息。

```
<?php
$fp = fopen("data.dat","r");
fclose($fp);
?>
```

运行时输出了如下所示的错误信息：

```
Warning: fopen(data.dat) [function.fopen]: failed to open stream: No such file or directory in
C:\htdocs\TEST\test.php on line 2
Warning: fclose(): supplied argument is not a valid stream resource in
C:\htdocs\TEST\test.php on line 3
```

这两条警告信息是由于文件无法打开造成的，与代码无关。

## 9.2 PHP 程序调试策略

在进行 PHP 程序的错误调试过程中，一个基本的调试技术就是打开错误报告。另一个就是使用 print 等屏幕输出语句，通过显示在屏幕上的内容来精确地找出更难发现的错误。

### 9.2.1 PHP 的错误级别

在 PHP 的错误报告被打开以后，在浏览器中访问包含错误的 PHP 代码，则会输出相应的错误信息。在 PHP 中，错误级别主要分为 4 级。

#### 1. 分析错误

分析错误是在 PHP 编译器对 PHP 代码进行分析时产生的。PHP 编译器运行代码的过程是首先将其编译成 PHP 可以识别的中间代码，然后再运行。分析代码在对代码进行分析时将判断代码中是否包含语法错误。如果检测到语法错误，则代码将不会被运行。例如，以下代码就包含了一个错误。

```
<?php
echo "row1";
echo "row2";
echo "row3;                                    //错误：row3 右侧没有引号
?>
```

上述代码在被分析时就会输出如下所示的错误：

```
Parse error: syntax error, unexpected $end in C:\htdocs\TEST\test.php on line 5
```

需要注意的是，上面的错误提示并不是准确的，真正出错的行是第 4 行，而不是第 5 行。PHP 编译器对于代码的分析有时候并不能准确地判断错误所在。

解决这种错误的办法通常是仔细观察错误所在行上下文代码，找出错误并修正。

### 2. 致命错误

致命错误往往是由于 PHP 编译器在运行 PHP 代码时遇到环境或资源不可用导致的，如以下代码所示：

```
<?php
require("www.inc");
?>
```

程序需要包含一个名为 www.inc 的文件，但是由于 www.inc 文件已经被从服务器上删除，程序在运行时输出了如下所示的错误：

```
Warning: require(www.inc) [function.require]: failed to open stream: No such file or directory in C:\htdocs\TEST\test.php on line 2
Fatal error: require() [function.require]: Failed opening required 'www.inc' (include_path='.;C:\Program Files\xampp\php\pear\') in C:\htdocs\TEST\test.php on line 2
```



解决这种问题的方法通常是需要查看文件是否存在或者资源是否可用。

### 3. 警告

警告信息是在代码被运行时遇到的一些异常。例如，需要打开的文件无法找到等。警告信息并不影响 PHP 代码的运行。以下代码试图使用 include 语句来包含 w3.inc 文件。

```
<?php
include("w3.inc");
echo "This is a test";
?>
```

当 w3.inc 文件在当前目录下无法找到时，PHP 编译器会输出如下所示的警告信息：

```
Warning: include(w3.inc) [function.include]: failed to open stream: No such file or directory in C:\htdocs\TEST\test.php on line 2
Warning: include() [function.include]: Failed opening 'w3.inc' for inclusion (include_path='.;C:\Program Files\xampp\php\pear\') in C:\htdocs\TEST\test.php on line 2
This is a test
```

从输出可以看到，虽然在浏览器中输出了警告信息，但是并没有影响代码的运行。

### 4. 通知

通知一般用于提示相对比较小的错误，PHP 编译器能够将这些错误进行自行处理。例如，变量没有初始化等。以下代码试图输出一个未赋值的变量。

```
<?php
echo $s;
?>
```

显然，变量中不包含任何值。这种情况下，PHP 编译器会将其设置为空值，并输出一条通知，如下所示：

```
Warning: Uninitialized variable (s) in C:\htdocs\TEST\test.php on line 2
```

与警告信息一样，通知级别的错误也不会影响代码的整体运行。

### 9.2.2 打开 PHP 的错误报告

如前面介绍的 php.ini 文件，很多配置设置都是通过这个文件来实现的。在调试 PHP 应用程序时，有两个配置变量：display_errors 和 error_reporting。下面是这两个变量在 php.ini 文件中的默认值。

```
display_errors = Off
error_reporting = E_ALL
```

其中，display_errors 变量用来告诉 PHP 是否显示错误，error_reporting 变量用来告诉 PHP 如何显示错误。display_errors 的默认值为 Off，也就是不开启错误报告。error_reporting 默认值是 E_ALL，这个设置会显示所有需要提示的信息。其中包括错误、警告和一些正确的提示。一般地说，用户只需要看到错误和警告就可以了，对于正确代码的提示往往会影响网页效果。

如果想开启 PHP 的错误报告，可以将这两个变量更改成以下值：

```
display_errors = On
error_reporting = E_ALL & ~E_NOTICE
```

重新启动 Apache 服务器，即完成设置。以下代码是一个简单的 PHP 例子，用来测试以上设置是否成功。

```
<?php
print("This is a test");                    //这是一个简单的 PHP 语句
priny("error here");                        //由于程序员的原因，将 print 打成了 priny
print("Test again");                        //这也是一个简单的 PHP 语句
?>
```

运行结果如下所示：

```
This is a test
Fatal error: Call to undefined function priny() in C:\htdocs\TEST\test.php on line 3
```

从上面的例子可以看到，由于第 3 行代码的错误，编译器输出了相应的错误信息。并且，由于第 3 行的错误，第 4 行没有被继续执行。

### 9.2.3 使用 print 进行程序调试

上一节介绍了通过打开错误报告的方法来进行程序调试。当 PHP 的代码发生了错误或被警告时，这个方法非常有效。但是某些时候，可能由于程序的原因，编译器并没有输出任何错误，但是程序并没有输出期望的结果，如下例所示。

```
<?php
$a = 199;                    //这里程序员犯了一个错误，正确的代码应该是$a=100;
$b = 200;
$s = $a + $b;
echo "100 + 200 = ".$s;
?>
```

上例中，由于程序员错误地将 100 写成了 199，会导致运算结果的不正确。运行结果如下所示：

```
100 + 200 = 399
```

编译器并没有报错，因为对 199 和 200 进行求和运算并不会导致任何错误。但是，399 这个结果并不是用户期待的结果。这个程序很简单，所以只需要从头检查一下就可以发现这个错误。但是，如果程序过于复杂，就很难发现了。

这里，可以使用 print 将变量内容输出进行程序调试，以下代码在前面的例子中增加了调试代码。

```
<?php
$a = 199;
print "[debug] a=".$a."<br>"; //调试代码
$b = 200;
print "[debug] b=".$b."<br>"; //调试代码
$s = $a + $b;
echo "100 + 200 = ".$s;
?>
```

运行结果如下所示：

```
[debug] a=199
[debug] b=200
100 + 200 = 399
```



从运行结果可以看到，$a 的值并不是期望的 100，由此可以定位到错误发生的具体位置行，并修正错误。

## 9.3 使用 PHPEclipse 进行 PHP 程序调试

除了上边介绍的两种 PHP 程序调试方法以外，还可以使用外部工具进行 PHP 程序的调试。一些编辑工具如 Eclipse，一些 PHP 调试器如 PHP Debugger 以及一些网页制作软件如 Macromedia Dreamweaver 都可以实现 PHP 代码的调试。本节主要以 Eclipse 软件与 PHPEclipse 插件的结合使用来介绍使用外部工具对 PHP 代码进行调试的一些方法。

### 9.3.1 使用 Eclipse 编写 PHP 程序的好处

用于 Eclipse 的 PHPEclipse 插件是用来开发 PHP 应用程序的一个流行工具。Eclipse 有如下所示的诸多优点：

- 免费，用户可以免费获取。
- 语言支持性好，Eclipse 支持多种语言包，方便使用中文进行操作。
- 可扩展性好，支持许多功能强大的外挂。
- 平台跨越性好，支持多种操作系统如 Windows、Linux 等。
- 安装方便，下载后只需要解压缩就可以直接运行。

### 9.3.2 PHPEclipse 的安装与启动

Eclipse 以及 PHPEclipse 的安装步骤如下所示：

（1）读者可以从 http://www.eclipse.org/downloads/下载 Eclipse 的最新版本，并且，环境中需要 Java™2 SDK 支持。如果在要安装 Eclipse 的计算机上还没有 Java SDK 的支持，

可以访问 http://java.sun.com/j2se/下载。本书中介绍的是 Eclipse 3.1。

（2）下载 PHPEclipse 插件。PHPEclipse 插件可以从其官方网站 http://www.phpeclipse.de 下载到最新版本。下载文件的文件名类似于 net.sourceforge.phpeclipse_x.x.x.bin.dist.zip，其中 x.x.x 是版本号。当所有的文件都下载好后就可以安装了。

（3）对于没有安装 Java SDK 的读者，需要首先安装 Java SDK。只需要直接运行下载的 Java SDK 安装文件即可。

（4）将 Eclipse 解压缩到一个指定的文件夹，例如，C:\eclipse。

（5）解压缩 PHPEclipse 的压缩包，将 features 文件夹中的内容复制到 Eclipse 文件夹的 features 目录，将 plugins 文件夹中的内容复制到 Eclipse 文件夹的 plugins 目录。

（6）通过直接运行 eclipse 文件夹中的 eclipse.exe 文件启动 Eclipse。需要注意的是，如果在计算机中曾经安装并且运行过 Eclipse，在将 PHPEclipse 插件复制到 Eclipse 目录后，需要通过带参数的运行 eclipse.exe –clear 方可将插件加载。

（7）启动 Eclipse 以后，Eclipse 要求输入一个路径作为工作区（Workspace）。这里需要选择 Apache 的 htdocs 文件夹，也就是用于存放网页的目标文件夹。如果前面没有更改这项设置，则默认为 C:\Program Files\Apache Software Foundation\Apache2.2\htdocs。选择好后，稍等片刻，Eclipse 就会被启动起来。



### 9.3.3 PHPEclipse 的使用

本小节将以一个简单的 PHP 例子详细说明如何使用 PHPEclipse 编写 PHP 代码。在编写代码前，需要首先对环境的属性和项目的属性进行一些设置，步骤如下所示：

（1）Eclipse 启动以后，单击【File】→【New】→【Project】命令新建一个项目，在弹出的【New Project】向导对话框中选择 PHP 文件夹中的 PHP Project 项，然后单击【Next】按钮。在向导的下一页中输入项目名称，例如 MyProject，然后单击【Finish】按钮完成。

（2）Eclipse 的主界面就会呈现在读者的面前。此时可以看到在工具栏上有启动关闭 Apache 服务器的按钮以及启动 MySQL 的按钮，如图 9-1 所示。

图 9-1　Eclipse 中的 Apache 和 MySQL 启动按钮

（3）在初始状态时，这些按钮是无效的，需要通过单击【Window】→【Preferences】命令来设置。如图 9-2 所示，在【Preferences】窗口中，通过对左边菜单中的 Apache 和 MySQL 的设置来指定 Apache 和 MySQL 的安装路径，就可以使这些按钮生效。

（4）项目的属性的设置可以通过单击【Project】→【Properties】命令来完成。在【Properties】窗口上单击【PHP Project Settings】选项，对项目文件的根目录和访问地址进行配置。如果在前面对 Apache 的设置中作过更改，则需要按照 Apache 的设置更改此处设置。

设置好以后就可以开始编写 PHP 程序了。

（1）单击【File】→【New】→【PHP File】命令新建一个 PHP 页面文件，在 Container 处填写新文件所在位置，在 filename 处填写新文件的文件名，例如 hello.php。这时，在 Eclipse 的导航菜单中就会出现 hello.php 的这个文件，在窗口底部的 PHP Browser 可以浏览到文件的当前输出，如图 9-3 所示。

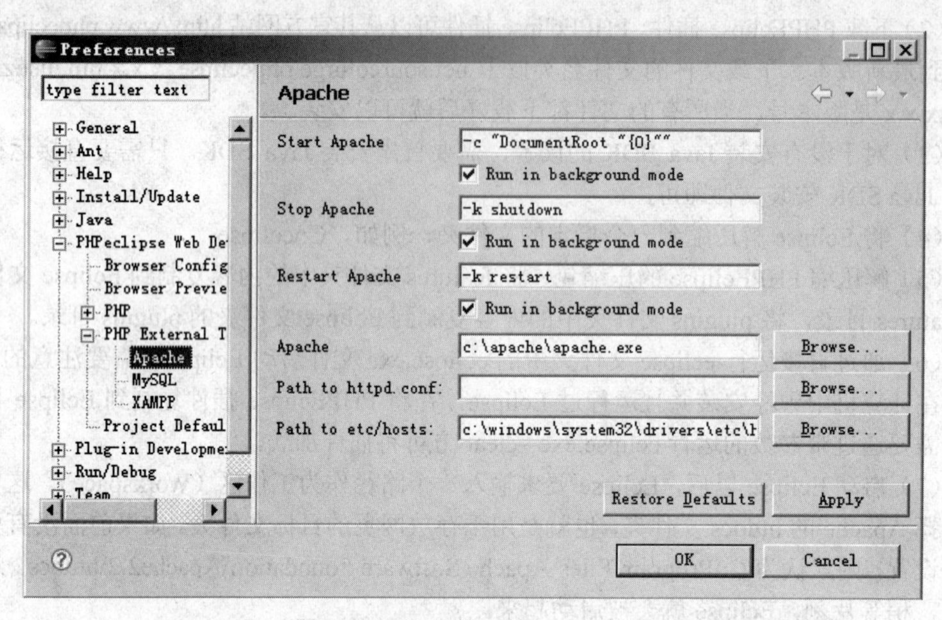




图 9-2　Eclipse 的 Preferences 窗口

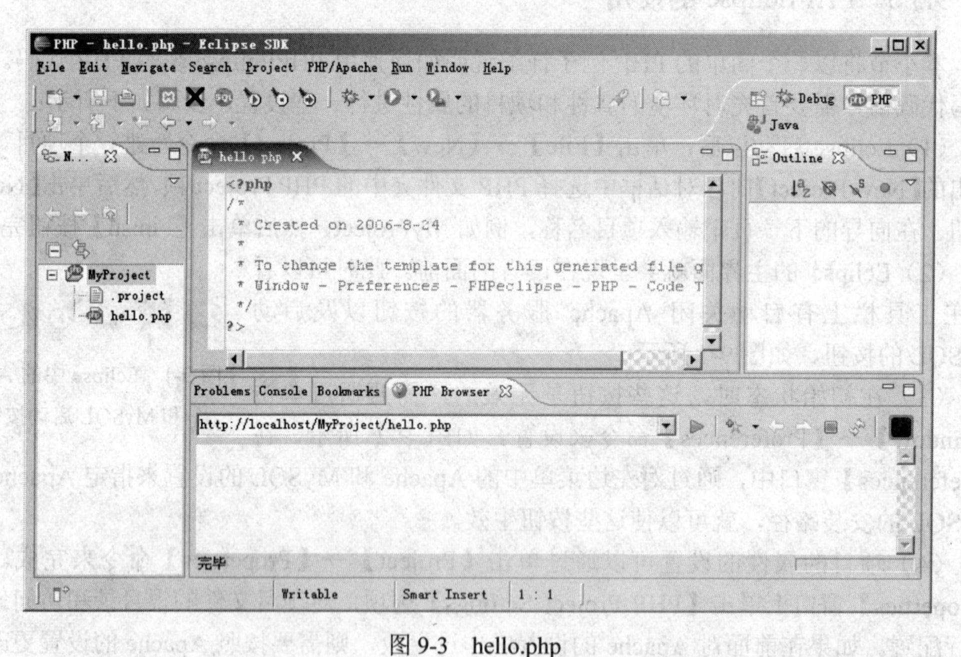


图 9-3　hello.php

（2）编辑 hello.php 文件，输入 PHP 代码。保存后，代码的运行结果就会在界面的下部显示出来，如图 9-4 所示。

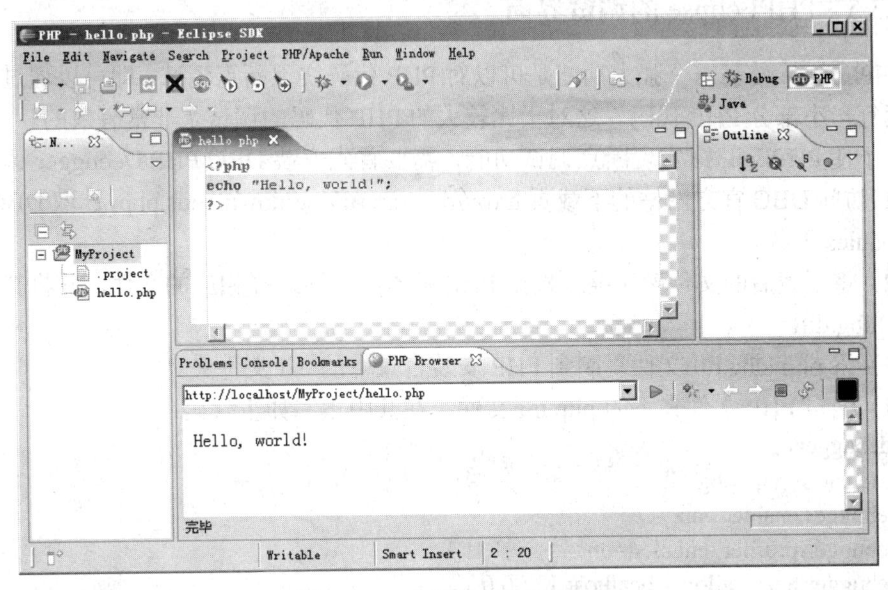


图 9-4　一个简单的 PHP 页面



## 9.3.4　PHPEclipse 的语法错误强调功能

在使用 PHPEclipse 进行代码编写的过程中，PHPEclipse 可以随时随地提示代码中的错误。这是一个非常简便的发现错误的方法。

下面的例子是在编辑代码的时候，在 echo 语句后面多写了一个逗号。PHPEclipse 准确地发现了错误所在，并通过在代码下边划上红色波浪线来提示错误，与此同时还在所在行的左边显示一个红色的错号（X）来提示。单击保存后，可以看到 PHP 浏览器窗口的错误提示，如图 9-5 所示。

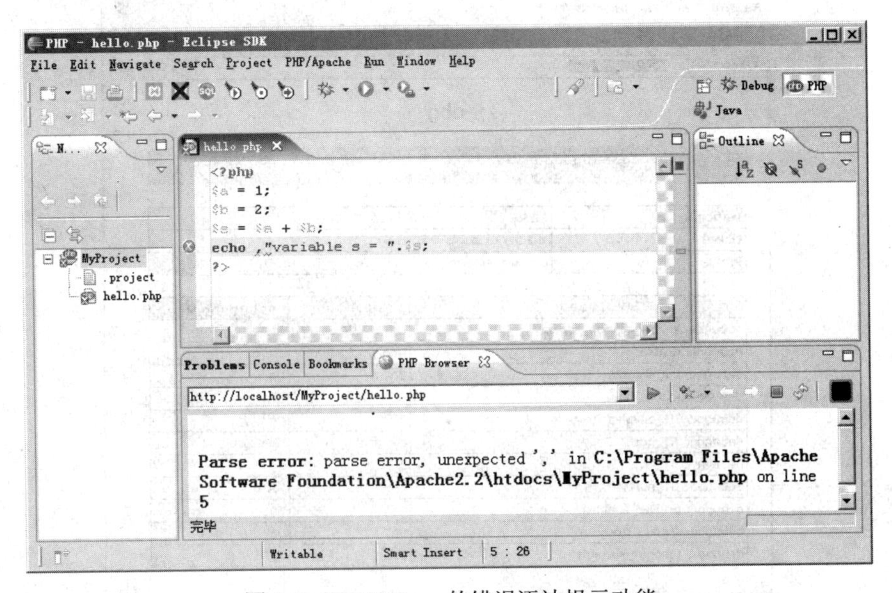


图 9-5　PHPEclipse 的错误语法提示功能

### 9.3.5 PHPEclipse 的调试界面

PHPEclipse 的另一个强大功能是可以对 PHP 代码实现断点调试，即可以通过设置断点只运行一小部分 PHP 代码。这对于比较大的 PHP 代码的调试是非常有效的。

为了使 PHPEclipse 实现断点调试功能，需要首先安装 DBG PHP Debugger 调试器。

（1)访问 DBG 官方网站的下载页 http://dd.cron.ru/dbg/downloads.php，选取 DBG2.13.1 dbg modules 下载。

（2）将下载后的文件解压缩，根据 PHP 版本的不同选择相应的文件，并将其重命名成 php_dbg.dll。

（3）将 php_dbg.dll 文件复制到 PHP 安装目录下的 ext 文件夹。

（4）编辑 PHP 文件夹下的 php.ini 文件，在其中填写如下代码：

```
[debugger]
extension=php_dbg.dll
debugger.enabled=on
debugger.profiler_enabled=on
debugger.hosts_allow=localhost 127.0.0.1
debugger.hosts_deny=ALL
debugger.ports=7869, 10001, 10002, 10003, 10000/16
```



（5）重新启动 Apache 服务器完成安装。

为了测试 DBG 是否已经成功安装，可以通过运行 phpinfo 函数来查看，代码如下所示：

```
<?php
phpinfo();
?>
```

在访问浏览器后，如果能看到如图 9-6 所示的段落，则说明安装成功。

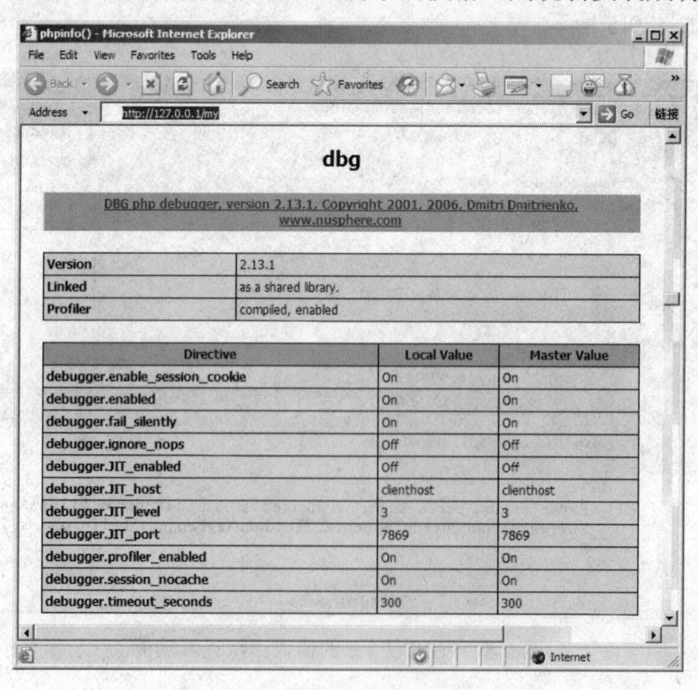


图 9-6　DBG 安装确认

现在回到PHPEclipse的环境，按照以下步骤完成调试界面的配置。

（1）单击菜单上的【Run】→【Debug】命令，在【Debug】对话框中选择左侧菜单中的【PHP DBG Script】选项并双击。这时，可以看到一个新的选项New_configuration被创建出来，如图9-7所示。

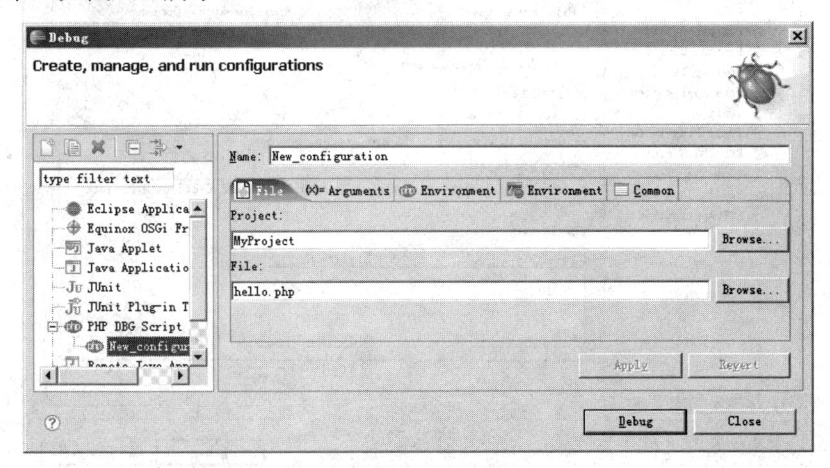


图9-7　Debug对话框

在这里，可以重命名新的调试脚本的名称，并且可以在File选项卡上选择要调试的项目名称和文件名。这里将脚本名称命名为hello_dbg，并选取hello.php作为调试文件。

（2）单击【Environment】标签，在【Interpreter】选项卡中选取当前PHP安装目录下的php.exe文件，如图9-8所示。

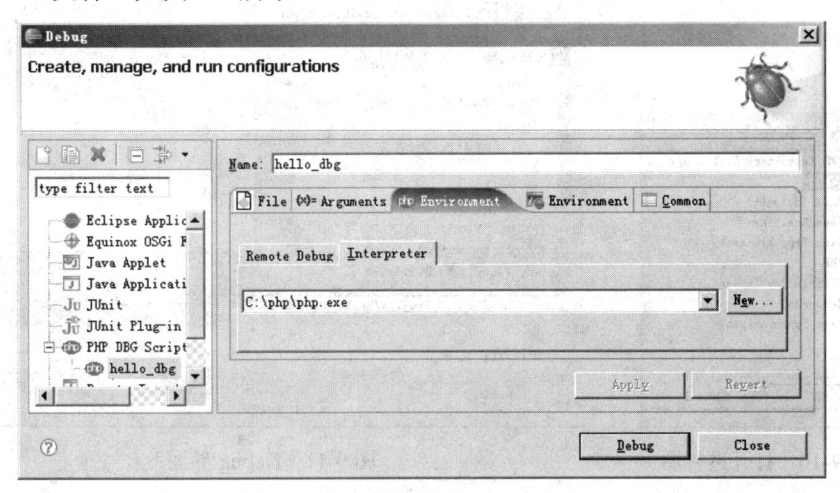


图9-8　设置Interpreter选项卡

（3）单击【Remote Debug】选项卡，选中Remote Debug选项并在Remote Sourcepath处选择要调试文件所在的绝对路径，如图9-9所示。

（4）单击【Debug】按钮完成配置。

（5）单击【Window】→【Other Perspective】→【Others】命令，然后选择Debug选项打开Debug透视图，如图9-10所示。

（6）单击【OK】按钮，进入Eclipse的Debug界面，如图9-11所示。

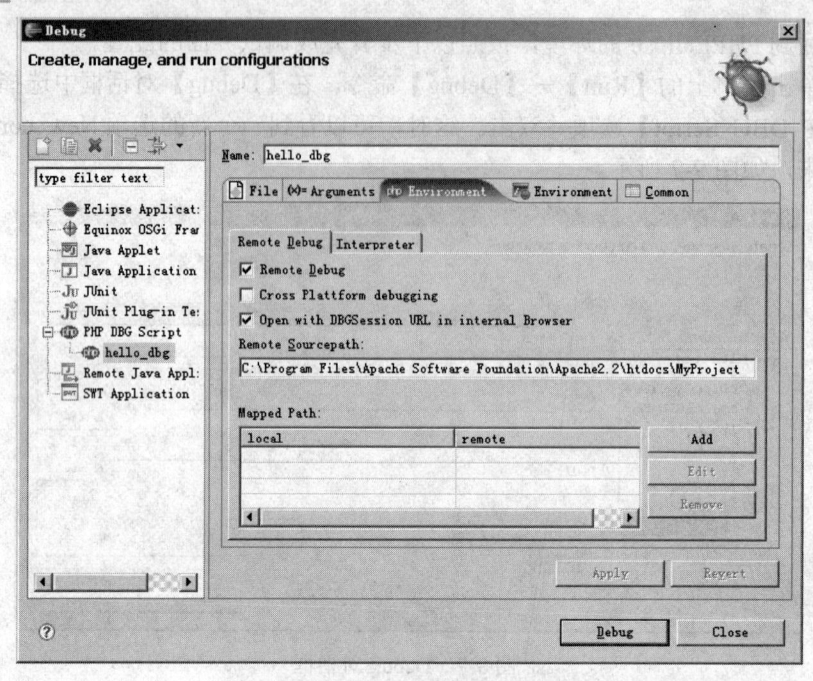




图 9-9 【Remote Debug】选项卡

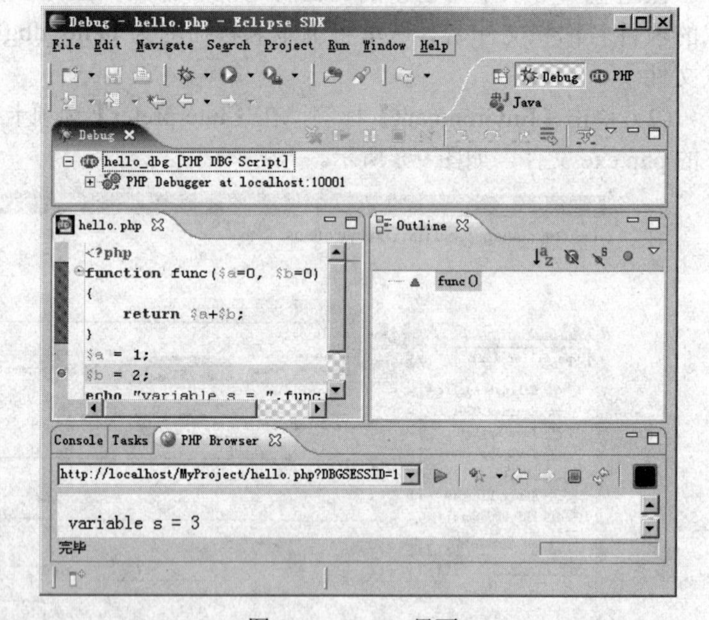


图 9-10 打开透视图

图 9-11 Debug 界面

调试界面配置好以后，就可以使用 Eclipse 对以下 PHP 代码进行调试了。

```
<?php
function func($a=0, $b=0)                                //计算两个变量的和
{
    return $a+$b;
}
$a = 1;
$b = 2;
```

```
$s = func($a, $b);                                    //获得两个变量的和
echo $s;
?>
```

调试的步骤如下所示：

（1）在代码中要进行调试的地方设置断点。设置断点的方法是通过双击程序清单中要设置断点的行左侧来实现的。双击后会看到代码左侧出现一个蓝色圆点，如图 9-12 所示。

（2）单击【Run】→【Debug】命令开始调试。

（3）在【Debug】窗口可以看到进程在代码的第 8 行，也就是设置断点的一行暂停了，如图 9-13 所示。

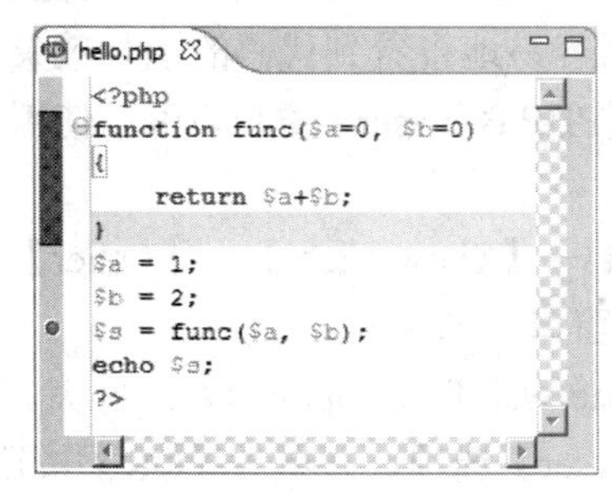


图 9-12　设置断点

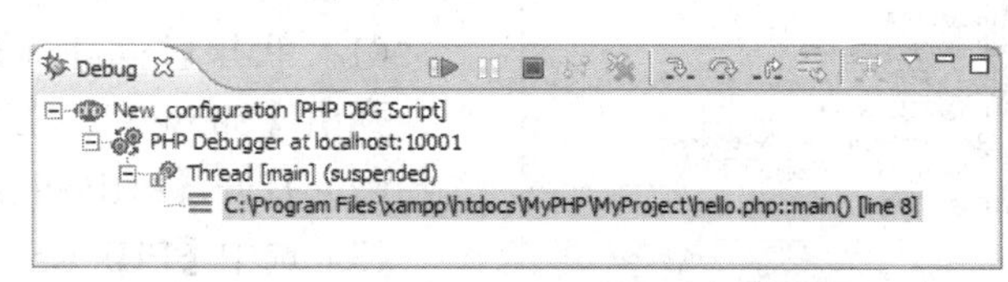


图 9-13　【Debug】窗口

（4）在【Variables】窗口可以看到当前断点处所有的变量信息，其中包括程序中的变量以及所有的预定义变量，如图 9-14 所示。

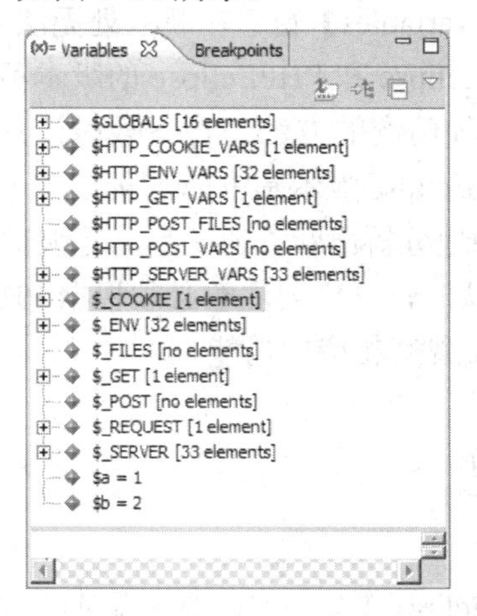


图 9-14　【Variables】窗口

（5）根据【Variables】窗口所提供的变量的值，可以分析出当前的代码状态，由此发现可能的错误。

至此，PHPEclipse 的调试功能就全部介绍完了。PHPEclipse 是一个很流行的 PHP 调试工具，读者可以通过实际操作细细体会其中的诸多强大功能。

### 9.3.6　使用 PHPEclipse 调试 PHP 代码的常见问题

在使用 PHPEclipse 进行程序调试时，往往遇到一些问题。本节将介绍一些常见的问

题及其解决办法。

### 1. 通过 Eclipse 工具栏上的按钮无法启动 Apache

这些按钮实际上是执行了一条 Apache 命令。如果出现了 Eclipse 工具栏上的按钮无法启动 Apache 的情况，可以首先去命令行查看是否可以正常启动 Apache。如果 Apache 能够被正常启动，则需要单击【Window】→【Preferences】命令来查看当前 Eclipse 中的 Apache 命令设置。查看 Apache 安装路径是否与当前 Apache 的安装路径一致。

### 2. 【PHP Browser】窗口没有在界面上显示出来

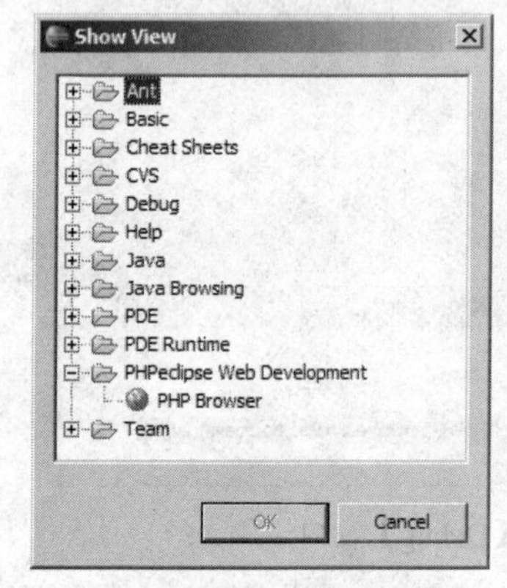

图 9-15 【Show View】窗口

PHP Browser 是一个内嵌在 Eclipse 中的 PHP 浏览器，在代码被修改后，能够很容易地查看到代码的运行效果。如果在界面上没有看到【PHP Browser】窗口，可以使用下面的方法重新打开它。

（1）单击【Window】→【Show View】→【Other】命令，弹出【Show View】窗口，如图 9-15 所示。

（2）打开【PHPeclipse Web Development】文件夹。

（3）选中【PHP Browser】选项，并单击【OK】按钮。

### 3. 【Variables】窗口不能正确显示变量

在配置 PHPEclipse 的调试环境时常常遇到的一个问题就是在一切都配置好以后，【Variables】窗口在断点处无法显示出相应的变量名称。

这种问题通常都是由于 Eclipse 和 PHPEclipse 的版本不对应，或者 PHP 版本与 DBG 版本不对应造成的。解决这种问题的方法是在下载时注意看版本的对应情况。例如，PHPEclipse 的 1.1.8 相对应的 Eclipse 版本是 3.1.x。那么，将 PHPEclipse 插件加载到 Eclipse 3.2 上时，Eclispe 将不能正确地分析出断点的变量名等调试信息。

在 PHP 中加载 DBG 模块时，一定要注意必须根据 PHP 的版本号选择相应的 dll 文件。否则，调试模块将无法实现其相应的功能。

## 9.4 错误的处理

上一节介绍了使用 PHPEclipse 进行 PHP 程序调试的方法。使用 PHPEclipse 可以很方便地找出因为程序代码原因造成的错误。但是，对于一些环境错误无法处理。

由于 PHP 的错误报告会输出一些包含服务器信息的提示，在实际应用环境中，由于一些环境原因导致的错误可能会给服务器或者 Web 系统带来安全隐患。因此，对于可能出现的错误的处理在实际应用环境上至关重要。

### 9.4.1 错误的隐藏

PHP 提供了一个隐藏错误的方法。即在要被调用的函数名前加“@”符号来隐藏可能由于这个函数导致的错误信息。例如，以下代码在打开文件时如果出现了文件不存在或不可用等错误，PHP 将会输出一条警告信息。

```
<?php
$fp = fopen("data.dat","r");                    //打开文件
fclose($fp);                                    //关闭文件
?>
```

运行结果如下所示：

```
Warning: fopen(data.dat) [function.fopen]: failed to open stream: No such file or directory in C:\PHP\test.php on line 2
Warning: fclose(): supplied argument is not a valid stream resource in F:\PHP\test.php on line 3
```

从警告信息中可以看到系统所在的文件夹为 C:\PHP\。

如果在函数前加上“@”则会隐藏这个信息。修改后的代码如下：

```
<?php
$fp = @fopen("data.dat","r");
@fclose($fp);
?>
```

这样在浏览器上将什么都不输出。

### 9.4.2 错误信息的定制



很多时候，使用上面介绍的方法处理错误信息将会使访问者很迷惑。因为访问者无法知道当前页面的状态。所以很多时候，往往在隐藏系统错误信息的同时定制错误信息。

定制的方法通常是使用 if 语句来检测错误，并根据判断结果输出错误信息。以下代码就是在判断文件是否成功打开。

```
<?php
if($fp = @fopen("data.dat","r"))                //判断函数是否执行成功
{
    echo "Welcome";
}
else
{
    echo "文件不存在或不可用";
    exit;
}
fclose($fp);
?>
```

需要注意的是，上面例子中使用了 exit 语句。exit 语句意味着退出当前脚本的执行，也就是 exit 语句之后的所有代码将不会被执行。在上面例子中使用 exit 语句有效避免了 fclose 语句因为$fp 无效输出的警告信息。

在开发实际系统中，往往为了页面的美观，在错误发生时将页面重定向到另一个专门用于显示错误的页面。

在 PHP 中，这种页面间的跳转通常使用 header 函数来实现。使用 header 函数进行页面跳转的语法格式如下所示：

```
header("location: url")
```

其中，url 表示要重定向的页面。

以下代码改写了上面的例子，在文件不存在或者不可用时将浏览器的页面重定向到

error.htm 用于显示错误。

```
<?php
if($fp = @fopen("data.dat","r"))                    //如果能打开文件，则输出 Welcome
{
    echo "Welcome";
}
else                                                //否则跳转到 error.htm
{
    header("Location: error.htm");
}
fclose($fp);
?>
```

error.htm 的代码如下所示：

```
<html>
<head>
<title>Error</title>
<meta http-equiv="Content-Type" content="text/html; charset=gb2312">
</head>

<body>
    <h1><p align=center>出错啦！ </p></h1>
  <table width="300" border="0" align="center" cellpadding="2" cellspacing="2">
    <tr>
      <td width="100"><div align="right">错误信息：</div></td>
      <td width="200">文件不存在或不可用</td>
    </tr>
  </table>
</body>
</html>
```

在浏览器上再次访问该页面，可以看到浏览器的输出如图 9-16 所示。

图 9-16　错误页面

### 9.4.3　超时错误的处理

有时由于脚本中的操作太多或者服务器连接过慢，可能超过了 Apache 服务器的最高限制，就会出现下面的错误。

```
Fatal error: Maximum execution time of 1200 second exceeded in F:\TEST\test.php on line 6
```

出现超时错误后，脚本中还没有被执行的代码将被忽略。因此，在一些可能会超时的脚本中要增加一些超时处理。

PHP 中的超时处理通常是使用 set_time_limit 函数来延长脚本运行时间来实现的。set_time_limit 函数的语法格式如下所示：

```
void set_time_limit(int seconds)
```

其中，seconds 表示要延长的秒数。

下面的例子是一个简单的循环，循环的次数是从浏览器上的地址栏参数获取的。如果循环的次数过多，则需要延长脚本运行时间。

```
<?php
$times = (int)$_GET['times'];                    //从地址栏获取循环次数
set_time_limit(1);                               //设置脚本运行时间为 1 秒
for($i=0;$i<$times;$i++)
{
    echo $i."<BR>";
    if($times%10000 == 0)                        //每循环 1 万次，为脚本增加 1 秒可运行时间
    {
        set_time_limit(1);
    }
}
?>
```

## 9.5 小结

本章介绍了如何对 PHP 的代码进行调试的方法。其中包括使用代码直接调试和通过外部工具 PHPEclipse 进行调试的方法。在编写一些小型脚本时，使用 PHP 中的 print 函数进行一些基本的调试是非常有效的。但是，对于一些大型项目或者比较长的代码，使用 PHPEclipse 能够得到更高的效率。读者应该了解。通过本章的学习，读者要掌握如下知识点：

（1）几种代码错误类型。

（2）PHP 代码调试方法。

（3）一些错误处理的具体方法。

为了巩固所学，读者还需要做如下的练习：

（1）翻看自己的代码调试经验笔记，对应看看现在是否有新的修改方法。

（2）和同学交叉调试各自编写的程序，看看能否帮忙发现解决问题。

（3）尝试安装使用 Eclipse 的 PHP 调试工具。

# 第10章 PHP中的异常处理

上一章介绍了如何调试PHP中的错误，这些错误通常是在实际编程中因为程序员的失误或者设计错误造成的。在实际运行过程中，往往还存在一些环境错误。例如，文件无法找到或者数据库无法打开等。这些环境错误当然可以通过if语句的判断来识别。但是，PHP还提供了一种更好的异常处理方法，可以有效解决因为环境错误带来的异常。本章将主要介绍PHP中的异常处理方法。

**本章学习目标：**

了解异常处理的知识，尝试学会处理。具体的知识和技能学习点如下表所示：

| 本章知识技能学习点 | 掌 握 程 度 |
|---|---|
| 异常处理的原理 | 理解含义 |
| 异常处理的方法 | 必知必会 |
| 扩展异常处理类 | 必知必会 |
| 异常的传递与重掷 | 知道概念 |

## 10.1 异常处理的原理

PHP中的异常处理是PHP5新引进的一项功能。与其他语言类似，在PHP中进行异常处理也是通过关键字try、catch和throw来实现的。其中，try的功能是检测异常，catch的功能是捕获异常，throw的功能是抛出异常。

在程序中，首先要用try关键字对可能产生异常的地方进行检测，如果在被检测的代码段中使用throw关键字抛出了异常，与try相对应的关键字catch会根据异常的类型捕获异常。图10-1描述了这一过程。

从图10-1可以看出，异常的抛出是在进行异常检测的过程中发生的。在被检测的代码段中，如果抛出了异常，则程序将转向捕获异常部分，而被检测的代码在抛出异常后会被终止运行。

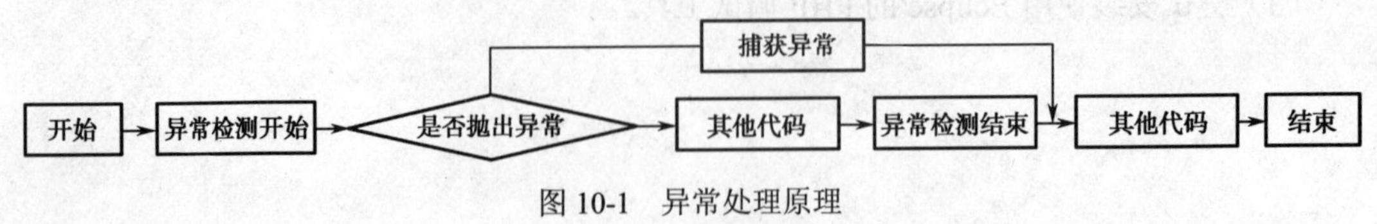


图10-1 异常处理原理

## 10.2 PHP 中的异常处理

前面介绍了 PHP 中异常处理的基本原理，在 PHP 中，异常处理的三个关键字 try、catch 和 throw 的语法格式如下所示：

```
try
{
    …
    throw new Exception($error);
    …
}
catch(Exception $e)
{
    …
}
```

可以看出，一个 try 关键字必须与一个 catch 关键字相对应。实际上，一个 try 关键字可以与多个 catch 关键字相对应以捕获不同的异常对象。PHP 程序会按所有与 try 关键字相对应的 catch 关键字按定义的顺序执行，直到所有的异常均被检测完成。

对于抛出的异常，除了可以用 catch 捕获以外，还可以使用 set_exception_handler 函数进行处理，本节的后面将对该函数进行详细介绍。如果一个异常被抛出后，既没有被捕获，也没有使用 set_exception_handler 函数进行处理，PHP 将产生一个严重错误（fatal error）。

### 10.2.1 异常类 Exception

Exception 类是 PHP 的内建异常类，该类的定义如下所示：

```
<?php
class Exception
{
    protected $message = 'Unknown exception';   //用户自定义的异常信息
    protected $code = 0;                        //用户自定义的异常代码
    protected $file;                            //发生异常的 PHP 程序文件名
    protected $line;                            //发生异常的代码所在行的行号

    //用于传递用户自定义异常信息和用户自定义异常代码的构造函数
    function __construct($message = null, $code = 0);

    final function getMessage();            //返回用户自定义的异常信息
    final function getCode();               //返回用户自定义的异常代码
    final function getFile();               //返回发生异常的 PHP 程序文件名
    final function getLine();               //返回发生异常的代码所在行的行号
    final function getTrace();              //以数组形式返回跟踪异常每一步传递的路线
    final function getTraceAsString();      //返回格式化成字符串的 getTrace 函数信息

    function __toString();                  //一个可重载的方法，用于返回可输出的字符串
```

```
}
?>
```

Exception 类用于脚本发生异常时建立异常对象，该对象将用于存储异常信息并用于抛出和捕获。在准备抛出异常时，需要首先建立异常对象，其语法格式如下所示：

```
$e = new Exception([string $errmsg[, int $errcode]]);
```

其中，$errmsg 表示用户自定义的异常信息，$errcode 表示用户自定义的异常代码。以下代码是一个创建异常对象并获得异常信息的例子。

```
<?php
$e = new Exception("异常发生", 23);
echo $e->getMessage();
?>
```

运行结果如下所示：

```
异常发生
```

可以看出，Exception 类与一个普通的用户自定义类是一样的。Exception 类的存在只是用于在抛出异常时存储相应的异常信息。以下代码演示了一个检测文件并确定文件是否可以打开的功能。



```
<?php
$path = "D:\\in.txt";                    //文件所在路径
$e = file_open($path);                   //调用 file_open 函数
echo $e->getMessage();                   //输出异常信息

function file_open($path)
{
    if(!file_exists($path))                  //如果文件无法找到，返回异常对象
    {
        $e = new Exception("文件无法找到", 1);
        return $e;
    }
    if(!fopen($path, "r"))                   //如果文件无法打开，返回异常对象
    {
        $e = new Exception("文件无法打开", 2);
        return $e;
    }
}
?>
```

在 in.txt 文件不存在的情况下，运行结果如下所示：

```
文件无法找到
```

可以看出，异常信息被正确地输出了。

### 10.2.2 异常抛出关键字 throw

前面的例子介绍了如何建立一个 Exception 对象，并根据错误将异常对象直接返回。这种方法可以在一定限度内进行异常处理。但是按照一般的 PHP 模式，异常对象是由 throw 关键字抛出的，其语法格式如下所示：

```
throw $e;
```

其中，$e是异常对象。为了方便起见，通常使用下面的方法抛出异常。

```
throw new Exception([string $errmsg[, int $errcode]]);
```

这种方法是在抛出异常的同时建立异常对象。使用这种方法不仅可以方便程序的阅读和理解，也省去了一个变量的定义，提高了程序效率。throw语句运行后，脚本将被终止运行，其抛出的异常对象将可被捕获。以下代码对上面的file_open函数进行了改写，使用throw关键字代替了一般的return。

```
<?php
$path = "D:\\in.txt";                          //文件所在路径
file_open($path);                              //调用 file_open 函数

function file_open($path)
{
    if(!file_exists($path))                    //如果文件无法找到，抛出异常对象
    {
        throw new Exception("文件无法找到", 1);
    }

    if(!fopen($path, "r"))                     //如果文件无法打开，抛出异常对象
    {
        throw new Exception("文件无法打开", 2);
    }
}
?>
```

运行结果如下所示：

```
Fatal error: Uncaught exception 'Exception' with message '文件无法找到' in C:\htdocs\TEST\test2.php:9
Stack trace:
#0 C:\htdocs\TEST\test2.php(3): file_open('D:\in.txt')
#1 {main} thrown in C:\htdocs\TEST\test2.php on line 9
```

可以看出，异常被成功抛出了。但是，由于没有任何捕获行为，PHP抛出了一个致命错误（Fatal error）。这是因为异常类的定义中包含安全机制，在异常被抛出时，代码将不被继续执行。这样做的好处是一旦异常发生，可以有效地避免后续代码使用错误的变量进行操作。

### 10.2.3 异常捕获语句try-catch

为了处理异常，一般使用一组try-catch语句来进行处理。一般来说，一个try语句要至少和一个catch语句相对应。对于代码中可能抛出异常的位置都应该使用try语句进行检测，并使用catch语句用来处理可能抛出的异常。try-catch语句的语法格式如下所示：

```
try
{
    //被检测的可能抛出异常的代码
}
catch(Exception $e)
{
```

```
    //捕获异常后的操作
}
```

以下代码对上面的例子进行了改写，实现了捕获异常的功能。

```
<?php
$path = "D:\\in.txt";
try                                        //检测异常
{
    file_open($path);
}
catch(Exception $e)                        //捕获异常
{
    echo $e->getMessage();
}

function file_open($path)
{
    if(!file_exists($path))                //如果文件无法找到，抛出异常对象
    {
        throw new Exception("文件无法找到", 1);
    }

    if(!fopen($path, "r"))                 //如果文件无法打开，抛出异常对象
    {
        throw new Exception("文件无法打开", 2);
    }
}
?>
```



在 in.txt 文件不存在的情况下，运行结果如下所示：

```
文件无法找到
```

可以看出，异常信息被正确地检测并捕获了。这种通过结合使用 throw 关键字和 try-catch 语句进行异常处理的方法可以有效地中止错误代码的运行。这样，后续代码将不会使用错误的变量进行处理，有效地避免了很多潜在错误。

### 10.2.4 异常处理函数设置 set_exception_handler

有些时候，为了处理一些可能没有捕获的异常，往往使用一个专门的函数进行处理。这个函数可以通过 set_exception_handler 来设置，其语法格式如下所示：

```
set_exception_handler(exception_handler)
```

其中，exception_handler 使用于处理未捕获异常的函数名。需要注意的是，用于处理未捕获异常的函数必须在调用 set_exception_handler 前定义。用于处理未捕获异常的函数的定义如下所示：

```
function exception_handler($e) { }
```

其中，$e 是异常对象。以下代码修改了前面的例子（使用 set_exception_handler 函数来处理因为文件无法找到所带来的异常）。

```
<?php
```

```
function exception_handler($e)                    //用于处理异常的函数
{
  echo "未捕获的异常: ".$e->getMessage();
}

set_exception_handler("exception_handler");       //设置异常处理函数

try                                               //检测异常
{
    $path = "D:\\in.txt";
}
catch(Exception $e)                               //捕获异常
{
    echo $e->getMessage();
}

file_open($path);                                 //调用函数打开文件

function file_open($path)
{
    if(!file_exists($path))                   //如果文件无法找到，抛出异常对象
    {
        throw new Exception("文件无法找到", 1);
    }

    if(!fopen($path, "r"))                    //如果文件无法打开，抛出异常对象
    {
        throw new Exception("文件无法打开", 2);
    }
}
?>
```

运行结果如下所示：

```
未捕获的异常: 文件无法找到
```

可以看出，虽然在代码中没有使用 try-catch 进行异常的检测和捕获，抛出的异常仍然成功地被显示了出来。

### 10.2.5 完整的异常信息

在前面的例子中，使用$e->getMessage()方法获得用户自定义信息。在实际应用中，往往会根据需要显示出更详细的异常信息。这时，就需要使用 Exception 类中的其他方法来显示。以下代码改写了上面的例子，显示出了完整的异常信息。

```
<?php
$path = "D:\\in.txt";

try
{
```

```
        file_open($path);                               //尝试打开文件
    }
    catch(Exception $e)
    {
        echo "异常信息: ".$e->getMessage()."\n";  //返回用户自定义的异常信息
        echo "异常代码: ".$e->getCode()."\n";     //返回用户自定义的异常代码
        echo "文件名: ".$e->getFile()."\n";        //返回发生异常的 PHP 程序文件名
        echo "异常代码所在行".$e->getLine()."\n";  //返回发生异常的代码所在行的行号
        echo "传递路线: ";
        print_r($e->getTrace());                   //以数组形式返回跟踪异常每一步传递的路线
        echo $e->getTraceAsString();                //返回格式化成字符串的 getTrace 函数信息
    }

    function file_open($path)
    {
        if(!file_exists($path))                          //如果文件不存在，则抛出错误
        {
            throw new Exception("文件无法找到", 1);
        }

        if(!fopen($path, "r"))
        {
            throw new Exception("文件无法打开", 2);
        }
    }
    ?>
```

运行结果如下所示：

```
异常信息: 文件无法找到
异常代码: 1
文件名: C:\htdocs\TEST\test2.php
异常代码所在行 24
传递路线: Array
(
    [0] => Array
        (
            [file] => C:\htdocs\TEST\test2.php
            [line] => 6
            [function] => file_open
            [args] => Array
                (
                    [0] => D:\in.txt
                )

        )

)
#0 C:\htdocs\TEST\test2.php(6): file_open('D:\in.txt')
```

```
#1 {main}
```

可以看到，这次的信息要比用户自定义错误信息完整得多。下面对 getTrace()的返回结果解释一下。

getTrace 函数返回一个用于储存跟踪路线的数组，主要包含以下键值：

- ❑ file　发生异常的 PHP 程序文件名。
- ❑ line　发生异常的代码所在行的行号。
- ❑ function　发生异常的函数或方法。
- ❑ class　发生异常的函数或方法所在的类。
- ❑ type　调用发生异常的函数或方法的类型。其中“::”表示调用静态类成员，“->”表示实例化调用（先实例化生成对象再调用）。
- ❑ args　发生异常的函数或方法所接受的参数。

在实际应用中，使用 getTrace 进行程序调试也是一个很好的方法。

## 10.3　扩展的异常处理类



在前面的异常处理过程中，所有的异常都是由一段程序处理的。这样，当异常的种类非常多的时候，不利于准确的操作。因此，在实际应用中，往往根据异常类型的不同，使用不同的异常处理类。这就需要对一般的异常处理类 Exception 进行扩展。对 Exception 类进行扩展有以下 3 点好处：

- ❑ 提高代码的可读性，容易区分不同类型的异常。
- ❑ 扩展类可以提供自定义功能。
- ❑ 捕获异常时可根据异常类型的不同做出不同的反应。

在前面的例子中，可以看到两种不同的异常。一个是因为文件不存在带来的异常，一个是因为文件不可读带来的异常。以下代码改写了上面的例子，使用不同的异常处理类来处理这两种情况。

```
<?php
class FileExistsException extends Exception{}       //用于处理文件不存在异常的类
class FileOpenException extends Exception{}        //用于处理文件不可读异常的类

$path = "D:\\in.txt";

try
{
    file_open($path);
}
catch(FileExistsException $e)        //如果产生 FileExistsException 异常则提示用户确认文
件位置
{
    echo "程序在运行过程中发生了异常：".$e->getMessage()."\n";
    echo "请确认文件位置。";
}
catch(FileOpenException $e)        //如果产生 FileOpenException 异常则提示用户确认文
```

```
件的可读性
    {
        echo "程序在运行过程中发生了异常: ".$e->getMessage()."\n";
        echo "请确认文件的可读性。";
    }
    catch(Exception $e)
    {
        echo "[未知异常]";
        echo "异常信息: ".$e->getMessage()."\n";    //返回用户自定义的异常信息
        echo "异常代码: ".$e->getCode()."\n";       //返回用户自定义的异常代码
        echo "文件名: ".$e->getFile()."\n";         //返回发生异常的 PHP 程序文件名
        echo "异常代码所在行".$e->getLine()."\n";  //返回发生异常的代码所在行的行号
        echo "传递路线: ";
        print_r($e->getTrace());                //以数组形式返回跟踪异常每一步传递的路线
        echo $e->getTraceAsString();            //返回格式化成字符串的 getTrace 函数信息
    }

    function file_open($path)
    {
        if(!file_exists($path))
        {
            throw new FileExistsException("文件无法找到", 1);
                                        //抛出 FileExistsException 异常对象
        }

        if(!fopen($path, "r"))
        {
            throw new FileOpenException("文件无法打开", 2);
                                        //抛出 FileOpenException 异常对象

        }
    }
    ?>
```

上面的代码根据异常类型的不同抛出不同的异常对象，在捕获异常的时候分别捕获不同的异常对象来获得不同的信息，需要注意以下两点：

- 捕获异常时，往往仍然需要捕获 Exception 类，以处理未捕获的异常。
- 在捕获时是按照从上向下的捕获顺序，如果先捕获 Exception 类，则会导致异常不能被正确的代码处理。所以，应当将针对特定异常的 catch 语句写在前面，将针对一般异常的 catch 语句写在后面。

运行结果如下所示：

```
程序在运行过程中发生了异常: 文件无法找到
请确认文件位置。
```

可以看出，FileExistsException 对象被相应的代码处理了。如果将代码写成如下所示的形式，异常就不会被正确地捕获。

```
<?php
class FileExistsException extends Exception{}     //用于处理文件不存在异常的类
```

```
class FileOpenException extends Exception{}        //用于处理文件不可读异常的类

$path = "D:\\in.txt";

try
{
    file_open($path);                              //尝试打开文件
}
catch(Exception $e)
{
    echo "[未知异常]";
    echo "异常信息: ".$e->getMessage()."\n";      //返回用户自定义的异常信息
    echo "异常代码: ".$e->getCode()."\n";         //返回用户自定义的异常代码
    echo "文件名: ".$e->getFile()."\n";           //返回发生异常的 PHP 程序文件名
    echo "异常代码所在行".$e->getLine()."\n";     //返回发生异常的代码所在行的行号
    echo "传递路线: ";
    print_r($e->getTrace());               //以数组形式返回跟踪异常每一步传递的路线
    echo $e->getTraceAsString();           //返回格式化成字符串的 getTrace 函数信息
}
catch(FileExistsException $e) //如果产生 FileExistsException 异常则提示用户确认文件位置
{
    echo "程序在运行过程中发生了异常: ".$e->getMessage()."\n";
    echo "请确认文件位置。";
}
catch(FileOpenException $e)//如果产生 FileOpenException 异常则提示用户确认文件的可读性
{
    echo "程序在运行过程中发生了异常: ".$e->getMessage()."\n";
    echo "请确认文件的可读性。";
}

function file_open($path)
{
    if(!file_exists($path))                        //如果文件不存在，则输出错误
    {
        throw new FileExistsException("文件无法找到", 1);
    }

    if(!fopen($path, "r"))
    {
        throw new FileOpenException("文件无法打开", 2);
    }
}
?>
```

运行结果如下所示：

```
[未知异常]异常信息: 文件无法找到
异常代码: 1
文件名: C:\htdocs\TEST\test2.php
```

```
异常代码所在行 37
传递路线：Array
(
    [0] => Array
        (
            [file] => C:\htdocs\TEST\test2.php
            [line] => 9
            [function] => file_open
            [args] => Array
                (
                    [0] => D:\in.txt
                )

        )

)
#0 C:\htdocs\TEST\test2.php(9): file_open('D:\in.txt')
#1 {main}
```



可以看到，这次输出了一般性的异常信息，而专门针对 FileExistsException 的信息并没有被输出。也就是说，当异常抛出时，不管是什么类型的异常，第一个用于捕获 Exception 类的 catch 语句将总是被执行。这是因为任何扩展的异常类都从属于 Exception 类，所以总是被匹配。这样，就达不到预期的根据特定异常进行不同处理的目的。

## 10.4 异常的传递与重掷

在异常处理的过程中，有些时候可能不希望马上处理异常，而是想将异常传递给上一层代码，然后在适当的时候进行处理。对于这种情况，一个很好的解决方案是将抛出的异常对象的处理方法交回调用当前方法的代码。也就是说，在调用 catch 语句捕获异常时再次抛出异常，使异常沿着方法的调用链向上传递。这个过程称为重掷异常，以下代码演示了这个过程。

```
<?php
try
{
    try
    {
        throw new exception();                //抛出异常
    }
    catch(Exception $e)                       //捕获异常
    {
        throw $e;                             //重掷异常
}
}
catch(Exception $e)                           //捕获异常
{
```

```
        //异常处理代码
    }
    ?>
```

可以看出，在 catch 语句中再次将捕获的异常抛出，该异常将被上一层的 catch 语句捕获。以下代码对前面的例子进行修改，在 file_open 函数内部进行捕获异常的操作，并将其重掷。

```
<?php
class FileExistsException extends Exception{}            //用于处理文件不存在异常的类
class FileOpenException extends Exception{}              //用于处理文件不可读异常的类

$path = "D:\\in.txt";

try
{
    file_open($path);
}
catch(FileExistsException $e) //如果产生 FileExistsException 异常则提示用户确认文件位置
{
    echo "程序在运行过程中发生了异常: ".$e->getMessage()."\n";
    echo "请确认文件位置。";
}
catch(FileOpenException $e) //如果产生 FileOpenException 异常则提示用户确认文件的
可读性
{
    echo "程序在运行过程中发生了异常: ".$e->getMessage()."\n";
    echo "请确认文件的可读性。";
}
catch(Exception $e)
{
    echo "[未知异常]";
    echo "异常信息: ".$e->getMessage()."\n";   //返回用户自定义的异常信息
    echo "异常代码: ".$e->getCode()."\n";      //返回用户自定义的异常代码
    echo "文件名: ".$e->getFile()."\n";        //返回发生异常的 PHP 程序文件名
    echo "异常代码所在行".$e->getLine()."\n";  //返回发生异常的代码所在行的行号
    echo "传递路线: ";
    print_r($e->getTrace());                  //以数组形式返回跟踪异常每一步传递的路线
    echo $e->getTraceAsString();              //返回格式化成字符串的 getTrace 函数信息
}

function file_open($path)
{
    try
    {
        if(!file_exists($path))
        {
            throw new FileExistsException("文件无法找到", 1);
        }
```

```
            if(!fopen($path, "r"))
            {
                throw new FileOpenException("文件无法打开", 2);
            }
        }
        catch(Exception $e)                                     //捕获异常
        {
            echo "file_open 函数在运行过程中出现异常";
            throw $e;                                           //重掷异常
        }
    }
?>
```

上面的代码在运行时首先在函数 file_open 内部捕获到异常，并输出一段错误信息。然后重掷异常，将异常对象交给上一层 catch 语句进行处理，并输出相应的错误信息。运行结果如下所示：

```
file_open 函数在运行过程中出现异常
程序在运行过程中发生了异常：文件无法找到
请确认文件位置。
```



## 10.5 小结

本章介绍了 PHP 中的异常处理机制，在程序中应用异常机制可以有以下两点好处：

- 程序的错误处理将被集中到 catch 语句中，提高了代码的可读性。而且，一旦异常抛出，代码将被终止执行。
- 在进行异常处理时，可以方便地指定错误信息和错误代码，而不需要在主程序中进行相应的处理错误。而且，通过异常重掷机制可以方便地将错误放到最合适的时候处理。

在很多其他的程序语言中，异常处理机制也是一个被反复用到的功能。因此，读者在实际应用中，养成一个使用 try-catch 语句的习惯，不仅仅对 PHP 来说至关重要，在今后涉足其他高级语言时同样重要。

通过本章的学习，读者要掌握如下知识点：

（1）异常处理的概念。

（2）异常处理的一般方法。

（3）扩展异常处理类。

为了巩固所学，读者还需要做如下的练习：

（1）合上本书，尝试画出异常处理流程图。

（2）在自己过去编写的案例中，增加异常处理的代码。

# 第11章 PHP与表单

在Web应用程序的开发中，通常使用表单来实现程序与用户输入的交互。用户通过在表单上输入数据，将一些信息传输给网站的程序以进行相应的处理。当用户在Web页面中填写好表单信息以后，可以通过单击按钮或链接来实现数据的提交。本章将主要介绍PHP中表单的应用，PHP程序通过接收用户在表单中输入的信息实现与用户的交互。

**本章学习目标：**

掌握HTML的表单功能，并通过PHP程序做到顺利读取显示数据。具体的知识和技能学习点如下表所示：

| 本章知识技能学习点 | 掌 握 程 度 |
|---|---|
| 表单标签 form | 理解含义 |
| Input 和文本框 | 理解含义 |
| 按钮，选择框 | 必知必会 |
| 多行文本域标签 textarea | 必知必会 |
| 下拉框与列表框标签 select | 必知必会 |
| Get 方法 | 必知必会 |
| Post 方法 | 必知必会 |
| 常用表单数据的验证方法 | 必知必会 |
| URL 编码解码函数 | 知道概念 |

## 11.1 HTML表单简介

在制作静态HTML页面时，经常使用到HTML表单供用户输入数据。如图11-1所示就是一个简单的表单页面。

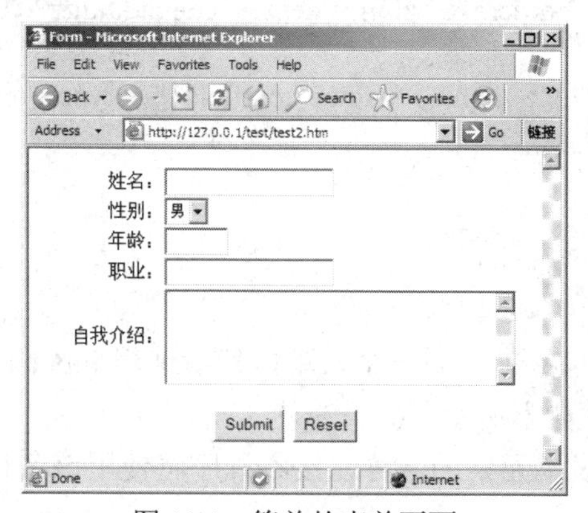


图11-1 简单的表单页面

在如图 11-1 所示的表单中填写相应的信息后，单击 Submit 按钮，就可以将填入的信息传入相应的 PHP 程序中。

表单标签主要有 form、input、textarea、select 和 option 等。本节将主要介绍 HTML 表单中的各种表单元素以及这些表单标签的作用和用法。

### 11.1.1 表单标签 form

form 标签是一个 HTML 表单必需的。一对<form>和</form>标记着表单的开始与结束。在 form 标签中，主要有两个参数。一个是 action，用于指定表单数据的接收方。另一个是 method，用于指定表单数据的接收方法。以下代码是一个简单表单实例的 HTML 代码。

```
<form method="post" action="post.php">
</form>
```

可以看出，表单提交后，其中的数据将被 post.php 程序接收，接收方法为 post。需要注意的是，form 标签不能嵌套使用，例如以下代码是不正确的。

```
<form method="post" action="post.php">
    <form method="post" action="post2.php">
    </form>
</form>
```



这样使用的后果将导致表单中的信息不能够被正确地提交给相应的程序进行处理。

### 11.1.2 输入标签 input 与文本框

HTML 表单中的另一个重要标签就是 input 标签。包括按钮在内的很多表单元素都是通过 input 标签来完成的。在 input 标签中通过 type 属性的值来区分所表示的表单元素。以下代码是一个简单的文本框的 HTML 标签。

```
<input type="text">
```

可以看出，在这里，input 标签的 type 属性是 text，用于表示文本框。一个典型的文本框如图 11-2 所示。

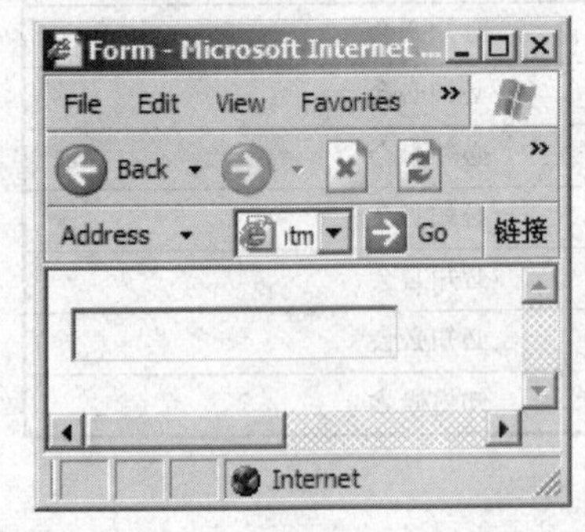


图 11-2 一个典型的文本框

以下 HTML 代码用于生成这个文本框。

```
<body>
<form name="form1" method="post" action="post.php">
  <table width="397" border="0" align="center" cellpadding="0" cellspacing="0">
    <tr>
      <td width="275"><input name="textfield1" type="text" value="" size="20" 
maxlength="15"></td>
    </tr>
  </table>
</form>
</body>
```

这里首先使用 form 标签来声明一个表单，然后使用 input 标签来生成一个文本框。文本框中的各项主要属性如下所示：

- name　用于表示表单元素的名称，接收程序将使用该名称来获取表单元素的值。

- type　input 标签的类型，这里的 text 表示文本框。
- value　页面打开时文本框中的初始值，这里为空。
- size　表示文本框的长度。
- maxlength　表示文本框中允许输入的最多字符数。

除此之外，还有两种常见的类似于文本框的表单元素——密码框与隐藏框。它们的属性和作用与文本框相同，只是 type 的值不同。其中密码框 type 的值为 password，隐藏框 type 的值为 hidden。以下代码将上面的 input 标签改写成密码框。

```
<input name="textfield1" type="password" value="" size="20" maxlength="15">
```

改写后，刚打开页面时在页面上看不到任何变化，与图 11-2 所示页面完全相同。但是，当输入字符时会发现所有的输入都被隐藏起来，以一个黑色的圆点取而代之了，如图 11-3 所示。

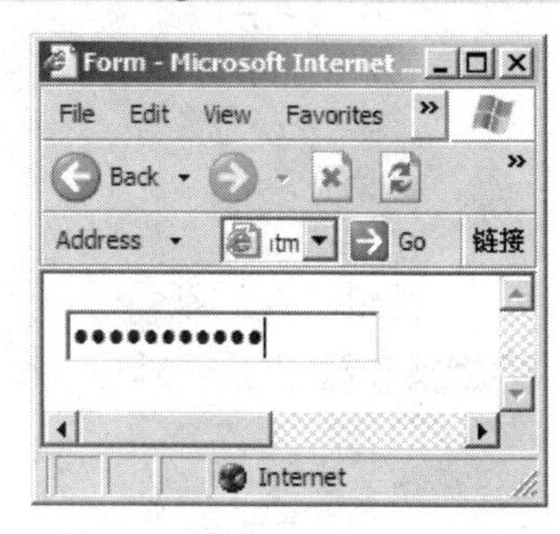

图 11-3　密码框

需要注意的是密码框只是在视觉上隐藏了用户的输入。在提交表单时，程序接收到的数据将仍然是用户的输入，而不是一连串的圆点。

隐藏框将不会显示在页面上，下面的代码将上面的 input 标签改写成隐藏框。

```
<input name="textfield1" type="hidden" value="" size="20" maxlength="15">
```

隐藏框不用于用户输入，只是用于存储初始信息，或接收来自页面脚本语言，例如 JavaScript 的信息。在提交表单时，隐藏框中的数据与文本框一样都被提交给用于接收数据的程序进行处理。

### 11.1.3　按钮

HTML 表单中的按钮分为 3 种：提交按钮、重置按钮和普通按钮。这 3 种按钮都是通过 input 标签来实现的，其区别只在于 type 的值不同。一个典型的按钮页面如图 11-4 所示。

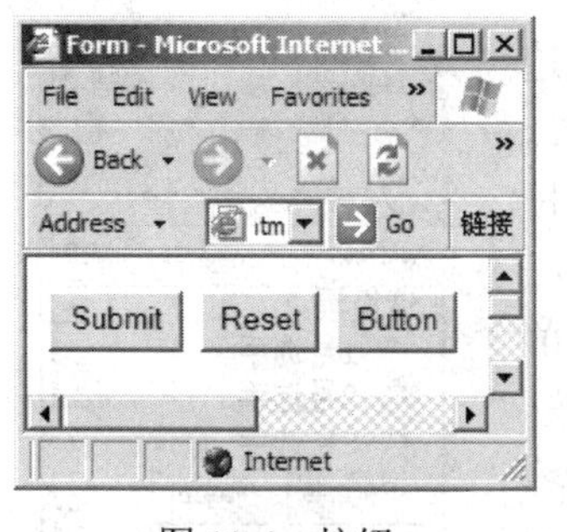

图 11-4　按钮

#### 1. 提交按钮

提交按钮用于将表单中的信息提交给相应的用于接收表单数据的页面。表单提交后，页面将跳转到表单数据接收页面。提交按钮是通过一个 type 为 submit 的 input 标签来实现的，如下所示：

```
<input type="submit" value="Submit">
```

这里的 value 是按钮上显示的文字。

#### 2. 重置按钮

重置按钮用于将表单中所有元素均恢复到初始状态。提交按钮是通过一个 type 为 reset 的 input 标签来实现的，如下所示：

```
<input type="reset" value="Reset">
```

以下 HTML 代码用于生成一个表单。

```
<body>
<form name="form1" method="post" action="post.php">
  <table width="397" border="0" align="center" cellpadding="0" cellspacing="0">
    <tr>
      <td width="275"><p> 
        </p>
        <input type="text" name="textfield">      <p>
          <input type="submit" value="Submit">
          <input type="reset" value="Reset">
        </p>
      </td>
    </tr>
  </table>
</form>
</body>
```

图 11-5　重置按钮

运行后，在文本框中输入“this is a test”，效果如图 11-5 所示。

单击【Reset】按钮，可以看到文本框中输入的“this is a test”文字将被删除，表单恢复到了打开页面时的初始状态。

### 3. 普通按钮

普通按钮一般在数据交互方面没有任何作用，通常用于页面脚本如 JavaScript 的调用。提交按钮是通过一个 type 为 button 的 input 标签来实现的，如下所示：

```
<input type="button" value="Button">
```

## 11.1.4　单选按钮与复选框

在设计 HTML 表单时，必定会有一些选择性内容供用户选择。因此，单选按钮与复选框是应用非常广泛的两种表单元素。例如，投票系统中往往使用单选按钮或复选框供用户选择投票，如图 11-6 所示。

图 11-6　简单的投票页面

单选按钮和复选框都是通过 input 标签来实现的。一个单选按钮的代码如下所示：

```
<input name="radiobutton" type="radio" value="radiobutton">
```

这里的 name 表示单选按钮的名称，type 的值为 radio 表示单选按钮，value 是单选按钮的值。如果选中这个单选按钮则返回该单选按钮的值。

一组 name 属性相同的单选按钮构成了一个单选按钮组。在一个单选按钮组中，只能有一个单选按钮被选中。在实际应用中，常常出现因为 name 属性不相同而导致单选按钮设计失败的例子，如下所示：

```
<form name="form1" method="post" action="post.php">
  <table width="397" border="0" align="center" cellpadding="0" cellspacing="0">
    <tr>
```

```
            <td width="275"><p>请投票：<br>
                <input name="radiobutton1" type="radio" value="r1">1 号选手<br>
                <input name="radiobutton2" type="radio" value="r2">2 号选手<br>
                <input name="radiobutton3" type="radio" value="r3">3 号选手<br>
                <input type="submit" value="Submit">
                <input name="Reset" type="reset" value="Reset">
            </td>
        </tr>
    </table>
</form>
```

这里，因为三个单选按钮的 name 属性不同，在运行时并不能达到单选的效果，运行结果如图 11-7 所示。

图 11-7 错误的单选按钮



在如图 11-7 所示的运行页面上，三个单选按钮均可被同时选中，没有达到单选的效果。解决这个问题的方法是，将三个单选按钮同时使用相同的 name 属性，浏览器在解析 HTML 代码时会将这三个表单元素作为一个组进行处理，以达到单选的效果。修改后的代码如下所示：

```
<form name="form1" method="post" action="post.php">
    <table width="397" border="0" align="center" cellpadding="0" cellspacing="0">
        <tr>
            <td width="275"><p>请投票：<br>
                <input name="radiobutton" type="radio" value="r1">          1 号选手<br>
                <input name="radiobutton" type="radio" value="r2">          2 号选手<br>
                <input name="radiobutton" type="radio" value="r3">          3 号选手<br>
                <input type="submit" value="Submit">
                <input name="Reset" type="reset" value="Reset">
            </td>
        </tr>
    </table>
</form>
```

复选框与单选按钮类似，也是通过 input 标签来实现的。复选框的 type 为 checkbox，代码如下所示：

```
<input type="checkbox" name="checkbox1" value="c1">
```

其中的 name 为复选框的名称，value 为复选框选中时的返回值。以下代码将上面的单选按钮投票页面改写成复选框。

```
<form name="form1" method="post" action="post.php">
  <table width="397" border="0" align="center" cellpadding="0" cellspacing="0">
    <tr>
     <td width="275"><p>请投票：  <br>
          <input type="checkbox" name="checkbox1" value="c1"> 1 号选手<br>
          <input type="checkbox" name="checkbox2" value="c2"> 2 号选手<br>
          <input type="checkbox" name="checkbox3" value="c3"> 3 号选手<br>
          <input type="submit" value="Submit">
          <input name="Reset" type="reset" value="Reset">
      </td>
    </tr>
 </table>
</form>
```

运行结果如图 11-8 所示。

图 11-8　复选框投票页面

### 11.1.5　多行文本域标签 textarea

textarea 标签用于定义一个文本域。文本域可以看做一个多行的文本框，与文本框实现同样的功能——从用户浏览器接受输入的字符。以下代码用来定义一个文本域：

```
<textarea name="textarea" cols="50" rows="10"></textarea>
```

这里，name 属性表示文本域的名称，cols 用于表示文本域的列数，rows 用于表示文本域的行数。运行结果如图 11-9 所示。

图 11-9　文本域

### 11.1.6　下拉框与列表框标签 select

下拉框与列表框是通过 select 与 option 标签来实现的。与单选按钮和复选框类似，下拉框与列表框也是提供给用户供选择的信息。以下代码使用下拉框重新编写了前面投票页面中的选择部分，将三个单选按钮或复选框用一个下拉框代替。

```
<select name="select">
        <option value="1" selected>1 号选手</option>
        <option value="2">2 号选手</option>
        <option value="3">3 号选手</option>
</select>
```

这里用一对<select>和</select>用于声明一个下拉框。其中的每一个 option 都是下拉框中的一个选项，选中后，下拉框的值将为选中的 option 中 value 属性指定的值。在 option 标签中增加 selected 用于表示下拉框的初始选择。运行结果如图 11-10 所示。

图 11-10　下拉框

列表框与下拉框类似，从某种程度上讲，列表框可以看做高度大于 1 的下拉框。在上面代码中的 select 标签中增加一个 size 属性，并且设置 size 的值大于 1，则得到一个列表框，代码如下：

```
<select name="select" size="4">
        <option value="1" selected>1 号选手</option>
        <option value="2">2 号选手</option>
        <option value="3">3 号选手</option>
</select>
```

运行结果如图 11-11 所示。

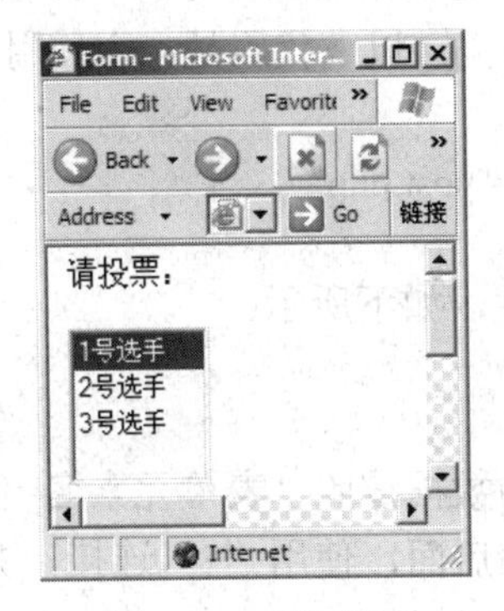


图 11-11　列表框

在 select 标签上增加 multiple 可以使列表框多选。例如，将上面的代码修改如下：

```
<select name="select" size="4" multiple>
        <option value="1" selected>1 号选手</option>
        <option value="2">2 号选手</option>
        <option value="3">3 号选手</option>
</select>
```

运行后，可以使列表框达到多选的效果，如图 11-12 所示。

图 11-12　列表框的多选



## 11.2　表单数据的接收

上一节介绍了如何使用 HTML 标签设计供用户填写的表单，但是一个单一的表单在实际应用中几乎没有任何作用。要想实现系统中的功能，就需要使用程序来接收用户在表单上的输入。例如，一个留言板程序，就需要将用户在留言页面上填写的留言通过程序处理，存放进文件或者数据库中。

本节将主要介绍如何使用 PHP 来接收用户在表单上输入的数据。在前面介绍 HTML 表单中的 form 标签时，介绍过 form 标签的 method 属性。这里，接收表单数据主要用两种方法——GET 与 POST。下面将分别介绍如何使用 PHP 程序实现这两种方法。

### 11.2.1　GET 方法

GET 方法是 HTML 表单提交数据的默认方法。如果在 form 标签中不指定 method 属性，则使用 GET 方法来提交数据。以下代码是一个使用 GET 方法的 form 标签的 HTML 代码。

```
<form method="get" action="post.php">
</form>
```

也可以不指定 method 属性，如下所示：

```
<form action="post.php">
</form>
```

使用 GET 方法将表单中的数据按照“表单元素名=值”的关联形式，添加到 form 标签中 action 属性所指向的 URL 后面，使用“?”连接，并且将各个变量使用“&”连接。提交后，页面将跳转到这个新的地址。

在 PHP 中，使用$_GET[]数组来接收使用 GET 方法传递的数据。其中方括号内为表单元素的名称，相应的数组的值为用户的输入。例如，使用 PHP 代码接收一个来自名为 textbox 的文本框的数据，如下所示：

```
<?php
$_GET["textbox"];
?>
```

以下代码是一个使用 GET 方法提交数据的例子。首先，使用一个静态 HTML 文件存储供用户输入个人信息的表单，并设定提交方法为"GET"。然后，使用一个 PHP 程序来接收用户的输入并显示出来。

存储表单的 HTML 代码如下所示：

```
<html>
<head>
<title>Form</title>
<meta http-equiv="Content-Type" content="text/html; charset=gb2312">
</head>

<body>
<form action="post.php" method="get" name="form1">
  <table width="271" border="0" align="center" cellpadding="0" cellspacing="0">
    <tr>
      <td width="85"><div align="right">姓名：</div></td>
      <td width="186"><input name="username" type="text" id="username"></td>
    </tr>
    <tr>
      <td><div align="right">密码：</div></td>
      <td><input name="password" type="password" id="password"></td>
    </tr>
    <tr>
      <td><div align="right">密码确认：</div></td>
      <td><input name="password2" type="password" id="password2"></td>
    </tr>
    <tr>
      <td><div align="right">性别：</div></td>
      <td><select name="sex" id="sex">
        <option value="0" selected>男</option>
        <option value="1">女</option>
      </select></td>
    </tr>
    <tr>
      <td><div align="right">生日：</div></td>
      <td><input name="birthday" type="text" id="birthday"></td>
    </tr>
    <tr>
      <td><div align="right">E-mail：</div></td>
      <td><input name="email" type="text" id="email"></td>
    </tr>
```

```
            <tr>
                <td><div align="right">职业：</div></td>
                <td><input name="job" type="text" id="job"></td>
            </tr>
        </table>
        <p align="center">
            <input type="submit" value="Submit">
            <input type="reset" value="Reset">
        </p>
    </form>
    </body>
    </html>
```

用于接收用户输入的 PHP 代码如下所示：

```
<?php
//本程序用于接收来自 HTML 页面的表单数据，并输出每个字段
echo "用户的输入如下所示：<BR>";
echo "姓名：".$_GET['username']."<BR>";
echo "密码：".$_GET['password']."<BR>";
echo "密码确认：".$_GET['password2']."<BR>";
echo "性别：".$_GET['sex']."<BR>";
echo "生日：".$_GET['birthday']."<BR>";
echo "E-mail：".$_GET['email']."<BR>";
echo "职业：".$_GET['job']."<BR>";
?>
```



在浏览器上运行存储表单的 HTML 页面并填入相应的数据，如图 11-13 所示。

提交后的页面如图 11-14 所示。

可以看到，用户的输入被原封不动地输出到了屏幕上。仔细观察图 11-14 的地址栏，其 URL 如下所示：

```
http://127.0.0.1/test/post.php?username=Simon&password=123456&password2=123456&sex=0&birthday=1982-11-06&email=pch1982cn@yahoo.com.cn&job=IT+Specialist
```

所有输入的数据均在地址栏中体现出来。输入的数据中的空格被替换成了连接符“+”。

图 11-13　填写用户信息的表单

图 11-14　提交后的页面

### 11.2.2 POST 方法

POST 方法是 HTML 表单提交数据的另一种方法。使用 POST 方法来提交数据，必须在 form 标签中指定 method 属性为“POST”。以下代码是一个使用 POST 方法的 form 标签的 HTML 代码。

```
<form method="post" action="post.php">
</form>
```

使用 POST 方法将表单中的数据放在表单的数据体中并按照表单元素名称和值的对应关系将用户输入的数据传递到 form 标签中 action 属性所指向 URL 地址。提交后，页面将跳转到这个地址。

在 PHP 中，使用$_POST[]数组来接收使用 POST 方法传递的数据。其中方括号内为表单元素的名称，相应的数组的值为用户的输入。例如，接收一个来自名为 textbox 的文本框的数据的 PHP 代码如下所示：

```
<?php
$_POST[“textbox”];
?>
```



以下代码将上一小节中的 GET 方法使用 POST 方法重新实现，达到了同样的功能。为了实现这种改变，首先要将静态HTML页面中form标签的method属性的值改为“post”，并将 PHP 代码中的$_GET 改成$_POST。

```
<?php
//本程序用于接收来自 HTML 页面的表单数据，并输出每个字段
echo "用户的输入如下所示：<BR>";
echo "姓名：".$_POST['username']."<BR>";
echo "密码：".$_POST['password']."<BR>";
echo "密码确认：".$_POST['password2']."<BR>";
echo "性别：".$_POST['sex']."<BR>";
echo "生日：".$_POST['birthday']."<BR>";
echo "E-mail: ".$_POST['email']."<BR>";
echo "职业：".$_POST['job']."<BR>";
?>
```

在浏览器中运行后，得到的页面效果与前面完全相同。但是，观察地址栏可以看到除了 action 中指定的 URL，没有任何额外的数据可以在地址栏中找到。

如果在数据提交后单击浏览器上的【刷新】按钮，可以看到如图 11-15 所示的提示框。

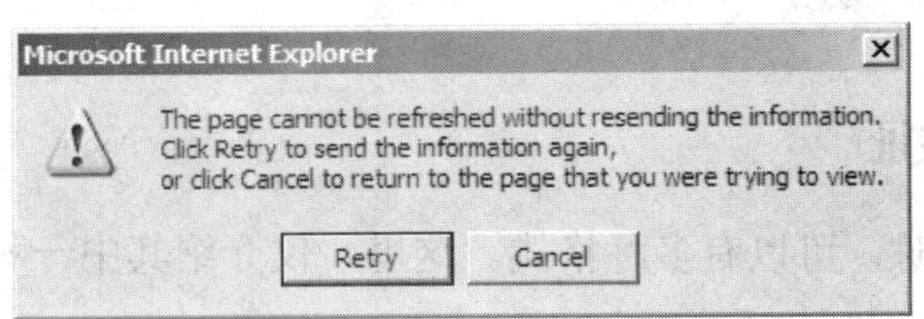


图 11-15　刷新后的提示框

该提示框询问用户是否需要重新提交在表单上输入的数据，如果单击【Retry】按钮，将重新提交用户在表单上输入的数据。

由于使用 GET 方法提交会将用户输入的数据全部显示在地址栏上，其他用户可以通过查询浏览器的历史浏览记录得到输入的数据。使用 POST 方法则不会将用户的输入保存在浏览器的历史中。因此，使用 POST 方法传输数据比 GET 更安全、可靠。

## 11.3 常用表单数据的验证方法

在 11.2 节中的例子中，PHP 只是原封不动地将用户的输入进行输出，并没有作任何验证，这在实际应用中是不可取的。缺少验证的表单可能会给系统带来很多无用或者错误的信息。例如，一个邮件发送系统可能会根据用户在表单上输入的 E-mail 地址向用户发送邮件。如果用户在表单上输入的 E-mail 地址的格式是错误的，系统在发送邮件时就会出现问题。

本节将介绍几个常用的表单数据的验证方法。本节中的例子均以上一节中的表单为例进行介绍。

### 11.3.1 姓名验证



PHP 中的字符串规则验证通常使用 ereg 函数调用相应的正则字符串来实现。正则表达式在第 7 章中介绍过，egeg 函数的语法形式如下所示：

```
bool ereg(string pattern, string str)
```

其中，pattern 是用于进行匹配的正则表达式，str 是要被匹配的字符串，这里一般是用户在表单上输入的数据。如果字符串 str 符合 pattern 的形式，则返回 TRUE，否则返回 FALSE。

对于姓名栏的验证，主要要求姓名栏必须是字母或者下画线。这样，正则表达式可以写成如下所示的样式：

```
[a-zA-Z_]
```

也就是说，正则表达式规定被匹配的字符串必须为大写、小写字母或者下划线。写成 PHP 代码如下所示：

```
<?php
if(!ereg("[a-zA-Z_]" ,$_POST['username']))
    echo "姓名格式不正确<BR>";
?>
```

以上程序运行后，在用户输入的字符串中存在其他字符时会输出“姓名格式不正确”。

### 11.3.2 日期验证

在用户输入日期时，可以有多种格式。这里，仅介绍其中一种格式的匹配方法，如下所示：

```
YYYY-MM-DD
```

其中，YYYY 表示 4 位年份，MM 表示两位月份，DD 表示两位日期。因为年份、月份和日期都必须只能是数字，正则表达式如下所示：

```
[0-9]{4}-[0-9]{2}-[0-9]{2}
```

这里大括号中的数字表示前面的字符可以重复的次数。写成 PHP 代码如下所示：

```
<?
if(!ereg("[0-9]{4}-[0-9]{2}-[0-9]{2}", $_POST['birthday']))
    echo "日期格式不正确<BR>";
?>
```

以上程序运行后，在用户输入的字符串中存在其他字符时会输出“日期格式不正确”的文字。

### 11.3.3 E-mail 地址验证

E-mail 地址的验证要比姓名和日期的验证复杂得多。要进行 E-mai 地址的验证，首先要分析一下 E-mail 地址的构成。

一个 E-mail 地址一般是由一个 E-mail 短名称和一个域名构成的。E-mail 短名称可能是字母、小数点或者下划线。E-mail 短名称后面是“@”符号，之后是提供邮件服务的服务器域名。域名中可能会包含一个或者多个小数点“.”。域名的最后可能是一个由23 个字母组成的根域名。例如，pch1982cn@yahoo.com.cn 就是一个完整的 E-mail 地址。

这样，正则表达式可以写成如下所示的样式：

```
^[a-zA-Z0-9_.]+@([a-zA-Z0-9_]+.)+[a-zA-Z]{2,3}$
```

这里的“^”表示之后的内容必须为字符串的开始，“$”表示之后的内容必须为字符串的结束。写成 PHP 代码如下所示：

```
<?php
if(!ereg("^[a-zA-Z0-9_.]+@([a-zA-Z0-9_]+.)+[a-zA-Z]{2,3}$" ,$_POST['email']))
    echo "E-mail 地址格式不正确<BR>";
?>
```

以上程序运行后，在用户输入的字符串中存在其他字符时会输出“E-mail 地址格式不正确”。

### 11.3.4 密码字段验证

由于在密码框中输入的数据是不可见的，为了保证输入的正确性，很多系统或者网站都采用两次输入密码的方式。为了确保两次输入的密码完全相同，在进行数据验证时，对于密码字段的验证是不可或缺的。写成 PHP 代码如下所示：

```
<?
if($_POST['password'] != $_POST['password2'])
    echo "两次密码输入不相同";
?>
```

以上程序运行后，在用户两次输入的密码不相同时会输出“两次密码输入不相同”。

### 11.3.5 改进的用户信息输入程序

根据前面提供的方法，下面对 11.2 中的用户信息输入程序进行改进，改进后的代码如下：

```
<?php
//本程序用于接收来自 HTML 页面的表单数据并进行相应的验证
$founderr = false;                                    //初始化 founderr 变量，表示没有错误
if(!ereg("[a-zA-Z_]", $_POST['username']))                       //判断姓名格式
{
    echo "姓名格式不正确<BR>";
    $founderr = true;
}

if(!ereg("[0-9]{4}-[0-9]{2}-[0-9]{2}", $_POST['birthday'])) //判断日期格式
{
    echo "日期格式不正确<BR>";
    $founderr = true;
}

if(!ereg("^[a-zA-Z0-9_.]+@([a-zA-Z0-9_]+.)+[a-zA-Z]{2,3}$", $_POST['email']))
                                                                  //判断 E-mail 格式
{
    echo "E-mail 地址格式不正确<BR>";
    $founderr = true;
}

if($_POST['password'] != $_POST['password2'])          //判断两次密码是否相等
{
    echo "两次密码输入不相同";
    $founderr = true;
}

if(!$founderr)                                          //如果没有错误，则输出表单内容
{
?>
<html>
<head>
<title>Form</title>
<meta http-equiv="Content-Type" content="text/html; charset=gb2312">
</head>

<body>
  <table width="271" border="0" align="center" cellpadding="0" cellspacing="0">
    <tr>
      <td width="85"><div align="right">姓名：</div></td>
      <td width="186"><?php echo $_POST['username'] ?></td>
    </tr>
    <tr>
      <td><div align="right">密码：</div></td>
      <td><?php echo $_POST['password'] ?></td>
    </tr>
    <tr>
```

```
            <td><div align="right">性别：</div></td>
            <td><?php if($_POST['sex']==0) echo "男"; else echo "女" ?></td>
        </tr>
        <tr>
            <td><div align="right">生日：</div></td>
            <td><?php echo $_POST['birthday'] ?></td>
        </tr>
        <tr>
            <td><div align="right">E-mail: </div></td>
            <td><?php echo $_POST['email'] ?></td>
        </tr>
        <tr>
            <td><div align="right">职业：</div></td>
            <td><?php echo $_POST['job'] ?></td>
        </tr>
    </table>
</body>
</html>
<?php } ?>
```

在上面的代码中，如果存在错误则输出错误信息，否则输出用户在表单上输入的全部信息。下面在浏览器上运行表单并输入如图 11-16 所示的信息。

提交后，可以看到如图 11-17 所示的页面。

图 11-16　错误的输入

图 11-17　提交后的错误信息

改正输入的信息后，如图 11-18 所示。

再次提交，可以看到如图 11-19 所示的页面。

可以看到，这次的输入通过了 PHP 程序中的数据验证部分并将用户的输入完整的输出了。

图 11-18　改正后的输入

图 11-19　再次提交的页面

## 11.4　URL 编码解码函数



在表单的提交过程中，用户在表单上的输入将被自动进行编码操作，并在使用$_POST 或者$_GET 时自动进行解码操作。例如，在介绍$_GET 时，通过浏览器地址栏看到的新的 URL 地址，如下所示：

```
http://127.0.0.1/test/post.php?username=Simon&password=123456&password2=123456&sex=0&birthday=1982-11-06&email=pch1982cn@yahoo.com.cn&job=IT+Specialist
```

这里，用户在 job 栏中填入的是“IT Specialist”，其中的空格在提交时被自动替换成了加号“+”。

所谓的编码是将字符串中除了“-”“_”和“.”之外的所有非字母或数字字符都替换成一个以百分号“%”开头、后跟两位十六进制数的三位字符串，空格则被替换成加号“+”。

除了在表单提交时对数据进行编码和解码外，PHP 还提供了一对编码解码函数以供调用。本节将对这两个函数进行介绍。

### 11.4.1　编码字符串 urlencode

urlencode 函数是一个用于编码字符串的函数，其语法格式如下所示：

```
string urlencode(string str)
```

其中 str 是要进行编码的字符串。该函数返回一个编码后的字符串。下面是一个使用 urlencode 进行编码的例子。

```
<?php
$url = "http://www.php.net";
echo urlencode($url);                                    //输出编码后的字符串
?>
```

代码的输出结果如下所示：

```
http%3A%2F%2Fwww.php.net
```

可以看到，其中的“:”和“/”被分别替换成了“%3A”和“%2F”。

### 11.4.2 解码字符串urldecode

urldecode函数是一个用于解码字符串的函数，其语法格式如下所示：

```
string urldecode(string str)
```

其中str是要进行解码的字符串。该函数返回一个解码后的字符串。下面是一个使用urldecode进行编码的例子。

```
<?php
$url = "http://www.php.net";
$newurl = urlencode($url);                    //首先对$url进行编码
echo urldecode($newurl);                      //输出解码后的字符串
?>
```

代码的输出结果如下所示：

```
http://www.php.net
```

可以看到，程序的输出结果与$url的值相同。



## 11.5 小结

本章对PHP与表单的结合关系进行了一个较为系统的介绍。在实际应用中，通过页面获取用户的输入是不可或缺的一部分。即使是一个很简单的信息浏览，也要提供一个用于输入数据的页面来更新信息。因此，掌握表单对于实际开发程序十分重要。本章中介绍的表单数据验证是一个很重要的部分。在互联网发达的今天，一个安全的表单是与其严格的验证分不开的。因此，在实际开发中，必须根据实际情况设计完善的信息验证功能。通过本章的学习，读者要掌握如下知识点：

（1）HTML中的数据显示标签。

（2）PHP中重要的GET和POST方法。

（3）常用表单数据的验证方法。

为了巩固所学，读者还需要做如下的练习：

（1）找到HTML相关语法，编写较为复杂的HTML表单页面。

（2）为上例增加数据获取的PHP代码。

（3）改编案例，增加数据验证的方法。

# 第12章

# PHP与JavaScript交互

前面几章介绍了如何使用PHP语言来实现一些基本操作。PHP是一种后台语言，在执行PHP时会将程序的运行结果以静态HTML的形式返回给客户端。也就是说，在客户端并不能看见PHP代码。

本章将要介绍一种流行的、在客户端执行的前台编程语言——JavaScript。在实际应用中，往往结合应用后台语言和前台语言以实现一些需要的功能。

**本章学习目标：**

能编写简单的JavaScript程序，逐步提高后，能做到PHP和JavaScript联合开发。具体的知识和技能学习点如下表所示：

| 本章知识技能学习点 | 掌握程度 |
| --- | --- |
| JavaScript简介 | 知道概念 |
| JavaScript的关键字 | 理解含义 |
| JavaScript的基本语法 | 必知必会 |
| PHP动态生产JavaScript代码 | 理解含义 |
| JavaScript和PHP联合开发 | 必知必会 |

## 12.1 JavaScript简介

JavaScript是一种基于对象和事件驱动的脚本语言。JavaScript语言与静态HTML标签结合使用，可以在静态的HTML页面上实现与用户的交互性操作。

JavaScript最大的优点是能够有效节省客户端与服务器的交互时间，大大节省服务器资源。因此，使用JavaScript进行表单验证、信息提示等操作能够使客户端在不与服务器交互的情况下完成。

但是，由于JavaScript是在客户端执行，代码对用户是可见的，这也带来了一些不安全因素。用户可以很容易地修改JavaScript代码以去掉一些检测，给服务器带来一些安全隐患。

有效的解决方案是在客户端和服务器端同时进行检测。这样，在用户的输入有错时，客户端JavaScript可以在不与服务器通信的情况下检测出来，以降低服务器负荷。而在用户企图通过修改 JavaScript 代码绕过检测时，服务器端的代码也可以将其检测出来。

## 12.2 JavaScript 的数据类型

在本书的第 3 章中，介绍了 PHP 中的数据类型。与 PHP 相类似，在 JavaScript 中也有数据类型的概念。本节将介绍 JavaScript 中的数据类型。

JavaScript 包含 6 种数据类型。其中，基本数据类型包括数值型（number）、字符串型（string）、对象型（object）和布尔型（Boolean）4 种；特殊的数据类型包括空值（null）和未定义值（undefined）两种。

### 1. 数值型

数值型包括整数和浮点数。整数可以为正数、负数或者 0，例如-2、-1、0、1、2 等。浮点数可以是一个包含小数点的数，也可以是包含一个“e”的使用科学记数法表示的数，例如 1.24、3.1415、-28.0、1.1e23 等。

### 2. 字符串型

字符串型是一个由字符组成的串。在 JavaScript 中，使用单引号或双引号来表示字符串。例如，”This is a test”、’ABCDEFG’等。

### 3. 对象型

对象型变量用于指代 JavaScript 程序中用到的对象。例如，网页中的元素等。

### 4. 布尔型

布尔型用于表示逻辑中的“逻辑真”和“逻辑假”。布尔型只有两个可能值，即 TRUE 和 FALSE。

### 5. 空值

空值就是没有任何值，没有任何意义。

### 6. 未定义值

变量在创建后，赋值前的值即为未定义值。例如以下代码就定义了变量 a，但是没有进行任何赋值。

```
var a;
```

此时，变量 a 就是一个未定义值。

## 12.3 JavaScript 程序设计基础

本节将介绍一些 JavaScript 的基础编程方法。由于 JavaScript 的语法与 PHP 很相像，本节只做一些简单介绍。

### 12.3.1　在HTML中嵌入JavaScript

在HTML中嵌入JavaScript的方法是使用SCRIPT标签进行标注，如下所示：

```
<SCRIPT Language = “JavaScript”>
</SCRIPT>
```

JavaScript代码将被写在这一对SCRIPT标签之间。以下代码是一个使用JavaScript输出“Hello World!”的实例。

```
<SCRIPT Language = "JavaScript">
document.write('Hello World');
</SCRIPT>
```

其中，document.write是一个常见的方法，用于在屏幕上输出一条文字，相当于PHP中的print函数。

除此之外，还有一种在HTML中嵌入JavaScript的方法。即将JavaScript的代码放到另一个文件中，然后通过SCRIPT标签进行引用。引用的方法是指定SCRIPT标签的src属性为存放JavaScript代码的文件名。



例如，在example.js中写入如下的代码：

```
document.write('Hello World');
```

然后在HTML文件中写入如下的代码：

```
<SCRIPT Language = "JavaScript" Src = "example.js">
</SCRIPT>
```

实现了与上面同样的功能。

### 12.3.2　变量

与PHP中的变量一样，在JavaScript中也存在变量的概念，用于存放脚本中的一些值。在JavaScript中，变量的数据类型也是根据所赋值的类型确定的。

JavaScript语言与PHP相类似，在使用变量时，可以不先定义而直接使用。但是，在使用前先定义是一个很好的习惯。在JavaScript中，使用var关键字对变量进行定义，代码如下所示：

```
var i;
```

JavaScript中的变量命名与PHP有点不同。在PHP中，所有的变量必须以美元符号（$）开头。而在JavaScript中，第一个字符可以是一个字母、下画线（_）或一个美元符号（$）。后续的字符可以是字母、数字、下划线或者美元符号。由于JavaScript中的变量特征并不明显，在定义变量时需要注意变量的名称不能与JavaScript的保留字重复。

变量的赋值方法与PHP中的方法完全相同。在实际应用中，往往采用结合定义与赋值的方式，代码如下所示：

```
var i = 0;
```

上述定义了一个变量i，并将其赋值为0。

### 12.3.3　注释

在JavaScript中，有两种注释方法。

### 1. 单行注释

单行注释使用“//”标识。“//”后面的文字将都被认为注释，如：

```
//这是一行注释
```

### 2. 多行注释

多行注释采用一对“/* … */”来标识。“/* … */”中的文字将被认为注释，如：

```
/*注释开始
…
注释结束*/
```

## 12.3.4 函数的定义与调用

在JavaScript中，一个函数通常由4部分组成：函数名、参数、函数体和返回值。一个典型的函数如下所示：

```
function func(arg_1, arg_2, ..., arg_n)
{
    //这里是函数的功能代码
    return val;
}
```

在上面的例子中，func是函数名，arg_1到arg_n是参数，val是返回值。在函数两个花括号中的程序段是函数体。

对于函数的调用，只要函数的定义方式进行调用即可。以下代码用于计算两个数的和，在JavaScript体中，通过调用这个函数实现计算。

```
<SCRIPT Language = "JavaScript">
    //函数 add 用来计算并返回两个参数的和
    function add(a, b)
    {
        return a + b;
    }

    document.write(add(23, 45));                    //输出结果
</SCRIPT>
```

程序在浏览器上的输出结果如下所示：

```
68
```

## 12.3.5 条件语句

条件控制语句主要通过选择语句结构，实现根据用户的输入或中间结果调用不同语句的功能。

### 1. if...else 语句

if…else语句的语法格式如下所示：

```
if (expr1)
    statement1;
```

```
else
    statement2;
```

这里，如果 expr1 的值为 TRUE，则执行语句 statement1。否则，执行语句 statement2。如果需要执行多条语句，则使用花括号将语句括起来，如 statement1 可以用下面的语句组代替。

```
{
    statement1_1;                   //第一条语句
    statement1_2;                   //第二条语句
}
```

if…else 语句也可以嵌套使用，如：

```
if (expr1)
{
    if (expr2)
    {
        statement1;
        statement2;
    }
    else
    {
        statement3;
    }
}
```



嵌套使用条件语句则需要满足外层条件才可以运行到内部的语句。例如，上面的例子中，如果要想让程序执行 statement1，则需要同时满足 expr1 和 expr2 都为 TRUE。

需要注意的是，在 JavaScript 中并没有 elseif 关键字，这与 PHP 是不同的。如果想在 JavaScript 中实现多个条件的判断可以用以下的方式。

```
if (expr1)
    statement1;
else if(expr2)
    statement2;
else
    statement3;
```

这里，如果 expr1 的值为 TRUE，则执行语句 statement1。如果 expr2 的值为 TRUE，则执行语句 statement2。否则，执行 statement3。需要注意的是，在“else if”中的空格意味着上述代码实际上是一个嵌套的 if 语句，如：

```
if (expr1)
    statement1;
else
{
    if(expr2)
        statement2;
    else
        statement3;
}
```

上面的代码更清晰地表示了 JavaScript 中“else if”的含义。以下代码是一个简单的

if…else 语句例子。

```
<SCRIPT Language = "JavaScript">
score = 59;
//下面的例子实现了根据 score 的值，判断成绩等级的功能
if(score >= 60)                          //如果 score 大于等于 60 则进行以下操作
{
if(score == 100)                         //如果 score 等于 100，则输出“满分”
    document.write("满分");
    else if(score >= 90)                 //如果 score 大于等于 90，则输出“优秀”
        document.write("优秀");
    else                                 //如果上述两种情况都没有满足，则输出“及格”
        document.write("及格");
}
else                                     //如果 score 小于 60，则输出“不及格”
    document.write("不及格");
</SCRIPT>
```

上面的例子首先判断 score 是否大于等于 60，如果大于等于 60 则继续判断 score 是否等于 100，如果等于 100 则输出“满分”字样，否则继续判断是否大于等于 90，如果满足，则输出“优秀”字样。如果都不满足则输出“及格”。如果$a 大于等于 60 的条件没有满足，则输出“不及格”字样。程序的输出结果如下所示：

```
不及格
```



### 2. switch 语句

switch 语句和具有同样表达式的 if 语句相似。很多情况下需要把同一个表达式与很多不同的值比较，并根据它等于哪个值来执行不同的代码，其语法格式如下所示：

```
switch (expr)
(
    case val1:
        statement1;
        break;
    case val2:
        statement2;
        break;
    default:
        statement3;
}
```

switch 语句开始时没有代码被执行，当一个 case 语句中的值和 switch 表达式 expr 的值匹配时，开始执行语句，直到 switch 的程序段结束或者遇到第一个 break 语句为止。如果不在 case 的语句段最后写上 break，下一个 case 中的语句段将继续被执行。这一点与 PHP 是完全相同的。case 的一个特例是 default，匹配了任何和其他 case 都不匹配的情况，并且应该是最后一条 case 语句。以下代码使用 switch 改写了前面的代码，并实现了同样的功能。

```
<SCRIPT Language = "JavaScript">
score = 59;
//下面的例子实现了根据 score 的值，判断成绩等级的功能
```

```
switch(score)
{
    case score == 100:                    //如果 score 等于 100，则输出“满分”
        document.write("满分");
        break;
    case score >= 90:                     //如果 score 大于等于 90，则输出“优秀”
        document.write("优秀");
        break;
    case score >= 60:                     //如果 score 大于等于 60，则输出“及格”
        document.write("及格");
        break;
    default:                              //如果 score 小于 60，则输出“不及格”
        document.write("不及格");
}
</SCRIPT>
```

运行结果与前面相同。

### 12.3.6 循环语句



循环语句主要用于反复执行某一个操作。在 JavaScript 中，主要有 3 种循环语句。

#### 1. while 语句

while 循环是 JavaScript 中最简单的循环语句，其基本语法如下所示：

```
while (expr)
{
    statement1;
    statement2;
}
```

这里，只要 while 表达式 expr 的值为 TRUE 就重复执行嵌套中的循环语句。以下代码是一个使用 while 语句进行循环的例子。

```
<SCRIPT Language = "JavaScript">
    var i = 0;                            //初始化变量 i 为 0

    while(i<5)                            //循环 5 次，每次自加 1
    {
        document.write(i);
        i++;
    }
</SCRIPT>
```

运行结果如下所示：

```
01234
```

#### 2. for 语句

for 循环是 JavaScript 中最复杂的循环结构，其语法格式如下所示：

```
for (expr1; expr2; expr3)
{
```

```
        statement;
    }
```

其中，第一个表达式 expr1 在循环开始前无条件运行一次。expr2 在每次循环开始前运行，如果值为 TRUE，则继续循环，执行嵌套的循环语句。如果值为 FALSE，则终止循环。expr3 在每次循环之后被执行。以下代码实现了与上面 while 实例同样的功能。

```
<SCRIPT Language = "JavaScript">
    for(i=0;i<5;i++)                          //循环输出 0~4
    {
        document.write(i);
    }
</SCRIPT>
```

这个例子中，首先 i=0 被执行，每次循环的时候均判断 i 是否小于 5，如果是则执行循环体。循环体一次结束后，执行 i++语句将 i 自加 1。然后开始新的一次循环。

### 3. for…in 语句

for…in 语句主要用于遍历一个对象中的所有属性或者一个数组的所有元素，相当于 PHP 中的 foreach 语句。

在介绍 for…in 语句之前，首先介绍一下 JavaScript 中数组的定义方法。代码如下：

```
var arrayName = new Array(…);
```

这里 Array 后面括号里面既可以是元素的个数，也可以是所有元素的列举。当只有一个整型数的时候，JavaScript 将其认为是数组的个数，否则认为是数组的元素。

例如下面的代码定义了一个可以放置 12 个元素的空数组。

```
var arrayName = new Array(12);
```

下面的代码定义了一个包含 3 个元素的数组。

```
var arrayName = new Array(12, 13, 14);
```

使用 for…in 语句能将数组中的全部元素遍历出来，其语法格式如下所示：

```
for(element in array)
{
…
}
```

这里的 element 用于表示当前遍历到的元素，array 表示被遍历的数组。以下代码实现了对一个数组遍历的功能。

```
<SCRIPT Language = "JavaScript">
    var myArray = new Array(0,1,2,3,4);        //定义数组

    for(i in myArray)                          //对于数组中的每个元素循环
    {
        document.write(i);
    }
</SCRIPT>
```

运行结果如下所示：

```
01234
```

### 4. break 和 continue 语句

与 PHP 相类似，break 和 continue 语句用于结束当前循环结构 while、for 或 for…in 的执行。其区别在于 break 语句直接结束当前的各种循环，并执行循环结构体的下一条语句。而 continue 语句在结束当前的循环后，将开始循环结构体的下一个循环。以下代码在前面的例子中插入了一条 break 语句，当 i 等于 3 的时候，循环将被中止。

```
<SCRIPT Language = "JavaScript">
    var myArray = new Array(0,1,2,3,4);

    for(i in myArray)                          //对于数组中的每个元素循环
    {
        if(i==3)                               //如果 i 等于 3，则跳出循环
            break;
        document.write(i);
    }
</SCRIPT>
```

运行结果如下所示：

```
012
```



可以看到对于元素 3 和 4 的循环均没有进行。以下代码在前面的例子中插入了一条 continue 语句，当 i 等于 3 的时候，当前循环将被中止。

```
<SCRIPT Language = "JavaScript">
    var myArray = new Array(0,1,2,3,4);

    for(i in myArray)
    {
        if(i==3)                               //如果 i 等于 3，则跳出循环
            continue;
        document.write(i);
    }
</SCRIPT>
```

运行结果如下所示：

```
0124
```

可以看到仅有对于元素 3 的循环没有进行。

## 12.3.7 对象

与 PHP 和 Java 不同，JavaScript 是基于对象的语言，而不是完全的面向对象的语言。在 JavaScript 中，可以使用以下几种对象：

- 浏览器根据 Web 页面内容提供的对象。例如表单对象等。
- JavaScript 内置的对象。例如用于进行数学计算的 Math 对象等。
- 服务器上存在的对象。例如文件对象等。
- 用户自定义的对象。

在常见的应用中，JavaScript 的对象应用很广。下面介绍几个常见调用对象的应用。

### 1. 弹出警告框

JavaScript 中使用 window 对象的 alert 函数弹出一个警告框，其语法格式如下所示：

```
window.alert(string str);
```

其中 str 表示要提示的内容。以下代码通过调用 alert 函数弹出了一个警告框。

```
<SCRIPT Language = "JavaScript">
window.alert("Hello World!");                         //弹出了一个警告框
</SCRIPT>
```

运行结果如图 12-1 所示。

图 12-1　警告框

### 2. 弹出确认框

JavaScript 中使用 window 对象的 confirm 函数弹出一个警告框，其语法格式如下所示：

```
window.confirm(string str);
```

其中，str 表示要提示的内容。以下代码通过调用 confirm 函数弹出了一个提示框。

```
<SCRIPT Language = "JavaScript">
if(window.confirm("Are you OK with this?"))          //弹出了一个提示框
{
    document.write("I'm OK!");                       //如果确认，则输出 I'm OK!
}
else
{
    document.write("I'm not OK!");                   //否则，输出 I'm not OK!
}
</SCRIPT>
```

代码的运行结果如图 12-2 所示。

图 12-2　确认框

如果单击【OK】按钮，浏览器将输出“I'm OK!”字样。

因为 alert 与 confirm 方法使用非常频繁，在实际应用中，可以省去 window 的前缀。也就是说，前面的代码可以直接写成下面的形式。

```
<SCRIPT Language = "JavaScript">
if(confirm("Are you OK with this?"))
{
    document.write("I'm OK!");
}
else
{
    document.write("I'm not OK!");
```

```
}
</SCRIPT>
```

### 12.3.8 事件

除了对象以外，JavaScript 中还有一个事件的概念。用户可以通过在页面上的操作完成 JavaScript 事件的触发。本小节将仅介绍最常见的通过鼠标单击对象触发事件的方法。

为了使对象在被单击时可以触发一段 JavaScript 代码的运行，通常为其增加 onClick 属性，并在属性中制定一个 JavaScript 函数。代码如下所示：

```
onClick="javascript:func();"
```

这里，当对象被单击时，JavaScript 中的 func 函数将被调用。以下代码将创建一个可单击的链接，单击后实现与前面同样的功能。

```
<SCRIPT Language = "JavaScript">
    function func()                                    //该函数用于弹出确认框
    {
        if(confirm("Are you OK with this?"))
        {
            document.write("I'm OK!");
        }
        else
        {
            document.write("I'm not OK!");
        }
    }
</SCRIPT>
<html>
    <head>
    </head>
    <body>
        <a href="#" onClick="javascript:func();">Please Click</a>
    </body>
</html>
```

在浏览器中运行后可以看到一个链接，单击后将弹出“Are you OK with this?”的确认框。如果单击【OK】按钮，浏览器将输出“I'm OK!”的字样。



## 12.4 PHP 动态生成 JavaScript 代码

使用 PHP 动态生成 JavaScript 代码的方法与生成 HTML 代码一样，使用 print 或者 echo 来输出 JavaScript 代码即可。本节将介绍一些动态生成 JavaScript 代码的方法和技巧。

### 12.4.1 多行输出

多行输出 JavaScript 代码的一个最简单的方法，是使用 echo 的多行输出的方法。例如将上面的代码改写如下：

```
<?php
echo <<<JS                                    //使用多行输出的方法输出 JavaScript 代码
<SCRIPT Language = "JavaScript">
    function func()
    {
        if(confirm("Are you OK with this?"))
        {
            document.write("I'm OK!");
        }
        else
        {
            document.write("I'm not OK!");
        }
    }
</SCRIPT>
JS;
?>
<html>
    <head>
    </head>
    <body>
        <a href="#" onClick="javascript:func();">Please Click</a>
    </body>
</html>
```

运行结果与前面完全相同。

### 12.4.2 单行输出

上面的输出方法很容易理解，但是不够灵活。在实际应用中，往往会根据需要构建不同的 JavaScript 代码。例如，根据 PHP 中变量的值的不同，弹出信息不同的对话框。这时，就需要逐行输出 JavaScript 代码。逐行输出时要注意 PHP 中的字符与 JavaScript 中字符的关系。最基本的一点是要将 JavaScript 中的引号进行转义。以下代码逐行输出了上面的 JavaScript 代码，并根据 PHP 中的变量内容来输出不同的信息。

```
<?php
$confirm = "Are you OK with this?";                  //定义确认框上的信息
$ok_msg = "I'm OK!";                                 //OK 时的信息
$not_ok_msg = "I'm not OK!";                         //Cancel 时的信息

echo "<SCRIPT Language = \"JavaScript\">";           //开始逐行输出 JavaScript 代码
echo "function func()";
echo "{";
echo "if(confirm(\"Are you OK with this?\"))";
echo "{";
echo "document.write(\"I'm OK!\");";
echo "}";
echo "else";
```

```
echo "{";
echo "document.write(\"I'm not OK!\");";
echo "}";
echo "}";
echo "</SCRIPT>";                                   //输出结束
?>
<html>
    <head>
    </head>
    <body>
        <a href="#" onClick="javascript:func();">Please Click</a>
    </body>
</html>
```

### 12.4.3 PHP 动态生成 JavaScript 实例——进度条

在进行一些较复杂的动态操作时，PHP 脚本的执行时间可能会比较慢。这时，有一个动态的进度条可以给访问者一个有期待的等待。



下面介绍的进度条是使用一个不断拉长的图片来表示进度。这里，每执行一些 PHP 操作后，就使用前面介绍过的 flush 函数将一些输出语句释放出来。这些输出语句中包含有 JavaScript 代码用以调整图片的宽度，代码如下所示：

```
<html>
    <head>
    </head>
    <body>
        <table width="400" border="0" cellspacing="1" cellpadding="1">
            <tr>
                <td bgcolor="000000">
                    <table width="400" border="0" cellspacing="0" cellpadding="1">
                        <tr>
                            <td bgcolor="ffffff">
<img src="bar.gif" width="0" height="16" id="percent_img" name="percent_img" align=
"absmiddle">
                            </td>
                        </tr>
                    </table>
                </td>
                <td>
                    <span id="percent_txt" name="percent_txt">0%</span>
                </td>
            </tr>
        </table>
    </body>
</html>
<?php
flush();
for($i=0;$i<=100;$i++)                          //循环输出 100 次 JavaScript 代码
```

```
{
    $width = $i * 4;
    echo "<SCRIPT>";
    echo "percent_img.width=$width;";                //控制图片宽度
    echo "percent_txt.innerHTML='$i%';";             //控制百分比显示
    echo "</SCRIPT>";
    for($j=0;$j<1000000;$j++)
    {
        //为了演示进度条的效果，这里执行了一个空循环
    }
    flush();
}
?>
```

代码的运行效果如图 12-3 所示。

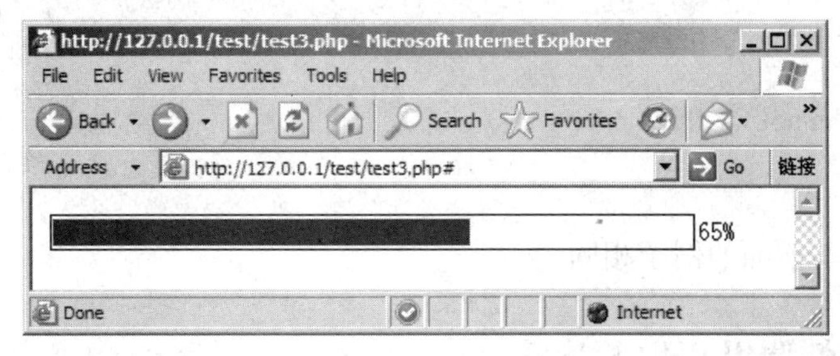

图 12-3　进度条

## 12.5　JavaScript 中调用 PHP 程序

在 JavaScript 中调用 PHP 程序往往通过将当前页面转向一个 PHP 页面，或者通过 SCRIPT 标签的 Src 属性隐含地调用一个 PHP 代码。

### 12.5.1　页面的跳转

在 JavaScript 中，通过修改 this.location 的值来完成页面的跳转。代码如下：

```
<SCRIPT Language = "JavaScript">
    function func()
    {
        if(confirm("Are you OK with this?"))
        {
            this.location = "ok.php?action=ok";
        }
        else
        {
            this.location = "ok.php?action=cancel";
        }
    }
</SCRIPT>
```

```
<html>
    <head>
    </head>
    <body>
        <a href="#" onClick="javascript:func();">Please Click</a>
    </body>
</html>
```

这里，JavaScript 代码通过页面的跳转来调用 ok.php 文件。根据用户的选择不同，传入 ok.php 程序的参数也不同。PHP 代码如下：

```
<?php
if($_GET["action"]=="ok")
{
    echo "I'm OK!";
}
else
{
    echo "I'm not OK!";
}
?>
```



其运行结果与前面的例子相同。

### 12.5.2 隐性调用 PHP 程序

在 JavaScript 代码中调用 PHP 的一个主要原因是，当前的文件为静态 HTML 文件。也就是说，在当前文件中无法执行动态 PHP 操作。例如，一个全部由静态页面组成的新闻浏览页面希望统计浏览量。这时，就可以通过 JavaScript 调用一段输出 JavaScript 代码的 PHP 程序来实现。以下代码由三个文件组成，实现了在静态 HTML 页面上统计浏览量的功能。

首先是用于计数的文本文件 count.txt，其中只有一个整数，初始为 0。

```
0
```

用于计数的 PHP 文件 count.php。

```
<?php
$file_name = "count.txt";
$fp = fopen($file_name,"r");                    //打开文件读入当前计数
$count = fread($fp, filesize($file_name));
fclose($fp);
$count++;                                       //计数加 1
$fp = fopen($file_name, "w");                   //再次打开文件写入更新后的计数
fwrite($fp, $count);
fclose($fp);
echo "document.write('".$count."')";            //输出 JavaScript 代码，返回计数
?>
```

用于调用 count.php 的静态 HTML 代码。

```
<script language = "javascript" src = "count.php"></script>
```

在浏览器上浏览这段代码，可以发现每刷新一次，其计数都会增加 1。并且，相应的计数文件 count.txt 也被同时更新了。

## 12.6 JavaScript和PHP综合实例——表单验证

在上一章中，详细介绍了PHP与表单相结合的实例。本节将介绍如何结合PHP、JavaScript和表单进行表单验证。

在实际应用中，往往同时使用PHP和JavaScript对用户在表单上的内容进行验证。这样做，一方面在用户输入错误的情况下，可以避免页面与服务器的交互，减轻服务器的负荷。另一方面，通过PHP的严格验证，可以避免个别用户通过篡改JavaScript代码进行恶意攻击，提高服务器的安全性。本节将使用一个例子介绍这种操作方法。

### 12.6.1 表单设计

这里的表单仍然沿用上一章的用户信息表单，所不同的是这次在代码中插入了SCRIPT标签用以调用存放在form.js文件中的JavaScript代码。其代码如下：

```
<script language="javascript" src="form.js">
</script>
```

而且，要修改form标签。在其中指定onsubmit属性的值为form.js中的检测函数名，代码如下：

```
onsubmit="return form_sub()"
```

完整的代码如下所示：

```
<html>
<head>
<title>Form</title>
<meta http-equiv="Content-Type" content="text/html; charset=gb2312">
<script language="javascript" src="form.js">
</script>
</head>

<body>
<form action="post.php" method="get" name="form1" onsubmit="return form_sub()">
  <table width="271" border="0" align="center" cellpadding="0" cellspacing="0">
    <tr>
      <td width="85"><div align="right">姓名：</div></td>
      <td width="186"><input name="username" type="text" id="username"></td>
    </tr>
    <tr>
      <td><div align="right">密码：</div></td>
      <td><input name="password" type="password" id="password"></td>
    </tr>
    <tr>
      <td><div align="right">密码确认：</div></td>
      <td><input name="password2" type="password" id="password2"></td>
    </tr>
    <tr>
```

```
            <td><div align="right">性别： </div></td>
            <td><select name="sex" id="sex">
              <option value="0" selected>男</option>
              <option value="1">女</option>
            </select></td>
          </tr>
          <tr>
            <td><div align="right">生日： </div></td>
            <td><input name="birthday" type="text" id="birthday"></td>
          </tr>
          <tr>
            <td><div align="right">E-mail: </div></td>
            <td><input name="email" type="text" id="email"></td>
          </tr>
          <tr>
            <td><div align="right">职业： </div></td>
            <td><input name="job" type="text" id="job"></td>
          </tr>
        </table>
        <p align="center">
          <input type="submit" value="Submit">
          <input type="reset" value="Reset">
    </p>
    </form>
    </body>
    </html>
```



### 12.6.2 JavaScript 代码设计

与 PHP 相类似，JavaScript 也提供了相应的正则表达式的检测方法。在 JavaScript 中使用正则表达式的方法如下所示：

```
var pattern = / … /;
```

在两个斜线（/）直接写入正则表达式的模式。模式测试的方法如下所示：

```
pattern.test(str);
```

其中，str 是被测试的字符串。

下面是完整的 JavaScript 代码。

```
function form_sub()
{
    if(!test_username(document.form1.username.value))            //检测姓名
    {
        alert("姓名格式不正确");
        return false;
    }

    if(!test_date(document.form1.birthday.value))                //检测日期
    {
        alert("日期格式不正确");
```

```
            return false;
        }

        if(!test_email(document.form1.email.value))                    //检测 E-mail
        {
            alert("E-mail 地址格式不正确");
            return false;
        }

        if(!test_password(document.form1.password.value, document.form1.password2.value))
                                                                       //检测密码
        {
            alert("两次密码输入不相同");
            return false;
        }
    }

    function test_username(str_username)                               //检测用户名的函数
    {
      var pattern = /[a-zA-Z_]/;
      if(pattern.test(str_username))
        return true;
      else
        return false;
    }

    function test_date(str_birthday)                                   //检测日期的函数
    {
      var pattern = /[0-9]{4}-[0-9]{2}-[0-9]{2}/;
      if(pattern.test(str_birthday))
        return true;
      else
        return false;
    }

    function test_email(str_email)                                     //检测 E-mail 的函数
    {
      var pattern = /^[a-zA-Z0-9_.]+@([a-zA-Z0-9_]+.)+[a-zA-Z]{2,3}$/;
      if(pattern.test(str_email))
        return true;
      else
        return false;
    }

    function test_password(str_p1, str_p2)                             //检测密码的函数
    {
      if(str_p1==str_p2)
        return true;
```

```
    else
        return false;
}
```

### 12.6.3 PHP 代码设计

用于接收用户输入的 PHP 代码与第 11 章相同，具体如下：

```
<?php
//本程序用于接收来自 HTML 页面的表单数据并进行相应的验证
$founderr = false;                              //初始化 founderr 变量，表示没有错误
if(!ereg("[a-zA-Z_]", $_POST['username']))                    //检查用户名
{
    echo "姓名格式不正确<BR>";
    $founderr = true;
}

if(!ereg("[0-9]{4}-[0-9]{2}-[0-9]{2}", $_POST['birthday']))      //检查日期格式
{
    echo "日期格式不正确<BR>";
    $founderr = true;
}

if(!ereg("^[a-zA-Z0-9_.]+@([a-zA-Z0-9_]+.)+[a-zA-Z]{2,3}$", $_POST['email']))
//检查 E-mail 格式
{
    echo "E-mail 地址格式不正确<BR>";
    $founderr = true;
}

if($_POST['password'] != $_POST['password2'])                  //检查密码
{
    echo "两次密码输入不相同";
    $founderr = true;
}

if(!$founderr)                                    //如果通过验证，输出页面
{ ?>
<html>
<head>
<title>Form</title>
<meta http-equiv="Content-Type" content="text/html; charset=gb2312">
</head>
<body>
  <table width="271" border="0" align="center" cellpadding="0" cellspacing="0">
    <tr>
      <td width="85"><div align="right">姓名：</div></td>
      <td width="186"><?php echo $_POST['username'] ?></td>
```

```
            </tr>
            <tr>
              <td><div align="right">密码: </div></td>
              <td><?php echo $_POST['password'] ?></td>
            </tr>
            <tr>
              <td><div align="right">性别: </div></td>
              <td><?php if($_POST['sex']==0) echo "男"; else echo "女" ?></td>
            </tr>
            <tr>
              <td><div align="right">生日: </div></td>
              <td><?php echo $_POST['birthday'] ?></td>
            </tr>
            <tr>
              <td><div align="right">E-mail: </div></td>
              <td><?php echo $_POST['email'] ?></td>
            </tr>
            <tr>
              <td><div align="right">职业: </div></td>
              <td><?php echo $_POST['job'] ?></td>
            </tr>
        </table>
    </body>
    </html>
    <?php  }  ?>
```

### 12.6.4 代码的运行

在浏览器上浏览表单，并按照图 12-4 的方式输入数据。

单击【Submit】按钮后，可以看到如图 12-5 所示的警告框。

修正表单后再次单击【Submit】按钮，可以看到如图 12-6 所示的页面。

图 12-4　错误的信息

图 12-5　警告框

图 12-6　提交后的页面

## 12.7 小结

本章介绍了 JavaScript 的一些基础知识，并详细介绍了 PHP 与 JavaScript 相结合的使用方法。在实际应用中，往往结合 JavaScript 和 PHP 来实现所需要的功能。很多基于浏览器的功能都可以通过 JavaScript 来实现。这样做，在访问量大的时候，可以有效地减轻服务器的负荷。通过本章的学习，读者要掌握如下知识点：

（1）JavaScript 的基本语法。

（2）了解 PHP 和 JavaScript 的各自应用范围。

（3）学会综合使用 PHP 和 JavaScript。

为了巩固所学，读者还需要做如下的练习：

（1）编写一个 JavaScript 程序，包含函数、以及顺序选择和循环 3 种程序结构。

（2）修改 12.6 的案例，让它包含更多内容，并能上机运行成功。

# 第13章 关系型数据库的基础知识

从本章开始，将介绍 PHP 与数据库的结合使用实例。本章将主要介绍一些关系型数据库的基础知识。

**本章学习目标：**

掌握关系型数据库的相关概念，了解一些常用的数据库，知道数据库设计的一些原则。具体的知识和技能学习点如下表所示：

| 本章知识技能学习点 | 掌 握 程 度 |
|---|---|
| 关系型数据库的概念 | 理解含义 |
| 关系型数据库的结构和运行原理 | 知道概念 |
| 常用关系型数据库 | 知道概念 |
| SQL 语言 | 必知必会 |
| 常见数据库的设计 | 理解含义 |
| 数据库的设计原则 | 知道概念 |

## 13.1 关系型数据库与关系型数据库系统的介绍

关系型数据库是一个有组织的关系型数据的集合。关系型数据是一种以关系数学模型来表示的一种数据形式。关系数学模型中以二维表的形式来描述数据，类似于二维数组。其中，表中的一行称为一条记录。如表 13-1 和表 13-2 所示。

表 13-1 员工基本信息表

| 员 工 号 | 姓 名 | 年 龄 | 出 生 日 期 |
|---|---|---|---|
| 1001 | 张三 | 41 | 1972-01-29 |
| 1002 | 李四 | 44 | 1969-06-02 |
| 1003 | 王五 | 33 | 1980-12-12 |

表 13-2 员工工资表

| 员 工 号 | 工 资 |
|---|---|
| 1001 | 6 000.00 |
| 1002 | 6 200.00 |
| 1003 | 3 800.00 |

下面根据表 13-1 和表 13-2 来介绍一下关系数据库中的基本概念。

关系：关系即二维数据表，表名即关系名。例如，表 13-1 中的关系是员工基本信息，表 13-2 中的关系是员工工资。

属性：二维数据表中的列称为属性，也称作字段。例如，表 13-1 中包含员工号、姓名、年龄和出生日期 4 个属性，表 13-2 中包含员工号和工资两个属性。

值域：属性的取值范围称为值域。例如，表 13-1 中的属性年龄的取值范围为大于等于 18 岁、小于等于 60 岁。

记录：二维数据表中的一行称为记录。例如，表 13-1 中包含以下 3 条记录。

（1001，张三，41，1972-01-29）

（1002，李四，44，1969-06-02）

（1003，王五，33，1980-12-12）

主键：在一个记录的若干个属性中指定的一个或多个能唯一标识该条记录的属性称为该条记录的主键。例如，表 13-1 中的员工号唯一标识着一条记录，也就是说员工号是员工信息表中的主键。

外键：当一个关系中的一个或多个属性是另一个关系的主键时，该属性被称为外键。例如，表 13-2 中关系的员工号是表 13-1 中关系的主键，则该员工号是表 13-2 中关系的外键。



参照关系：一个关系中的外键与另一个关系的主键间的关系称为参照关系。例如，表 13-2 中的员工号与表 13-1 中的员工号就是参照关系。参照关系可以是 1∶1 的关系，也可以是 1∶n 的关系或 n∶n 的关系。

关系型数据库管理系统是位于操作系统和应用系统之间的数据库管理软件。用户可以通过关系型数据库管理系统实现对关系型数据库的查询与维护。

## 13.2 关系型数据库系统的结构与运行过程

关系型数据库系统作为一个庞大的软件系统，其结构复杂且功能繁多。本节将主要介绍关系型数据库系统的结构与运行过程。

### 13.2.1 关系型数据库系统的层次结构

一个完整的关系型数据库系统由以下 4 个层次组成，其结构如图 13-1 所示。

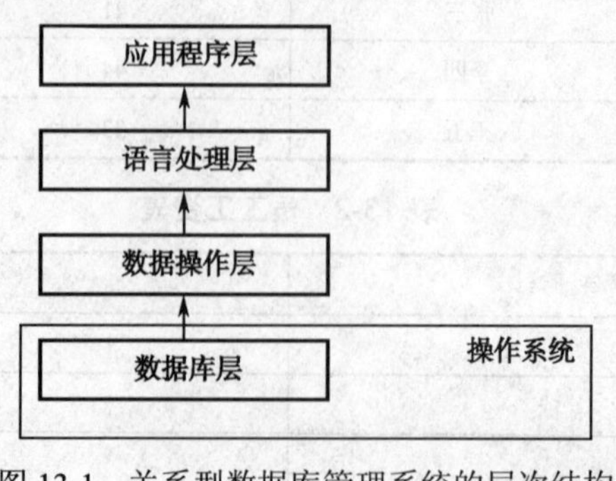


图 13-1 关系型数据库管理系统的层次结构

从图 13-1 中可以看出，一个完整的关系型数据库管理系统由以下几部分组成。

最上层是应用程序层。主要用来处理来自外部应用程序的操作请求。例如，一个使用 PHP 编写的 Web 页面需要查询数据库中的一条数据，则需要通过应用程序层向数据库管理系统请求数据。

第二层是语言处理层。主要用来处理本身的语言和命令，例如 SQL 语言以及数据库系统本身的命令。语言处理层对来自应用程序层的操作请求所使用的语言或命令进行语法分析、权限检测、完整性检查以及性能优化等操作，然后将其编译成数据库管理系统可执行的代码发送到数据操作层。

第三层是数据操作层。主要用来处理来自语言处理层的可执行代码，并通过操作系统连接数据库完成请求。

第四层是数据库层。主要用来存储数据以及一切相关的信息。

### 13.2.2 关系型数据库系统的运行过程

关系型数据库系统的运行过程是一个复杂而有序的过程，从用户请求到数据库管理系统返回用户需要的结果，其过程如图 13-2 所示。



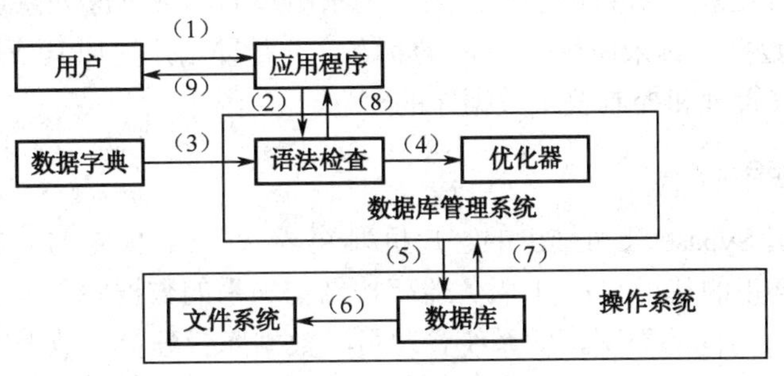


图 13-2 关系型数据库系统的运行过程

一个典型的运行过程就如图 13-2 中的箭头顺序所示，下面对图中的箭头解释如下。

（1）用户向应用程序提交了一个操作。

（2）应用程序将按照用户的操作向数据库管理系统提交一条 SQL 语句或数据库操作命令。

（3）数据库管理系统读取数据字典并实施对应用程序提交的命令进行语法检查。

（4）数据库管理系统调用优化器对 SQL 语句进行优化。

（5）数据库管理系统对数据库中的数据进行操作。

（6）数据库管理系统通过数据的存储模式对文件系统进行操作，且数据以物理方式操作文件系统中的数据。

（7）数据库管理系统从数据库中获得数据。

（8）数据库管理系统将数据处理结果及相关数据返回应用程序。

（9）用户从应用系统中获得数据或数据处理结果。

## 13.3 常用关系型数据库的介绍

本节将主要介绍目前市场上常见的一些关系型数据库系统。这些关系型数据库提供类似的功能，普遍使用 SQL 作为数据库语言。

### 1. MySQL

MySQL 关系数据库管理系统是一个很流行的多用户、多线程 SQL 关系数据库系统。MySQL 使用客户机/服务器（C/S）模式构建，由不同的客户程序和库组成。MySQL 通过对 SQL 的支持，以足够灵活和高效的方式存储数据、文件和图像等。PHP 与 MySQL 的结合使用是一个很常见的组合。

### 2. Oracle

Oracle 是美国 Oracle 公司开发的一种适用于大型、中型和微型计算机的关系数据库管理系统。Oracle 数据库由三种类型的文件组成，即数据库文件、日志文件和控制文件。Oracle 自动建立并更新一组数据字典，用来记录用户名、数据库元素以及用户权限等信息。DBA 可通过数据字典来监视 Oracle 的状态，并帮助用户完成其应用。Oracle 本身也是根据数据字典来管理和控制整个数据库的。



### 3. Sybase

Sybase 是美国 Sybase 公司推出的客户机/服务器（C/S）模式的关系数据库系统，也是世界上第一个真正的基于客户机/服务器架构结构关系的数据库管理系统。Sybase 数据库将用户分为 4 种不同的类型，即系统管理员、数据库管理员、数据库对象管理员和其他一般用户。系统管理员可访问所有数据库和数据库对象。

### 4. DB2

DB2 是美国 IBM 公司开发的关系数据库管理系统。它包含多种不同的版本，如 DB2 企业版（DB2 Enterprise Edition）、DB2 个人版（DB2 Personal Edition）等。这些产品的数据管理基本功能是完全相同的，区别在于其网络能力和分布式能力。DB2 可运行在 OS/2、Windows、UNIX 等多种操作系统上。通常将运行在这些平台上的 DB2 产品统称为 DB2 通用数据库（DB2 UDB）。这些产品的运行方式与操作方法类似，并共享相同的源代码。DB2 通用数据库主要组件包括数据库引擎、应用程序接口以及实用工具包。数据库引擎提供了关系数据库管理系统的所有基本功能，所有数据访问都通过 SQL 进行。

### 5. SQL Server

SQL Server 是美国微软公司开发的一个关系数据库管理系统，以 T-SQL 作为它的数据库查询和编程语言。SQL Server 采用二级安全验证、登录验证以及数据库用户许可验证等安全模式。SQL Server 支持两种身份验证模式：Windows NT 身份验证和 SQL Server 身份验证，权限的分配非常灵活。SQL Server 可以在不同的 Windows 操作平台上运行，如 Windows XP、Windows 2000、Windows 2003 等。并支持多种不同类型的网络协议，如 TCP/IP、IPX/SPX 等。

## 13.4 SQL 语言简介

SQL 语言全称是 Structured Query Language（结构化查询语言）。SQL 语言的主要功能就是与数据库建立关联。SQL 语言已经被作为一种国际标准。按照美国国家标准协会（ANSI）的规定，SQL 语言为关系型数据库的标准语言。

随着 SQL 标准化的不断发展，SQL 的版本也从最初的 SQUARE 发展到 SQL89、SQL2、SQL3 等。SQL 语言对数据库的发展产生了重大影响。目前，绝大多数流行的关系型数据库管理系统，例如 MySQL、DB2、Oracle、Sybase 和 Microsoft SQL Server 等都采用了 SQL 的语言标准。

SQL 语言主要有以下 4 种类型。

- 数据定义：用于定义数据库中的表、视图、索引等。
- 数据管理：用于对数据库中的数据进行查询、插入、修改和更新。
- 数据控制：用于对数据库中的表、视图进行授权，以及完整性规则的控制等。
- 嵌入式动态 SQL：用于在其他语言中的 SQL 调用。

在现在市场上流行的关系型数据系统中，所有关于数据库中表的定义、数据的查询、更新以及用户的权限管理都是通过 SQL 来实现的。



## 13.5 常见数据库设计问题

在常见数据库设计中，往往会因为数据库设计时的问题导致这样或那样的错误，如表 13-3 所示，就是一个不好的数据库设计例子。

表 13-3 不好的数据库设计

| 姓 名 | 年 龄 | 出生日期 | 客户范围 | 工 资 |
|---|---|---|---|---|
| 张三 | 41 | 1972-01-29 | 珠江、深圳 | 6 000.00 |
| 李四 | 44 | 1969-06-02 | 重庆、成都 | 6 200.00 |
| 王五 | 33 | 1980-12-12 | 大连、本溪 | 3 800.00 |

在表 13-3 中，虽然正确地存储了所需要的信息，但是存在以下几个主要问题：

- 插入异常：当有一个新的员工信息被插入时，可能会因为输入错误或某些原因导致错误。如表 13-4 所示，插入了一条新的员工信息。

表 13-4 插入信息

| 姓 名 | 年 龄 | 出生日期 | 客户范围 | 工 资 |
|---|---|---|---|---|
| 张三 | 41 | 1972-01-29 | 珠江、深圳 | 6 000.00 |
| 李四 | 44 | 1969-06-02 | 重庆、成都 | 6 200.00 |
| 王五 | 33 | 1980-12-12 | 大连、本溪 | 3 800.00 |
| 孙六 | 37 | 1976-05-05 | 东京、香港 | 5 500.00 |

这里，公司的客户范围根本没有东京和香港，由于没有任何限制，一条错误的信息被插入了。

- 更新异常：更新一条记录也会带来与插入异常一样的错误。
- 删除异常：当有一条记录被删除时，一些相关的信息也被相应地删除了。例如，删除表13-3中的第一行，公司的客户范围“珠江、深圳”就被删除了。
- 数据冗余：由于年龄是通过出生日期计算的，在表中保存年龄和出生日期带来了数据冗余的情况。

因此，为了避免上面所说的问题，则需要遵循一些原则。

## 13.6 关系型数据库的设计原则

构建关系型数据库的时候，必须遵循一定的规则，这种规则称为范式（NF）。根据满足范式的不同，其规则也不同。目前关系数据库中，常见的范式主要包括第一范式（1NF）、第二范式（2NF）、第三范式（3NF）。满足最低要求的范式是第一范式。在第一范式的基础上进一步满足更多要求的称为第二范式，以此类推。一般来说，一个好的数据库是需要至少满足第三范式的。本节将主要介绍这3种常用范式。



### 13.6.1 第一范式（1NF）

第一范式（1NF）是指数据库表的每一列都是不可分割的基本数据项，同一列中不能有多个值。第一范式是对关系模式的基本要求，不满足第一范式的数据库就不是关系数据库。例如前面表13-3所示的例子就不是一个满足第一范式的表。

上面的表中，每个“客户范围”中包含两座城市。这两个城市可以看做这个员工具有的两个属性。对于这种重复的属性，就需要定义一个新的实体来表达，新实体与原实体之间为一对多关系。例如，表13-3可以拆分成表13-5和表13-6。

表13-5 满足1NF的员工信息表

| 姓　名 | 年　龄 | 出生日期 | 工　资 |
|---|---|---|---|
| 张三 | 41 | 1972-01-29 | 6 000.00 |
| 李四 | 44 | 1969-06-02 | 6 200.00 |
| 王五 | 33 | 1980-12-12 | 3 800.00 |

表13-6 满足1NF的客户范围表

| 姓　名 | 年　龄 | 出生日期 | 客户范围 | 工　资 |
|---|---|---|---|---|
| 张三 | 41 | 1972-01-29 | 珠江 | 6 000.00 |
| 李四 | 44 | 1969-06-02 | 重庆 | 6 200.00 |
| 王五 | 33 | 1980-12-12 | 大连 | 3 800.00 |
| 张三 | 41 | 1972-01-29 | 深圳 | 6 000.00 |
| 李四 | 44 | 1969-06-02 | 成都 | 6 200.00 |
| 王五 | 33 | 1980-12-12 | 本溪 | 3 800.00 |

### 13.6.2 第二范式（2NF）

前面介绍了第一范式，但是在第一范式中有一个缺点。例如表 13-4 的员工信息表，如果新来了一个员工也叫张三，年龄 41 岁，出生日期也是 1972 年 1 月 29 日，并且工资也为 6000 元。这样，系统将无法区分这两个“张三”。

第二范式（2NF）正是针对这个弊病建立的，第二范式基于第一范式的规定。在满足第一范式的前提下，第二范式要求数据库表中的每条记录必须可以被唯一地区分。通常，满足第二范式的表有一个唯一标识列。例如对表 13-5 和表 13-6 增加一列员工编号，如表 13-7 和表 13-8 所示。

表 13-7 满足 2NF 的员工信息表

| 员工编号 | 姓名 | 年龄 | 出生日期 | 工资 |
|---|---|---|---|---|
| 200601 | 张三 | 41 | 1972-01-29 | 6 000.00 |
| 200602 | 李四 | 44 | 1969-06-02 | 6 200.00 |
| 200603 | 王五 | 33 | 1980-12-12 | 3 800.00 |
| 200604 | 张三 | 41 | 1972-01-29 | 6 000.00 |

表 13-8 满足 2NF 的客户范围表

| 客户地区关系编号 | 员工编号 | 姓名 | 年龄 | 出生日期 | 客户范围 | 工资 |
|---|---|---|---|---|---|---|
| 200601005 | 200601 | 张三 | 41 | 1972-01-29 | 珠江 | 6 000.00 |
| 200602008 | 200602 | 李四 | 44 | 1969-06-02 | 重庆 | 6 200.00 |
| 200603006 | 200603 | 王五 | 33 | 1980-12-12 | 大连 | 3 800.00 |
| 200601006 | 200601 | 张三 | 41 | 1972-01-29 | 深圳 | 6 000.00 |
| 200602009 | 200602 | 李四 | 44 | 1969-06-02 | 成都 | 6 200.00 |
| 200603010 | 200603 | 王五 | 33 | 1980-12-12 | 本溪 | 3 800.00 |

这样，两个“张三”就可以被很好地区分了。

### 13.6.3 第三范式（3NF）

第二范式仍然存在一个问题，如表 13-7 与表 13-8 构成的信息表，如果张三的工资在表 13-6 中发生了变化，而表 13-6 没有被及时更新。这样，在进行数据查询时可能就会出现问题。因此提出了第三范式（3NF）。第三范式在第二范式的基础上建立，要求一个数据库表中不包含已在其他表中定义的非主键属性。例如，表 13-8 中的姓名、年龄、出生日期、工资等都是在表 13-7 中定义过的非主键属性，应该删除，如表 13-9 所示。

表 13-9 满足 3NF 的客户范围表

| 客户地区关系编号 | 员工编号 | 客户范围 |
|---|---|---|
| 200601005 | 200601 | 珠江 |
| 200602008 | 200602 | 重庆 |
| 200603006 | 200603 | 大连 |
| 200601006 | 200601 | 深圳 |

续表

| 客户地区关系编号 | 员工编号 | 客户范围 |
| --- | --- | --- |
| 200602009 | 200602 | 成都 |
| 200603010 | 200603 | 本溪 |

这样，大量冗余数据就被删除了。

## 13.7 小结

本章主要介绍了关系型数据库的基本概念及 SQL 语言的历史与特点，并且对关系型数据库的设计方法做了一些简单介绍。本章并没有介绍 PHP 与数据库的应用方法，但是，了解了这些数据库基本理论对于后面学习如何操作使用是非常必要的。通过本章的学习，读者要掌握如下知识点：

（1）关系型数据库的概念。

（2）了解几种关系型数据库。

（3）知道 SQL 语言。

为了巩固所学，读者还需要做如下的练习：

（1）尝试安装 Access 或者 SQL Server 关系型数据库。

（2）设计一个简单的数据库表格，并上机录入，尝试数据库的各种功能。

# 第14章 MySQL的安装与操作

在与 PHP 的应用中，MySQL 是最常用到的一款。本章将主要介绍如何安装和配置 MySQL 数据库，以及 MySQL 数据库的一些常见操作。

**本章学习目标：**

掌握 MySQL 的安装和配置方法，会创建数据库与表，能够用 SQL 对表做一些操作。具体的知识和技能学习点如下表所示：

| 本章知识技能学习点 | 掌握程度 |
|---|---|
| MySQL 数据库简介 | 知道概念 |
| MySQL 的安装和配置 | 必知必会 |
| 创建具体数据库与表 | 必知必会 |
| 数据库的数据类型 | 理解含义 |
| 索引和唯一值 | 理解含义 |
| SQL 语句对表的操作 | 必知必会 |

## 14.1 MySQL 数据库介绍

MySQL 数据库是一款流行的基于客户机/服务器（C/S）模式构架的数据库。MySQL 数据库具有以下主要特点：

- 免费。可以免费从网络中下载到。
- 多用户操作。同时访问数据库的用户数量不受限制。
- 大容量。可以在一张表中保存超过 50 000 000 条记录。
- 操作简单。所有的操作都可以通过 SQL 来实现，并且对用户的权限设置方便简单。
- 运行速度快。

如今，很多国际知名公司也开始使用 MySQL 作为其公司数据库管理系统，这证明了 MySQL 数据库的优秀性能及广阔的发展前景。

## 14.2 安装与配置

本节将开始介绍 MySQL 的安装与配置。MySQL 是一款免费的软件，可以免费从网络中下载到。

### 14.2.1 下载 MySQL

MySQL 数据库与 Apache 服务器和 PHP 安装包一样，可以通过访问 MySQL 的官方网站 http://www.mysql.com 进行下载。本书选用的是 MySQL 5.0.24 版本。在 MySQL 官方网站上提供 3 种类型进行下载。

- 标准版：包括 MySQL 的常用功能，大多数用户可以选择这个选项。
- 完整版：完整版包含了 MySQL 的所有功能，甚至包括很多还没有通过测试并正式发布的功能。这个选项建议较高级用户使用。
- 调试版：这个版本包含的功能与完整版完全相同，区别就在于这个版本支持调试。如果用户需要查看很详细地调试信息则需要下载这个版本。需要注意的是，这个版本不能够用于真正对外发布的产品环境，因为额外的调试信息或许会带来一些代码泄漏，并且，调试版的运行效率低于其他版本的。

本章介绍的 MySQL 是使用标准版作为范本讲解的。MySQL 数据库同样支持多平台，下载时要注意选择应用的平台。对于 Windows 平台，分为以下 3 种类型。

- Windows 基本版：这个版本包括了 MySQL 大部分常用功能，但是并不包含一些可选项。一般用户下载的是这个版本。
- Windows 完整版：这个版本包括了 MySQL 的全部功能。
- Windows Zip 压缩包：这个版本与 Windows 完整版相同，唯一的区别是完整版提供的是可执行文件，而压缩包是直接解压缩文件。



本章介绍的是使用 Windows 基本版，而且本书中的与数据库连接的实例也是通过这个版本来实现的。

### 14.2.2 MySQL 的安装

MySQL 的安装文件文件名类似 mysql-essential-x.x.xx-win32.msi，其中 x.x.xx 是版本号。与很多 Windows 安装程序类似，MySQL 的安装过程如下所示：

（1）双击 mysql-essential-5.0.24-win32.msi 文件的图标，启动 MySQL 的安装程序。

（2）单击【Setup Wizard】对话框中的【Next】按钮，弹出【Setup Type】对话框。

（3）【Setup Type】对话框要求选择安装的模式，分为【Typical】模式、【Complete】模式或者【Custom】模式。【Typical】模式会安装安装包中的大多数选项，【Complete】模式会安装安装包内的全部内容，【Custom】模式可以使用户明确的选择需要安装什么，或者不需要安装什么，并且支持用户自行定制安装路径。本书选择定制模式。选择好后单击【Next】按钮，弹出【Custom Setup】对话框，如图 14-1 所示。

（4）在安装列表中选择好要安装的部件，然后单击【Next】按钮，弹出【Ready to Install the Program】对话框。

（5）单击【Install】按钮开始安装。

（6）安装完成后。安装程序会询问是否注册 MySQL 到 MySQL.com 网站。注册后将创建一个新的用户账号，用户可以通过这个账号访问 MySQL.com 网站。本书选择【Skip Sign-Up】选项跳过注册，弹出【Installation Wizard Completed】对话框。

（7）单击【Finish】按钮结束安装。

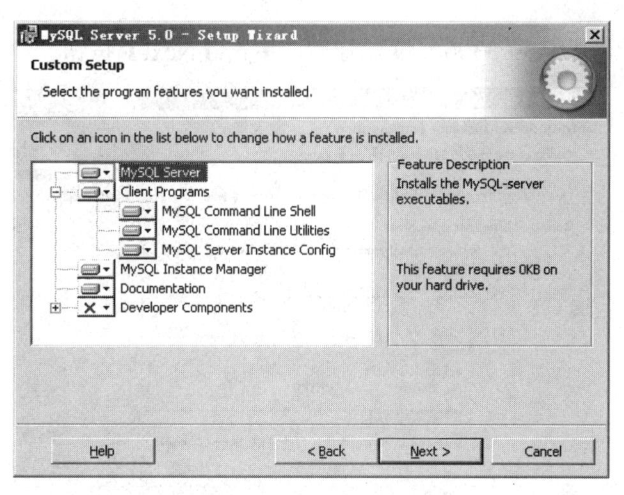


图 14-1 MySQL 的定制安装

### 14.2.3 MySQL 的配置

通常来讲，MySQL 的配置通过修改配置文件 my.ini 来实现。新版本的 MySQL5 提供了一个用户界面——MySQL 配置向导用于实现配置 MySQL。正如前面介绍的，在安装程序的最后一步可以直接启动这个配置向导。如果不希望在安装后立即配置，用户也可以通过打开【开始】菜单中的程序来启动这个向导。



下面将详细介绍如何使用这个配置向导对 MySQL 进行配置。

（1）向导启动后，单击【MySQL Server Instance Configuration Wizard】对话框中的【Next】按钮，弹出【MySQL Server Instance Configuration】对话框。

（2）选择【Detailed Configuration】或者【Standard Configuration】选项。使用【Detailed Configuration】可以配置和优化 MySQL 中的很多配置选项，【Standard Configuration】仅实现了一些简单的配置。本书选择详细配置。然后单击【Next】按钮。

（3）选择 MySQL 服务器的使用类型。用户需要根据当前安装的计算机的类型进行选择。本书选择【Developer Machine】表示当前计算机是开发服务器。设置好后，单击【Next】按钮。

（4）选择 MySQL 数据库的类型。用户可以根据自身的需要选择数据库类型。对于大多数用户来说，选择【Multifunctional Database】就可以了。对于其他两种类型，读者在掌握了一定 MySQL 知识后可以理解其中的含义。本书选择最常见的【Multifunctional Database】选项。设置好后，单击【Next】按钮。

（5）选择 InnoDB 的表空间设置，如图 14-2 所示。InnoDB 是 MySQL 的存储引擎。需要选择的是 InnoDB 的存储位置。如果不希望使用默认的安装路径作为存储引擎的位置，用户可以定制其他的安装路径。设置好后，单击【Next】按钮。

（6）选择当前服务器允许的连接数设置，也就是能同时容纳的最大连接数。选择 DSS/OLAP 可以获得大约 20 的同时连接数，OLTP 选项允许大约 500 的同时连接数。当然，用户也可以根据实际情况进行设置。设置好后，单击【Next】按钮。

（7）选择网络选项，如图 14-3 所示。该选项用于配置 MySQL 服务器是否允许来自 TCP/IP 的访问。如果所有的访问都是来自本地的，可以关闭这个选项。同时，允许用户设置访问的端口号，默认为3306。设置好后，单击【Next】按钮。

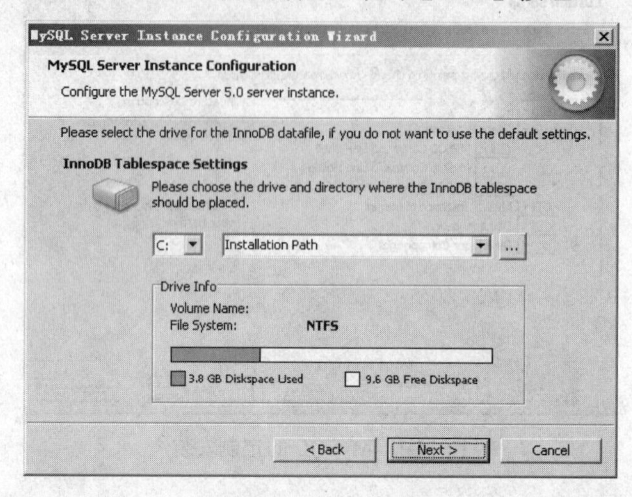


图 14-2　InnoDB 设置



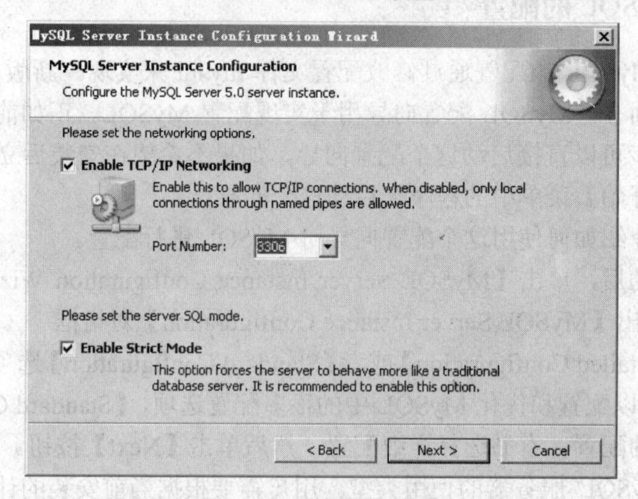


图 14-3　选择网络选项

（8）选择字符的编码方式。其中，标准的字符集适合西方语言，包括英语、德语等。多语言支持允许数据库支持多种语言选项，包括中文、日语、朝鲜语等东方语言。本书选择这个选项。设置好后，单击【Next】按钮。

（9）Windows 选项的配置，如图 14-4 所示。要求用户选择是否将 MySQL 设置成 Windows 服务，并且是否将 MySQL 的安装路径放到 Windows 的 Path 路径中。建议读者将两项都选中。设置好后，单击【Next】按钮。

（10）设置 MySQL 的管理员密码，并且是否创建匿名账户，如图 14-5 所示。需要注意的是，如果设置了匿名账户，会为系统带来信息安全隐患。设置好后，单击【Next】按钮。

（11）配置总结，单击【Execute】按钮执行设置。

（12）执行完成后，单击【Finish】按钮结束设置。到这里，所有的 MySQL 设置就全部完成了。

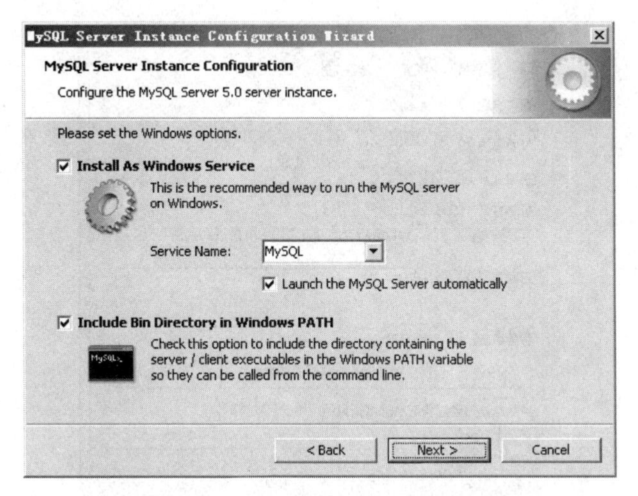


图 14-4　Windows 选项配置

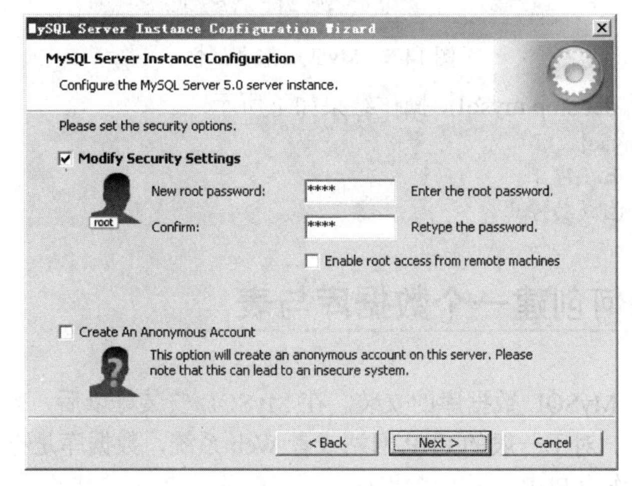


图 14-5　设置用户密码

### 14.2.4　MySQL 的启动与关闭

MySQL 服务器在安装的时候被设置成了 Windows 的一个服务项。因此，在 Windows 启动时被默认启动。这时，如果需要关闭 MySQL 服务可以通过双击【我的计算机】→【控制面板】→【管理工具】→【服务】图标打开【服务】对话框，然后找到名为【MySQL】的服务项并双击。界面如图 14-6 所示。

这时，就可以通过单击【启动】和【停止】按钮对 MySQL 服务进行启动和停止了。需要注意的是，对于 MySQL 的一切操作，包括 PHP 对 MySQL 的一切操作，都必须在 MySQL 服务器启动的状态下进行。

还有一种启动和关闭 MySQL 服务的方法是以命令行的方式进行的。进入命令行的方法是单击【开始】→【运行】菜单，输入 CMD 即可。

启动的命令是 net start mysql，操作结果如下所示：

```
C:\>net start mysql
MySQL 服务正在启动 .
MySQL 服务已经启动成功。
```

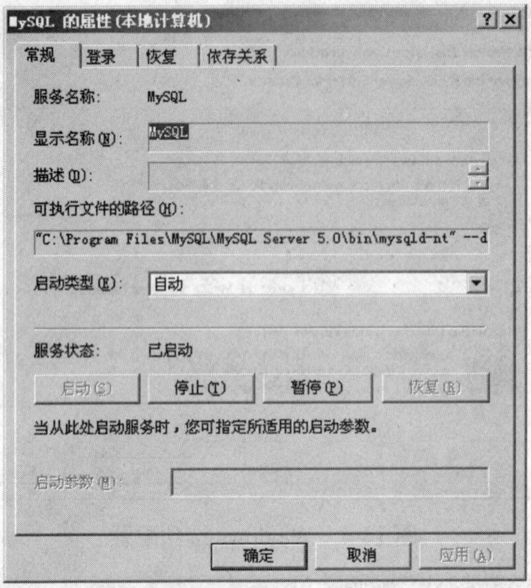

图 14-6　MySQL 服务属性

停止的命令是 net stop mysql，操作结果如下所示：



```
C:\>net stop mysql
MySQL 服务正在停止。
MySQL 服务已成功停止。
```

## 14.3　如何创建一个数据库与表

上一节介绍了 MySQL 数据库的安装。在 MySQL 安装好以后，就可以通过 PHP 对数据库进行操作了。对于一般的 PHP 网站或者 Web 系统，数据库是不可或缺的一部分。如果选择 MySQL 作为 PHP 操作的数据库，不仅需要用 PHP 来操作，在开发时，往往需要直接对 MySQL 数据库进行操作。

本节将介绍如何通过命令行方式对 MySQL 数据库进行一般性的操作与管理。

### 14.3.1　登录与退出 MySQL 命令行管理模式

当 MySQL 服务已经被成功启动后，就可以开始使用命令行模式对 MySQL 数据库进行操作与管理了。进行操作和管理的第一步就是登录 MySQL 的命令行模式。

登录 MySQL 命令行管理模式的方法是在 Windows 命令行下输入一条命令。语法格式如下所示：

```
mysql –u username –p
```

-u 后紧接的是要用来登录的用户名，-p 表示需要用密码来登录。

在上一节的配置过程中，系统为 MySQL 创建了一个默认的管理员账户 root。因此，在没有设置其他管理账户的时候，可以先使用 root 账户登录 MySQL。具体操作如下所示：

```
C:\>mysql -u root -p
Enter password: ****
```

```
Welcome to the MySQL monitor.   Commands end with ; or \g.
Your MySQL connection id is 4 to server version: 5.0.24-community-nt

Type 'help;' or '\h' for help. Type '\c' to clear the buffer.
```

在输入命令 mysql -u root -p 后，系统要求用户输入密码。密码会用星号（*）表示以防止其他人看见。如果密码输入正确，则会出现欢迎的字样，表示登录成功。命令行提示符变成了 mysql>。

如果要退出这个登录界面，可以在命令行处直接输入 quit 命令退出。具体操作如下所示：

```
mysql> quit
Bye
```

### 14.3.2 MySQL 的数据库操作

在 MySQL 数据库服务器中，包含多个数据库。对于刚安装好的 MySQL 数据库，通常包含 3 个数据库：mysql、test、information_schema，用来存储 MySQL 操作或者用户管理等信息。



查看当前系统中数据库的命令是 show databases，代码如下所示：

```
mysql> show databases;
+--------------------+
| Database           |
+--------------------+
| information_schema |
| mysql              |
| test               |
+--------------------+
3 rows in set (0.00 sec)
```

需要注意的是，在命令行方式下输入任何命令都必须以分号结尾。否则，命令将不会被提交，代码如下所示：

```
mysql> show databases
    ->
```

由于在 show database 后面没有写分号，命令行仍处于继续等待接收命令的状态。

在实际项目中，往往对于 MySQL 数据库最初的 3 个数据库不做改动，而是创建新的数据库来满足项目需要。创建数据库的命令如下所示：

```
create database database_name;
```

database_name 是要创建的数据库名称。例如，下面的例子创建了一个名为 MyDB 的数据库。

```
mysql> create database MyDB;
Query OK, 1 row affected (0.03 sec)
```

Query OK 说明数据库已经创建成功了。这时，再一次用 show databases 命令查看系统中的数据库，可以看到 MyDB 已经在系统中了。

```
mysql> show databases;
+--------------------+
| Database           |
```

```
+--------------------+
| information_schema |
| mydb               |
| mysql              |
| test               |
+--------------------+
4 rows in set (0.00 sec)
```

由此可以看到，上面创建的 mydb 数据库。需要注意的是，数据库名是大小写不敏感的，因此，前面的命令中虽然创建的数据库名为 MyDB，这里显示的时候，仍然按照全部小写字母的方式显示。

要删除数据库，可以使用如下所示的命令：

```
drop database database_name;
```

database_name 是要删除的数据库名称。例如，以下命令删除了上面创建的 MyDB 数据库。

```
mysql> drop database mydb;
Query OK, 0 rows affected (0.05 sec)
```

这一次的 Query OK 说明数据库已经成功删除了。这时，再用 show databases 命令查看系统中的数据库，可以看到，mydb 已经不在系统中了。



```
mysql> show databases;
+--------------------+
| Database           |
+--------------------+
| information_schema |
| mysql              |
| test               |
+--------------------+
3 rows in set (0.00 sec)
```

在一个数据库中，存在着许多的表，真正的数据就存在于这些表中。在使用数据时需要对数据库中的表进行查询。查询是通过 SQL 语言实现的。SQL 语言会在后面进行详细地介绍，这里只介绍连接数据库的方法。连接数据库的方法如下所示：

```
use database_name
```

database_name 是要连接的数据库名称。如下是连接 mydb 数据库的方法：

```
mysql> use mydb
Database changed
```

Database changed 说明数据库已经连接成功了，接下来的操作将会在 mydb 上进行。如下是查看数据库中的表，可以通过 show tables 命令来实现

```
mysql> show tables
    -> ;
Empty set (0.00 sec)
```

这时，show tables 命令使用的数据库就是 mydb。由于 mydb 是一个刚刚创建的数据库，因此，没有任何结果返回。

### 14.3.3 表的创建

前面介绍了使用 show tables 命令查看数据库中的表的列表。本小节将介绍如何使用 SQL 来创建一个新表。表中的数据是由记录构成的，所谓记录就是表中的一行。如表 14-1 所示是一个典型的表。

表 14-1 一个典型的表

| 员 工 号 | 姓 名 | 年 龄 | 出 生 日 期 | 工 资 |
|---|---|---|---|---|
| 1001 | 张三 | 41 | 1972-01-29 | 6 000.00 |
| 1002 | 李四 | 44 | 1969-06-02 | 6 200.00 |
| 1003 | 王五 | 33 | 1980-12-12 | 3 800.00 |

创建一个新表是通过 SQL 语句 create table 以及指定各个列的列名和属性来完成的。由于 create table 的语法过于复杂，这里仅介绍其常用语法，代码如下：

```
CREATE TABLE table_name
    ([column_name   column_type   [NULL | NOT NULL] [DEFAULT default_value]
[AUTO_INCREMENT] [PRIMARY KEY] [COMMENT 'string']);
```

下面对这个语句中的各项做一个简要说明。

#### 1. 基本的必须指定的部分

在上面的语句中，表名和至少一列是必须指定的。其中，table_name 是要创建的表的名称。column_name 是表中某一列的列名，一个表可以有多个列。column_type 是列的类型，在创建表时，需要指定其数据类型，数据类型的种类将在下一节介绍。。

以下语句创建了表 14-1。

```
mysql> create table mytable
    -> (id int(5),
    -> name char(10),
    -> age smallint(3),
    -> birthday date,
    -> salary float(15,2))
    -> ;
Query OK, 0 rows affected (0.08 sec)
```

这里，表名为 mytable，表中各列分别是 id、name、age、birthday 和 salary。其中，员工号是一个 5 位的整型数据，姓名是一个 10 位的字符串型数据，年龄是一个 3 位的整型数据，生日是一个日期型数据，工资是一个 15 位的、有 2 位小数的浮点型数据。

#### 2. 列的基本属性

列的基本属性主要有以下几点：

（1）NULL 和 NOT NULL 是一个可选的二选一的选项，表示这一列是否允许为空，如果不指定，默认允许为空。

（2）DEFAULT default_value 是一个可选的是否存在默认值的选项，如果指定了这个选项，在今后对该表插入数据时如果没有指定这一列的值，则该列的值将为 default_value 的值。

（3）AUTO_INCREMENT 是一个可选的标识该列是否自动递增的选项，如果指定了这个选项，则每次插入一条记录时，该列的值自动加 1。

（4）PRIMARY KEY 选项标识这一列是否为主键，表中的一列或者多列主键唯一标识一条记录。

（5）COMMENT ‘string’是用来输入对这列的一个说明，MySQL 不会读取这个选项，但是会将创建表时写入的说明存储在表的定义中供今后参考。

以下 SQL 语句对上面的语句进行了改写。

```
mysql> create table mytable
    -> (id int(5) not null auto_increment primary key comment '员工号',
    -> name char(10) not null comment '姓名',
    -> age smallint(3) not null default 0 comment '年龄',
    -> birthday date null comment '出生日期',
    -> salary float(15,2) not null default 0.0 comment '工资')
    -> ;
Query OK, 0 rows affected (0.09 sec)
```

这里，在前面创建表的基础上指定了除了出生日期以外的其他列都不可以为空。员工号是通过数据库进行自动递增的分配，而且，员工号是表的主键，唯一标识一条记录。除此之外，每行均增加了注释，今后，可以通过 show create table 命令来查看注释。具体语法如下所示：



```
show create table table_name;
```

对于上面的例子，输入这个命令以后可以看到的结果如下所示：

```
| mytable | CREATE TABLE 'mytable' (
  'id' int(5) NOT NULL auto_increment COMMENT '员工号',
  'name' char(10) collate latin1_general_ci NOT NULL COMMENT '姓名',
  'age' smallint(3) NOT NULL default '0' COMMENT '年龄',
  'birthday' date default NULL COMMENT '出生日期',
  'salary' float(15,2) NOT NULL default '0.00' COMMENT '工资',
  PRIMARY KEY   ('id')
) ENGINE=MyISAM DEFAULT CHARSET=latin1 COLLATE=latin1_general_ci |
```

可以看到，结果是一个规范后的 create table 语句。在这个语句中，创建时的注释被完整地保存了下来。

除了上面介绍的表的创建语句，SQL 还提供了一个用于复制表结构的方法。具体语法如下所示：

```
create table new_table_name
like old_table_name;
```

new_table_name 是要新创建的表的名称，old_table_name 是要被复制的已经存在的表的名称。下面的例子创建了一个新的与 mytable 格式相同的表。

```
mysql> create table mytable_new
    -> like mytable;
Query OK, 0 rows affected (0.02 sec)
```

show create table 语句是用来验证新的表 mytable_new 是否和 mytable 的格式相同。运行结果如下所示：

```
| mytable_new | CREATE TABLE 'mytable_new' (
  'id' int(5) NOT NULL auto_increment COMMENT '员工号',
```

```
    'name' char(10) collate latin1_general_ci NOT NULL COMMENT '姓名',
    'age' smallint(3) NOT NULL default '0' COMMENT '年龄',
    'birthday' date default NULL COMMENT '出生日期',
    'salary' float(15,2) NOT NULL default '0.00' COMMENT '工资',
    PRIMARY KEY    ('id')
) ENGINE=MyISAM DEFAULT CHARSET=latin1 COLLATE=latin1_general_ci |
```

可以看出，mytable_new 和 mytable 表的格式完全相同。

## 14.4 数据类型介绍

上一节介绍了表的创建，对于列中的属性，可以指定如下几种数据类型。

### 1. 整型数据

- TINYINT[(length)] [UNSIGNED] [ZEROFILL]：微型整型数据。
- SMALLINT[(length)] [UNSIGNED] [ZEROFILL]：小整型数据。
- MEDIUMINT[(length)] [UNSIGNED] [ZEROFILL]：中整型数据。
- INT[(length)] [UNSIGNED] [ZEROFILL]：整型数据。
- INTEGER[(length)] [UNSIGNED] [ZEROFILL]：整型数据。
- BIGINT[(length)] [UNSIGNED] [ZEROFILL]：大整型数据。

其中，length 表示整型数据的长度，UNSIGNED 是一个可选的选项标识是否为无符号型数据，ZEROFILL 也是一个可选的选项标识是否用零填充。

### 2. 浮点型数据

- REAL[(length,decimals)] [UNSIGNED] [ZEROFILL]
- DOUBLE[(length,decimals)] [UNSIGNED] [ZEROFILL]
- FLOAT[(length,decimals)] [UNSIGNED] [ZEROFILL]
- DECIMAL(length,decimals) [UNSIGNED] [ZEROFILL]
- NUMERIC(length,decimals) [UNSIGNED] [ZEROFILL]

以上均为浮点型数据，其中 length 表示浮点型数据的长度，decimals 表示小数点后保留几位，UNSIGNED 是一个可选的选项标识是否为无符号型数据，ZEROFILL 也是一个可选的选项标识是否用零填充。

### 3. 日期型数据

- DATE：日期。
- TIME：时间。
- TIMESTAMP：时戳。
- DATETIME：日期时间。

### 4. 字符串型数据

- CHAR(length) [BINARY | ASCII | UNICODE]：字符串型数据。
- VARCHAR(length) [BINARY]：可变字符串型数据。

### 5. 大对象型数据

- TINYBLOB：微大对象型数据。
- BLOB：大对象型数据。
- MEDIUMBLOB：中大对象型数据。
- LONGBLOB：长大对象型数据。

### 6. 文本型数据

- TINYTEXT：微文本型数据。
- TEXT：文本型数据。
- MEDIUMTEXT：中文本型数据。
- LONGTEXT：长文本型数据。

文本型数据与字符串型数据的区别在于文本型数据可以存储更多的字符。

### 7. 枚举型数据

语法如下：

```
ENUM(value1,value2,value3,...)
```



枚举型数据要求在指定的列中仅允许 value1、value2 等指定的数据。

## 14.5 索引与唯一值

在前面介绍关系型数据库的设计时介绍了第二范式（2NF）的概念。第二范式要求每一条记录必须有一个唯一值来标识这条记录。在 MySQL 中，有两种方式可以强制创建这种唯一值列。创建唯一索引和使用主键。

在前面介绍了如何在创建表时指定主键，在创建表的时候也可以同时创建唯一索引。一般来说，创建索引同时使用 CREATE INDEX 语句来实现，语法如下所示：

```
CREATE [UNIQUE] INDEX index_name
ON table_name (column_name [ASC | DESC], ...)
```

index_name 表示索引名，table_name 表示表名，column_name 表示列名。ASC 与 DESC 是一个可选的选项，表示索引是正序还是倒序排列的。

以下命令在上面创建的 mytable 表的 serial_no 列上创建了一个名为 myindex 的唯一索引。

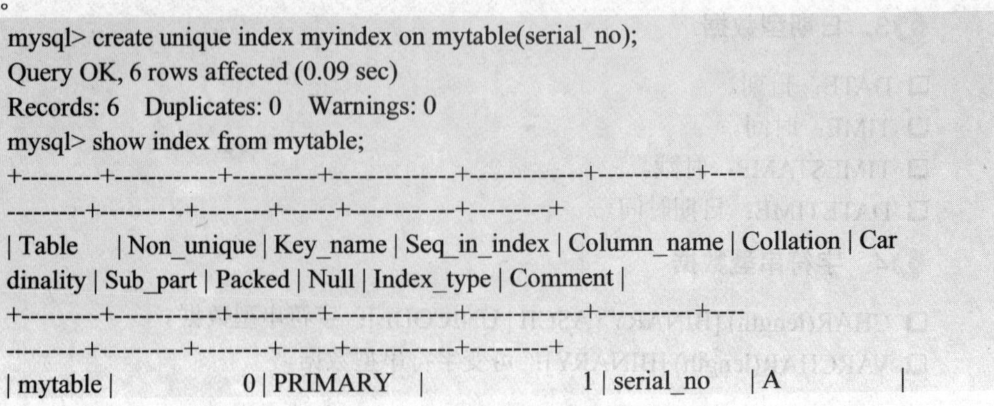

```
mysql> create unique index myindex on mytable(serial_no);
Query OK, 6 rows affected (0.09 sec)
Records: 6    Duplicates: 0    Warnings: 0
mysql> show index from mytable;
+---------+------------+----------+--------------+-------------+-----------+----
---------+----------+--------+------+------------+---------+
| Table     | Non_unique | Key_name | Seq_in_index | Column_name | Collation | Car
dinality | Sub_part | Packed | Null | Index_type | Comment |
+---------+------------+----------+--------------+-------------+-----------+----
---------+----------+--------+------+------------+---------+
| mytable |              0 | PRIMARY    |              1 | serial_no     | A           |
```

```
        6 |        NULL | NULL     |          | BTREE      |          |
| mytable |                  0 | myindex   |              1 | serial_no    | A          |
        6 |        NULL | NULL     |          | BTREE      |          |
+---------+------------+----------+-------------+-------------+-----------+----
---------+----------+--------+------+------------+---------+
2 rows in set (0.00 sec)
```

索引的另一个重要好处是，可以提高数据查询的性能。在实际应用中，有效利用索引可以大大提高程序中数据查询的速度。

## 14.6 数据的操作

本节将深入介绍使用 MySQL 对数据进行各种操作。

### 14.6.1 表的修改

前面介绍了表的创建方法，对于已经创建的表可以用 SQL 中的 alter table 来修改。常用的语法如下所示：

```
ALTER TABLE table_name
[ADD column_defination [FIRST | AFTER column_name]],
[CHANGE old_column_name column_defination [FIRST | AFTER column_name]],
[DROP old_column_name],
[DROP PRIMARY KEY];
```

这里，table_name 是要修改的表的名称。column_defination 是一个列的定义，包括前面介绍的创建表时列的所有可能的定义方式。old_column_name 是当前表中的列名，也就是要修改或者要删除的列名。FIRST 是一个可选的选项，如果标明 FIRST，则新加列或者被修改列将被置于表的第一个列。AFTER column_name 也是一个可选的选项，如果标明，则新加列或者被修改列将被置于表中 column_name 列的后面。DROP PRIMARY KEY 是一个删除表的主键的方法。

以下命令对前面 mytable 表的定义进行了修改。

```
mysql> alter table mytable
    -> add bonus float(15,2) after salary,
    -> change id serial_no int(6) not null
    -> ;
Query OK, 0 rows affected (0.07 sec)
Records: 0  Duplicates: 0  Warnings: 0
```

这里，对表 mytable 在列 salary 后面增加了一个名为 bonus 的列用于存储奖金数。同时对 id 列做了修改，将列名重命名为 serial_no，将长度从 5 更改成了 6。需要注意的是，在执行了 alter table 命令后，数据库系统会对表中的数据做检查，检查表中的数据是否满足新的表定义。

在修改表后，再次运行 show create table 可以看到表格式的变化。运行结果如下所示：

```
| mytable | CREATE TABLE 'mytable' (
  'serial_no' int(6) NOT NULL,
  'name' char(10) collate latin1_general_ci NOT NULL COMMENT '姓名',
```

```
'age' smallint(3) NOT NULL default '0' COMMENT '年龄',
'birthday' date default NULL COMMENT '出生日期',
'salary' float(15,2) NOT NULL default '0.00' COMMENT '工资',
'bonus' float(15,2) default NULL,
PRIMARY KEY   ('serial_no')
) ENGINE=MyISAM DEFAULT CHARSET=latin1 COLLATE=latin1_general_ci |
```

需要注意的是，在修改表的时候，对列 id 的修改并没有重新指定修改后的列 serial_no 仍然为主键。但是，MySQL 自动将主键从 id 替换成了 serial_no。

### 14.6.2 表的删除

如果某个表不需要了，可以使用 SQL 中的 drop table 命令删除表。具体语法如下所示：

```
DROP TABLE table_name;
```

这里，table_name 是要删除的表的名称。下面的例子删除了上面创建的 mytable_new 表。

```
mysql> drop table mytable_new;
Query OK, 0 rows affected (0.04 sec)
```



删除表的命令比较简单，删除后，表的结构及其所包含的数据将被一并删除。

### 14.6.3 数据的查询

前面介绍了表的创建、修改与删除，也就是 SQL 中的数据定义部分。本小节将介绍如何从表中查询数据。SQL 中数据的查询是通过 select 语句来实现的。具体语法如下所示：

```
SELECT [ALL | DISTINCT] column_name, … , expr …
[FROM table_name, …
[WHERE condition]
[GROUP BY column_name, …
[HAVING condition]]
[ORDER BY column_name [ASC | DESC], …]
[LIMIT [offset, ] row_count]];
```

其中，table_name 表示要查询的表的名称。在 select 后面可以跟表中的列名或者一般表达式。对于 ALL 和 DISTINCT 关键字是一个可选的属性，ALL 表示查询所有的记录，DISTINCT 表示只查询不重复的记录。如果在 select 后只跟一般表达式，可以实现一些表达式运算。命令如下所示：

```
mysql> select 1+1;
+-----+
| 1+1 |
+-----+
|    2 |
+-----+
1 row in set (0.03 sec)
```

这个例子没有在任何表中做查询，只是简单地计算了 1+1 的值。

在上面语句中，WHERE 后面的 condition 指代查询的条件，也就是什么样的数据要被查询出来。如果需要指定多个条件，则需要使用逻辑运算符 and 或者 or 来指定。GROUP

BY 实现了对结果的分组，如果使用了 GROUP BY 子句，可以在 select 后面写上带函数的表达式。例如，求和函数 SUM、计数函数 COUNT、最大值函数 MAX 以及最小值函数 MIN 等。

HAVING 后面的 condition 仍然指代查询的条件，但是与 WHERE 后面的条件不同的是，HAVING 主要用于 GROUP BY 中的条件。ORDER BY 子句是对查询结果进行排序的方式，关键字 ASC 和 DESC 是排序的方法，ASC 表示正序排列，DESC 表示倒序排列，默认为 ASC。LIMIT 子句表示要显示结果中的行，offset 表示要显示的起始行，row_count 表示要显示的行数。下面用具体实例来说明如何使用 select 语句查询表。

**例 1**　查询出 mytable 中的所有数据。

```
mysql> select * from mytable;
+-----------+--------+-----+------------+---------+---------+
| serial_no | name   | age | birthday   | salary  | bonus   |
+-----------+--------+-----+------------+---------+---------+
|    100001 | Simon  |  24 | 1982-11-06 | 5000.00 | 1000.00 |
|    100002 | Elaine |  24 | 1982-01-01 | 5000.00 | 1000.00 |
|    100003 | Susy   |  31 | 1975-01-01 | 9000.00 | 2000.00 |
|    100004 | Peter  |  31 | 1975-03-04 | 8500.00 | 2000.00 |
|    100005 | Linda  |  21 | 1985-06-08 | 2500.00 | 1000.00 |
|    100006 | Helen  |  23 | 1983-09-28 | 3500.00 | 1000.00 |
+-----------+--------+-----+------------+---------+---------+
6 rows in set (0.00 sec)
```

**例 2**　查询出工资超过 6000 元的员工号与员工姓名。

```
mysql> select serial_no, name
    -> from mytable
    -> where salary>6000;
+-----------+-------+
| serial_no | name  |
+-----------+-------+
|    100003 | Susy  |
|    100004 | Peter |
+-----------+-------+
2 rows in set (0.00 sec)
```

**例 3**　查询出工资超过 4000 元并且奖金小于或等于 1000 元的员工号与员工姓名。

```
mysql> select serial_no, name
    -> from mytable
    -> where salary>4000
    -> and bonus <=1000;
+-----------+--------+
| serial_no | name   |
+-----------+--------+
|    100001 | Simon  |
|    100002 | Elaine |
+-----------+--------+
2 rows in set (0.00 sec)
```

**例 4** 查询出各个年龄的人数与平均工资。

```
mysql> select age, count(*), avg(salary)
    -> from mytable
    -> group by age;
+-----+----------+-------------+
| age | count(*) | avg(salary) |
+-----+----------+-------------+
|  21 |        1 | 2500.000000 |
|  23 |        1 | 3500.000000 |
|  24 |        2 | 5000.000000 |
|  31 |        2 | 8750.000000 |
+-----+----------+-------------+
4 rows in set (0.04 sec)
```

需要注意的是，这里使用了 count 函数来计算每个年龄段员工的数量，avg 函数用来计算平均工资。

**例 5** 查询出 mytable 中的所有数据并按奖金数从高到低排序，如果奖金相同，按照工资从低到高排序。



```
mysql> select * from mytable
    -> order by bonus desc, salary asc;
+-----------+--------+-----+------------+---------+---------+
| serial_no | name   | age | birthday   | salary  | bonus   |
+-----------+--------+-----+------------+---------+---------+
|    100004 | Peter  |  31 | 1975-03-04 | 8500.00 | 2000.00 |
|    100003 | Susy   |  31 | 1975-01-01 | 9000.00 | 2000.00 |
|    100005 | Linda  |  21 | 1985-06-08 | 2500.00 | 1000.00 |
|    100006 | Helen  |  23 | 1983-09-28 | 3500.00 | 1000.00 |
|    100001 | Simon  |  24 | 1982-11-06 | 5000.00 | 1000.00 |
|    100002 | Elaine |  24 | 1982-01-01 | 5000.00 | 1000.00 |
+-----------+--------+-----+------------+---------+---------+
6 rows in set (0.01 sec)
```

**例 6** 查询出 mytable 中的第 3～5 条记录。

```
mysql> select * from mytable
    -> limit 2,3;
+-----------+-------+-----+------------+---------+---------+
| serial_no | name  | age | birthday   | salary  | bonus   |
+-----------+-------+-----+------------+---------+---------+
|    100003 | Susy  |  31 | 1975-01-01 | 9000.00 | 2000.00 |
|    100004 | Peter |  31 | 1975-03-04 | 8500.00 | 2000.00 |
|    100005 | Linda |  21 | 1985-06-08 | 2500.00 | 1000.00 |
+-----------+-------+-----+------------+---------+---------+
3 rows in set (0.00 sec)
```

需要注意的是，在使用 limit 子句的时候，第一条记录的 offset 为 0，而 row_count 表示一共要显示几条记录。因此，如果需要查询第 3～5 条记录（共 3 条记录），则 limit 子句为 limit 2,3。

上面介绍了 select 语句的一些基本用法。select 语句可以说是 SQL 中最复杂的一种类型。其中的 where 语句是 select 中最重要的部分。where 语句主要包括以下几种类型。

比较运算：主要用于比较某列的值与其他列的值或者其他常量或变量的大小。比较运算符与 PHP 中的比较操作符类似，只是这里的“等于”是用一个等号来表示的。例如，where column_name = 1。

Like 匹配：Like 匹配只用于字符串的匹配。这里有两种可用的通配符，“_”和“%”。“_”表示匹配一个字符，“%”表示匹配一个或多个字符。例如，where column_name like ‘A_B’表示选取所有以 A 开头，以 B 结尾的 3 位字符串。再如，where column_name like ‘A%B’表示选取所有以 A 开头，以 B 结尾的任意位字符串。

In 操作符：In 操作符用来表示指定列的值必须在枚举的几项之中。例如 where column_name in (1,2,3)表示 column_name 的值必须在 1、2、3 中的记录才能被选取出来。

Exist 和 Not Exist 操作符：Exist 操作符用来表示只有 Exist 后面跟的 select 语句至少返回一行时，才能将相关的记录选取出来。Not Exist 操作符与 Exist 恰恰相反，表示只有 Not Exist 后面跟的 select 语句没有记录返回时，才能将相关的记录选取出来。例如，where exist (select * from table_name)表示当 table_name 表中至少存在一条记录时，才能将记录选取出来。



下面将介绍如何从两个表中进行联合查询。该例子首先查询了 mydepart 表，然后联合 mydepart 表和 mytable 联合查询出一个具有员工号、员工姓名、部门名称的结果集。

```
mysql> select * from mydepart;
+-----------+----------------------+
| serial_no | dept_name            |
+-----------+----------------------+
|    100001 | research&development |
|    100002 | research&development |
|    100003 | research&development |
|    100004 | production support   |
|    100005 | production support   |
|    100006 | test team            |
+-----------+----------------------+
6 rows in set (0.00 sec)

mysql> select A.serial_no, A.name, B.dept_name
    -> from mytable A
    -> ,mydepart B
    -> where A.serial_no = B.serial_no
    -> ;
+-----------+--------+----------------------+
| serial_no | name   | dept_name            |
+-----------+--------+----------------------+
|    100001 | Simon  | research&development |
|    100002 | Elaine | research&development |
|    100003 | Susy   | research&development |
|    100004 | Peter  | production support   |
|    100005 | Linda  | production support   |
|    100006 | Helen  | test team            |
```

```
+-----------+--------+---------------------+
6 rows in set (0.04 sec)
```

在第二个 SQL 语句中，from 子句后面的表名称后跟着的是表的别名。表的别名是在 select 语句中为了方便其余部分引用这个表所使用的。在 where 子句中用到的 A 和 B 就是表 mytable 和 mydepart 表的别名。在 where 条件中，A.serial_no = B.serial_no 将两个表连接了起来，下面的例子有助于理解这个子句。

```
mysql> select A.serial_no, B.serial_no, A.name, B.dept_name
    -> from mytable A
    -> ,mydepart B
    -> ;
+-----------+-----------+--------+---------------------+
| serial_no | serial_no | name   | dept_name           |
+-----------+-----------+--------+---------------------+
|    100001 |    100001 | Simon  | research&development |
|    100002 |    100001 | Elaine | research&development |
|    100003 |    100001 | Susy   | research&development |
|    100004 |    100001 | Peter  | research&development |
|    100005 |    100001 | Linda  | research&development |
|    100006 |    100001 | Helen  | research&development |
|    100001 |    100002 | Simon  | research&development |
|    100002 |    100002 | Elaine | research&development |
|    100003 |    100002 | Susy   | research&development |
|    100004 |    100002 | Peter  | research&development |
|    100005 |    100002 | Linda  | research&development |
|    100006 |    100002 | Helen  | research&development |
|    100001 |    100003 | Simon  | research&development |
|    100002 |    100003 | Elaine | research&development |
|    100003 |    100003 | Susy   | research&development |
|    100004 |    100003 | Peter  | research&development |
|    100005 |    100003 | Linda  | research&development |
|    100006 |    100003 | Helen  | research&development |
|    100001 |    100004 | Simon  | production support  |
|    100002 |    100004 | Elaine | production support  |
|    100003 |    100004 | Susy   | production support  |
|    100004 |    100004 | Peter  | production support  |
|    100005 |    100004 | Linda  | production support  |
|    100006 |    100004 | Helen  | production support  |
|    100001 |    100005 | Simon  | production support  |
|    100002 |    100005 | Elaine | production support  |
|    100003 |    100005 | Susy   | production support  |
|    100004 |    100005 | Peter  | production support  |
|    100005 |    100005 | Linda  | production support  |
|    100006 |    100005 | Helen  | production support  |
|    100001 |    100006 | Simon  | test team           |
|    100002 |    100006 | Elaine | test team           |
|    100003 |    100006 | Susy   | test team           |
|    100004 |    100006 | Peter  | test team           |
```

```
|    100005 |    100006 | Linda    | test team            |
|    100006 |    100006 | Helen    | test team            |
+-----------+-----------+--------+---------------------+
36 rows in set (0.00 sec)
```

这是没有 where 条件的 SQL 语句，并且在 select 的时候将两个表中的 serial_no 全部选了出来。因此，上面的 where 条件就是在这个结果集中将两个 serial_no 相等的结果查询出来，也就是上面所得到的结果。

还有一种方法是从两个表中查询数据，把两个表中的数据简单地罗列在一起，在两个 SELECT 语句中使用 UNION 或者 UNION ALL 关键字。需要注意的是，如果使用 UNION 或者 UNION ALL 来连接两个查询，两个查询的列及其属性必须完全相同。UNION 与 UNION ALL 的区别是使用 UNION 会将重复的行过滤掉，而 UNION ALL 不会做这种过滤。下面的例子首先进行了两个查询，然后分别用 UNION 和 UNION ALL 连接这两个查询。

```
mysql> select * from mytable
    -> where salary>=5000;
+-----------+--------+-----+------------+---------+---------+
| serial_no | name   | age | birthday   | salary  | bonus   |
+-----------+--------+-----+------------+---------+---------+
|    100001 | Simon  |  24 | 1982-11-06 | 5000.00 | 1000.00 |
|    100002 | Elaine |  24 | 1982-01-01 | 5000.00 | 1000.00 |
|    100003 | Susy   |  31 | 1975-01-01 | 9000.00 | 2000.00 |
|    100004 | Peter  |  31 | 1975-03-04 | 8500.00 | 2000.00 |
+-----------+--------+-----+------------+---------+---------+
4 rows in set (0.00 sec)

mysql> select * from mytable
    -> where bonus<=1000;
+-----------+--------+-----+------------+---------+---------+
| serial_no | name   | age | birthday   | salary  | bonus   |
+-----------+--------+-----+------------+---------+---------+
|    100001 | Simon  |  24 | 1982-11-06 | 5000.00 | 1000.00 |
|    100002 | Elaine |  24 | 1982-01-01 | 5000.00 | 1000.00 |
|    100005 | Linda  |  21 | 1985-06-08 | 2500.00 | 1000.00 |
|    100006 | Helen  |  23 | 1983-09-28 | 3500.00 | 1000.00 |
+-----------+--------+-----+------------+---------+---------+
4 rows in set (0.01 sec)

mysql> select * from mytable
    -> where salary>=5000
    -> union
    -> select * from mytable
    -> where bonus<=1000;
+-----------+--------+-----+------------+---------+---------+
| serial_no | name   | age | birthday   | salary  | bonus   |
+-----------+--------+-----+------------+---------+---------+
|    100001 | Simon  |  24 | 1982-11-06 | 5000.00 | 1000.00 |
```

```
|      100002 | Elaine |   24 | 1982-01-01 | 5000.00 | 1000.00 |
|      100003 | Susy   |   31 | 1975-01-01 | 9000.00 | 2000.00 |
|      100004 | Peter  |   31 | 1975-03-04 | 8500.00 | 2000.00 |
|      100005 | Linda  |   21 | 1985-06-08 | 2500.00 | 1000.00 |
|      100006 | Helen  |   23 | 1983-09-28 | 3500.00 | 1000.00 |
+-----------+--------+-----+------------+---------+---------+
6 rows in set (0.00 sec)

mysql> select * from mytable
    -> where salary>=5000
    -> union all
    -> select * from mytable
    -> where bonus<=1000;
+-----------+--------+-----+------------+---------+---------+
| serial_no | name   | age | birthday   | salary  | bonus   |
+-----------+--------+-----+------------+---------+---------+
|      100001 | Simon  |   24 | 1982-11-06 | 5000.00 | 1000.00 |
|      100002 | Elaine |   24 | 1982-01-01 | 5000.00 | 1000.00 |
|      100003 | Susy   |   31 | 1975-01-01 | 9000.00 | 2000.00 |
|      100004 | Peter  |   31 | 1975-03-04 | 8500.00 | 2000.00 |
|      100001 | Simon  |   24 | 1982-11-06 | 5000.00 | 1000.00 |
|      100002 | Elaine |   24 | 1982-01-01 | 5000.00 | 1000.00 |
|      100005 | Linda  |   21 | 1985-06-08 | 2500.00 | 1000.00 |
|      100006 | Helen  |   23 | 1983-09-28 | 3500.00 | 1000.00 |
+-----------+--------+-----+------------+---------+---------+
8 rows in set (0.02 sec)
```

从上面的结果可以看出 UNION 与 UNION ALL 的区别。

### 14.6.4 数据的插入

对于数据的插入通过 INSERT 语句来实现，其基本语法如下所示：

```
INSERT [INTO] table_name [column_name, …]
VALUES (values, …), (values, …), …
[ON DUPLICATE KEY UPDATE column_name = value];
```

其中，table_name 是要插入的表。column_name 是指定的列名，如果不指定，则表示所有的列。values 是要插入的值，可以插入多条记录，每条记录用括号分开。需要注意的是，值的数目必须与指定的列的数目相同。“ON DUPLICATE KEY UPDATE”是一个可选的条件，即如果因为唯一值的要求不能插入时对存在的重复记录中的某列进行更新。例如：

```
mysql> select * from mytable;
+-----------+--------+-----+------------+---------+---------+
| serial_no | name   | age | birthday   | salary  | bonus   |
+-----------+--------+-----+------------+---------+---------+
|      100001 | Simon  |   24 | 1982-11-06 | 5000.00 | 1000.00 |
|      100002 | Elaine |   24 | 1982-01-01 | 5000.00 | 1000.00 |
|      100003 | Susy   |   31 | 1975-01-01 | 9000.00 | 2000.00 |
|      100004 | Peter  |   31 | 1975-03-04 | 8500.00 | 2000.00 |
```

```
|    100005 | Linda  |  21 | 1985-06-08 | 2500.00 | 1000.00 |
|    100006 | Helen  |  23 | 1983-09-28 | 3500.00 | 1000.00 |
+-----------+--------+-----+------------+---------+---------+
6 rows in set (0.00 sec)
mysql> insert into mytable
    -> values('100001', 'Mark', 30, '1976-4-5',8000.00,3000.00);
ERROR 1062 (23000): Duplicate entry '100001' for key 1
mysql> insert into mytable
    -> values('100001', 'Mark', 30, '1976-4-5',8000.00,3000.00)
    -> on duplicate key update serial_no = '100007';
Query OK, 2 rows affected (0.01 sec)
mysql> select * from mytable;
+-----------+--------+-----+------------+---------+---------+
| serial_no | name   | age | birthday   | salary  | bonus   |
+-----------+--------+-----+------------+---------+---------+
|    100007 | Simon  |  24 | 1982-11-06 | 5000.00 | 1000.00 |
|    100002 | Elaine |  24 | 1982-01-01 | 5000.00 | 1000.00 |
|    100003 | Susy   |  31 | 1975-01-01 | 9000.00 | 2000.00 |
|    100004 | Peter  |  31 | 1975-03-04 | 8500.00 | 2000.00 |
|    100005 | Linda  |  21 | 1985-06-08 | 2500.00 | 1000.00 |
|    100006 | Helen  |  23 | 1983-09-28 | 3500.00 | 1000.00 |
+-----------+--------+-----+------------+---------+---------+
6 rows in set (0.01 sec)
```

可以看出，原来 serial_no 为 100001 的那条记录已经被更新成 100007 了。这样，再执行一次 insert 语句，就可以将新记录插入进去了。

INSERT 语句还有一种特殊的语法形式，代码如下所示：

```
INSERT [INTO] table_name [column_name, …]
SELECT … ;
```

这种形式可以将 select 语句的查询结果插到表中。例如：

```
mysql> create table mytable_new like mytable;
Query OK, 0 rows affected (0.02 sec)

mysql> insert into mytable_new
    -> select * from mytable where salary >= 5000;
Query OK, 4 rows affected (0.04 sec)
Records: 4   Duplicates: 0   Warnings: 0

mysql> select * from mytable_new;
+-----------+--------+-----+------------+---------+---------+
| serial_no | name   | age | birthday   | salary  | bonus   |
+-----------+--------+-----+------------+---------+---------+
|    100007 | Simon  |  24 | 1982-11-06 | 5000.00 | 1000.00 |
|    100002 | Elaine |  24 | 1982-01-01 | 5000.00 | 1000.00 |
|    100003 | Susy   |  31 | 1975-01-01 | 9000.00 | 2000.00 |
|    100004 | Peter  |  31 | 1975-03-04 | 8500.00 | 2000.00 |
+-----------+--------+-----+------------+---------+---------+
4 rows in set (0.00 sec)
```

上面的例子首先创建了一个名为 mytable_new 的新表，然后将 mytable 中 salary>=5000 的数据插入到 mytable_new 中。

### 14.6.5 数据的更新

对于数据的更新通过 UPDATE 语句来实现，其基本语法如下所示：

```
UPDATE table_name1[, table_name2][, …]
SET column_name1 = value1[, column_name2 = value2][, …]
[WHERE …];
```

这里 table_name 是要更新的表名，column_name 是要更新的列名，value 是要更新成的值。WHERE 后跟要更新的记录条件，与 SELECT 语句中的 WHERE 用法相同，如：

```
mysql> select * from mytable_new;
+-----------+--------+-----+------------+---------+---------+
| serial_no | name   | age | birthday   | salary  | bonus   |
+-----------+--------+-----+------------+---------+---------+
|    100007 | Simon  |  24 | 1982-11-06 | 5000.00 | 1000.00 |
|    100002 | Elaine |  24 | 1982-01-01 | 5000.00 | 1000.00 |
|    100003 | Susy   |  31 | 1975-01-01 | 9000.00 | 2000.00 |
|    100004 | Peter  |  31 | 1975-03-04 | 8500.00 | 2000.00 |
+-----------+--------+-----+------------+---------+---------+
4 rows in set (0.00 sec)

mysql> update mytable_new
    -> set name = 'Vivian'
    -> where serial_no = '100003';
Query OK, 1 row affected (0.03 sec)
Rows matched: 1   Changed: 1   Warnings: 0

mysql> select * from mytable_new;
+-----------+--------+-----+------------+---------+---------+
| serial_no | name   | age | birthday   | salary  | bonus   |
+-----------+--------+-----+------------+---------+---------+
|    100007 | Simon  |  24 | 1982-11-06 | 5000.00 | 1000.00 |
|    100002 | Elaine |  24 | 1982-01-01 | 5000.00 | 1000.00 |
|    100003 | Vivian |  31 | 1975-01-01 | 9000.00 | 2000.00 |
|    100004 | Peter  |  31 | 1975-03-04 | 8500.00 | 2000.00 |
+-----------+--------+-----+------------+---------+---------+
4 rows in set (0.01 sec)
```

上面的例子将 serial_no 为 100003 的记录更新成了 Vivian。

### 14.6.6 数据的删除

对于数据的删除通过 DELETE 语句来实现，其基本语法如下所示：

```
DELETE FROM table_name
[WHERE …];
```

这里的 table_name 是要更新的表名。WHERE 后跟要更新的记录条件，与 SELECT

语句中的WHERE用法相同，如：

```
mysql> delete from mytable_new
    -> where salary > 5000;
Query OK, 2 rows affected (0.01 sec)

mysql> select * from mytable_new;
+-----------+--------+-----+------------+---------+---------+
| serial_no | name   | age | birthday   | salary  | bonus   |
+-----------+--------+-----+------------+---------+---------+
|    100007 | Simon  |  24 | 1982-11-06 | 5000.00 | 1000.00 |
|    100002 | Elaine |  24 | 1982-01-01 | 5000.00 | 1000.00 |
+-----------+--------+-----+------------+---------+---------+
2 rows in set (0.00 sec)
```

上面的例子将salary大于5000的记录全部删除掉了。

## 14.7　小结

本章介绍了MySQL数据库的安装与基本操作。熟悉了这些基本操作以后，从下一章开始将介绍如何通过PHP对MySQL数据库进行操作。PHP操作MySQL与本章介绍的直接操作MySQL数据库方法类似，只是将本章中的手工操作放入PHP代码中完成。因此，理解了本章对后面的学习是非常有好处的。通过本章的学习，读者要掌握如下知识点：

（1）MySQL的安装和配置。

（2）数据库的数据类型。

（3）索引和唯一值得概念。

为了巩固所学，读者还需要做如下的练习：

（1）在计算机上下载并安装MySQL。

（2）尝试创建一个数据库和表。

（3）对表进行数据的插入、修改和删除。

# 第15章 MySQL与PHP的应用

在PHP中，使用MySQL扩展来实现对MySQL数据库的操作。其基本操作方法与在命令行上进行操作的方法基本相同，只是操作命令都是写到PHP脚本中的。本章将介绍如何使用PHP对数据库操作，并具体介绍PHP与MySQL的结合使用。

**本章学习目标：**

理解PHP+MySQL的应用模式和特点，掌握PHP获取MySQL数据信息的方法。具体的知识和技能学习点如下表所示：

| 本章知识技能学习点 | 掌握程度 |
|---|---|
| Web数据库的工作原理 | 理解含义 |
| 数据库服务器的链接和断开 | 必知必会 |
| 获取结果集中的某一条记录 | 必知必会 |
| 动态添加更新或删除记录 | 必知必会 |
| 获取表的信息 | 必知必会 |

## 15.1 PHP结合数据库应用的优势

在实际应用中，PHP的一个最常用的应用就是与数据库结合。无论是建设网站还是设计信息系统，都少不了数据库的参与。广义的数据库可以理解成关系型数据库管理系统、XML文件、甚至文本文件等。

PHP支持多种数据库，而且提供了与诸多数据库连接的相关函数或类库。一般来说，PHP与MySQL是比较流行的一个组合。该组合的流行不仅仅因为它们都可以免费获取，还因为PHP内部对MySQL数据库的完美支持。

当然，除了使用PHP自带的数据库连接函数以外，还可以自行编写函数来间接存取数据库。这种机制给程序员带来了很大的灵活性。

## 15.2 Web数据库的工作原理

基于Web的数据库应用一般采用多层架构，包括以下三层。

- 浏览层：提供给用户用于浏览的页面。
- 中间层：动态脚本语言，例如PHP，用于操作数据库。
- 数据层：底层数据库层，用于提供数据存储。

访问者在浏览时接触到的是浏览层，中间层负责对数据库进行操作并提供给浏览层页面。因此，在Web应用中用户并不直接对数据库进行操作。

在当前的流行趋势中，三层架构已经逐渐被多层架构所取代。即在应用中包含多个中间层，这样可以使应用程序的架构更加分明，易于后期维护。

## 15.3 使用PHP操作MySQL数据库

PHP中的数据库操作与前面介绍的使用MySQL命令行对数据库的操作基本相同，主要包括以下几种操作。

- 连接服务器：建立与数据库服务器的连接。
- 选择数据库：选择数据库服务器上的数据库，并与数据库建立连接。
- 查询数据：在选择的数据库中使用SQL语句查询数据。
- 显示数据：显示数据查询结果。
- 插入数据：在选择的数据库中使用SQL语句插入数据。
- 更新数据：在选择的数据库中使用SQL语句更新数据。
- 删除数据：在选择的数据库中使用SQL语句删除数据。

本节将主要介绍PHP与MySQL相结合使用的方法。PHP操作数据库是通过MySQL扩展来实现的。PHP根目录下的php.ini文件中的extension参数用于配置PHP的扩展库，用法如下所示：

```
extension=<filename>
```

其中，filename指代扩展库的文件名。MySQL的扩展库的文件名为php_mysql.dll，因此，可以通过查看php.ini文件中是否包含以下语句来检查当前PHP环境中的MySQL扩展是否可用。

```
extension=php_mysql.dll
```

如果这个语句不存在，则需要在php.ini文件的末尾添加这条语句进行设置。设置后，重新启动Apache服务器。

### 15.3.1 数据库服务器的连接与断开

连接服务器通过mysql_connect函数来实现，其语法如下所示：

```
mysql_connect(string hostname [, string username [, string password]])
```

这里的hostname是服务器所在的主机地址，username是连接用户名，password是连接密码。该函数返回一个资源类型的变量用来提供与数据库的连接。以下代码演示了使用mysql_connect函数连接MySQL数据库的方法。

```
<?php
mysql_connect("localhost", "root")            //连接位于localhost的服务器，用户名为root
?>
```

可以看出，mysql_connect函数类似于MySQL命令行中的mysql命令。需要注意的是，如果MySQL数据库不可用或者用户名无效，该函数可能会引起一条警告信息，如下所示：

```
Warning: mysql_connect() [function.mysql-connect]: Access denied for user 'root'
@'localhost' (using password: NO) in C:\TEST\test.php on line 2
```

该警告信息提示用户名root没有权限使用localhost数据库。但是，这种类型的警告信息不能够停止页面的执行。如果代码中有很多数据库操作，就会输出很多警告信息。不仅影响了页面的美观，而且会在信息中输出很多内部信息，在实际环境中不利于服务器的数据安全。

因此，对于数据库的操作，在PHP中，会在函数名前加上“@”，在函数后加“or die()”函数，指明如果函数执行出错，则输出定制的错误信息并结束整个脚本的执行，代码如下：

```
<?php
@mysql_connect("localhost", "root")
or die("数据库服务器连接失败");
?>
```

在后面介绍的其他函数中，均可以通过这种方式来隐藏掉PHP对于MySQL的警告并输出制定的错误信息。

在实际项目中，由于很多脚本都需要用相同的数据库连接方法，为了维护的方便，往往将mysql_connect语句放置到一个单独的文件中。而其他脚本则使用include方法将其包含使用。

与数据库服务器断开是通过mysql_close函数来完成的，语法如下所示：



```
mysql_close()
```

一般在PHP脚本的末尾会自动断开与服务器的连接，但是，在程序的适当位置通过这种方式断开与数据库服务器的连接可以有效节省资源。

### 15.3.2 选择数据库

连接服务器通过mysql_select_db函数来实现，语法格式如下所示：

```
bool mysql_select_db(string database_name [, resource_id])
```

这里的database_name是要选择的数据库名，resource_id是前面连接数据库时返回的对象。一般来说，如果在调用mysql_select_db时只建立了一个服务器连接，则默认为该连接。如果有多个连接被建立，则需要指定具体连接对象。该函数返回一个布尔型变量标明数据库的选择是否成功。以下代码演示了使用mysql_select_db函数选择数据库的方法。

```
<?php
@mysql_connect("localhost", "root")          //选择数据库之前需要先连接数据库服务器
or die("数据库服务器连接失败");
@mysql_select_db("mydb")                     //选择数据库 mydb
or die("数据库不存在或不可用");
?>
```

可以看出，mysql_select_db函数类似于MySQL命令行中的use命令。

### 15.3.3 执行SQL语句

在PHP中执行SQL语句通过mysql_query函数来实现，其语法格式如下所示：

```
mysql_query(string sql_statement [, resource_id])
```

这里的sql_statement是要执行的SQL语句，resource_id是前面连接数据库连接时返回的对象。一般来说，如果在调用mysql_query时有多个连接被建立，可以通过指定具体连接对象来指定使用哪个连接。如果不指定，则默认为最近打开的一个连接。该函数

返回一个资源型变量用于存储 SQL 的执行结果。

以下代码演示了使用 mysql_query 函数执行 SQL 语句的方法。

```
<?php
@mysql_connect("localhost", "root")              //选择数据库之前需要先连接数据库服务器
or die("数据库服务器连接失败");
@mysql_select_db("mydb")                        //选择数据库 mydb
or die("数据库不存在或不可用");
$query = @mysql_query("select * from mytable") //执行 SQL 语句
or die("SQL 语句执行失败");
?>
```

除了 select 语句可以通过 mysql_query 函数来执行以外，其他的 SQL 语句也可以通过 mysql_query 函数来完成。例如以下代码使用 mysql_query 函数执行了一条 insert 语句。

```
<?php
@mysql_connect("localhost", "root")              //选择数据库之前需要先连接数据库服务器
or die("数据库服务器连接失败");
@mysql_select_db("mydb")                        //选择数据库 mydb
or die("数据库不存在或不可用");
$query = @mysql_query("insert into mytable values(100001, 'Judy', 26, '1980-1-4', 6500,
2300)")
or die("SQL 语句执行失败");
?>
```

执行后可以从数据库中看到结果。

```
mysql> select * from mytable
    -> where serial_no = 100001
    -> ;
+-----------+------+-----+------------+---------+---------+
| serial_no | name | age | birthday   | salary  | bonus   |
+-----------+------+-----+------------+---------+---------+
|    100001 | Judy |  26 | 1980-01-04 | 6500.00 | 2300.00 |
+-----------+------+-----+------------+---------+---------+
1 row in set (0.06 sec)
```

除了 mysql_query 以外，PHP 还提供了一个类似的函数 mysql_db_query，该函数完成与 mysql_query 完全相同的功能。区别在于 mysql_db_query 函数支持在执行 SQL 语句的同时选择数据库，语法格式如下所示：

```
mysql_db_query(string database_name, string sql_statement [, resource_id])
```

这里的 database_name 是要选择的数据库名，sql_statement 是要执行的 SQL 语句，resource_id 是前面连接数据库连接时返回的对象，与 mysql_query 中的参数用法相同。以下代码使用 mysql_db_query 重新编写了上面的代码，完成了同样的功能。

```
<?php
@mysql_connect("localhost", "root")              //选择数据库之前需要先连接数据库服务器
or die("数据库服务器连接失败");
$query = @mysql_db_query("insert into mytable values(100001, 'Judy', 26, '1980-1-4', 6500,
2300)")
or die("SQL 语句执行失败");
?>
```

### 15.3.4 获得查询结果集的记录数

前面介绍了如何通过执行 SQL 语句查询数据。select 语句执行以后，将返回一个结果集变量。本节开始将要介绍如何显示查询结果。

mysql_numrows 函数用于获得结果集中的记录数，语法格式如下所示：

```
int mysql_numrows(result_set)
```

其中，result_set 是前面返回的结果集变量名。该函数返回一个整型变量表示结果集中一共有多少条数据。以下代码是一个使用 mysql_numrows 函数的例子。

```
<?php
@mysql_connect("localhost", "root")            //选择数据库之前需要先连接数据库服务器
or die("数据库服务器连接失败");
@mysql_select_db("mydb")                       //选择数据库 mydb
or die("数据库不存在或不可用");
$query = @mysql_query("select * from mytable")
or die("SQL 语句执行失败");
echo mysql_numrows($query);                    //输出结果集中有多少条记录
?>
```



如果在使用 mysql_query 函数中使用的是更新数据库的语句，则可以使用 mysql_affected_rows 函数来获得受到影响的记录。mysql_affected_rows 函数的语法格式与 mysql_numrows 函数相同。以下代码是一个使用 mysql_affected_rows 函数的例子。

```
<?php
@mysql_connect("localhost", "root")            //选择数据库之前需要先连接数据库服务器
or die("数据库服务器连接失败");
@mysql_select_db("mydb")                       //选择数据库 mydb
or die("数据库不存在或不可用");
$query = @mysql_query("update mytable set salary = 10000.00 where salary > 9000.00")
or die("SQL 语句执行失败");
echo mysql_numrows($query);                    //输出受到了影响记录数
?>
```

### 15.3.5 获得结果集的某一条记录

mysql_result 函数用于获得结果集中的记录数，语法格式如下所示：

```
mysql_result (result_set, int row [,field])
```

其中，result_set 是前面返回的结果集变量名，row 是要返回记录所在行的行号，field 是要返回的列名。这里的 field 是一个可选的参数，如果不指定则会返回第一列的值。在实际应用中，为了代码的可读性，即使需要的是第一列的数据也往往指定该参数。以下代码是一个使用 mysql_result 函数的例子。

```
<?php
@mysql_connect("localhost", "root")            //选择数据库之前需要先连接数据库服务器
or die("数据库服务器连接失败");
@mysql_select_db("mydb")                       //选择数据库 mydb
or die("数据库不存在或不可用");
$query = @mysql_query("select * from mytable") //执行 SQL 语句
or die("SQL 语句执行失败");
```

```
echo mysql_result($query, 0, 'name');          //输出第 0 行的 name 列
?>
```

通过结合 mysql_numrows 和 mysql_result 函数，可以获取到表中的所有数据。以下代码实现了获取表 mytable 中的全部记录的功能，并且以表格方式输出。

```
<?php
@mysql_connect("localhost", "root")          //选择数据库之前需要先连接数据库服务器
or die("数据库服务器连接失败");
@mysql_select_db("mydb")                     //选择数据库 mydb
or die("数据库不存在或不可用");
$query = @mysql_query("select * from mytable")          //执行 SQL 语句
or die("SQL 语句执行失败");
echo "<table border=1>";
//通过循环的方式输出从第 0 行到最大的一行的所有记录
for($i=0; $i<mysql_numrows($query); $i++)
{
    $serial_no = mysql_result($query, $i, 'serial_no');          //输出第$i 行的 serial_no 列
    $name = mysql_result($query, $i, 'name');                    //输出第$i 行的 name 列
    $salary = mysql_result($query, $i, 'salary');                //输出第$i 行的 salary 列
    echo "<tr>";
    echo "<td>$serial_no</td>";
    echo "<td>$name</td>";
    echo "<td>$salary</td>";
    echo "</tr>";
}
echo "</table>";
?>
```

运行结果如图 15-1 所示。

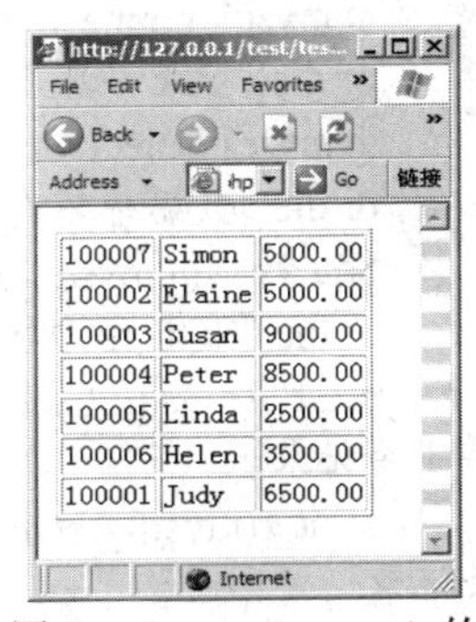


| | | |
|---|---|---|
| 100007 | Simon | 5000.00 |
| 100002 | Elaine | 5000.00 |
| 100003 | Susan | 9000.00 |
| 100004 | Peter | 8500.00 |
| 100005 | Linda | 2500.00 |
| 100006 | Helen | 3500.00 |
| 100001 | Judy | 6500.00 |

图 15-1 mysql _re sult 的运行结果

## 15.3.6 逐行获取结果集的每条记录

mysql_fetch_row 函数用于逐行读取结果集中的记录，语法格式如下所示。

```
mysql_fetch_row(result_set)
```

其中，result_set 是前面返回的结果集变量名。该函数返回一个包含所有列的数组，数组的键按照列的顺序分配。以下代码使用 mysql_fetch_row 函数重新编写了前面的例子，并获得了同样的结果。

```
<?php
@mysql_connect("localhost", "root")          //选择数据库之前需要先连接数据库服务器
or die("数据库服务器连接失败");
@mysql_select_db("mydb")                     //选择数据库 mydb
or die("数据库不存在或不可用");
$query = @mysql_query("select * from mytable") //执行 SQL 语句
or die("SQL 语句执行失败");
echo "<table border=1>";
```

```
    //通过循环的方式输出从第 0 行到最大的一行的所有记录
    while($row = mysql_fetch_row($query))
    {
        $serial_no = $row[0];                    //输出第$i 行的 serial_no 列
        $name = $row[1];                         //输出第$i 行的 name 列
        $salary = $row[4];                       //输出第$i 行的 salary 列
        echo "<tr>";
        echo "<td>$serial_no</td>";
        echo "<td>$name</td>";
        echo "<td>$salary</td>";
        echo "</tr>";
    }
    echo "</table>";
    ?>
```

可以看出，用于存储该函数返回结果的数组的键为从 0 开始的顺序数字。显然，这在实际应用中有些不大方便。因此，PHP 提供了功能更强大的 mysql_fetch_array 函数，语法格式如下所示：

```
mysql_fetch_array(result_set [,int type])
```



其中，result_set 是前面返回的结果集变量名。type 可以使用下面值中的一种。

- MYSQL_ASSOC：返回的数组的键为数据库表中的列名。
- MYSQL_NUM：返回的数组的键为数字。如果使用这个选项，则功能与 mysql_fetch_row 函数相同。
- MYSQL_BOTH：返回的数组的键为数据库表中的列名和数字。默认为这个选项。

对于这 3 种参数，以下代码演示它们的区别。

```
<?php
@mysql_connect("localhost", "root")          //选择数据库之前需要先连接数据库服务器
or die("数据库服务器连接失败");
@mysql_select_db("mydb")                     //选择数据库 mydb
or die("数据库不存在或不可用");
$query = @mysql_query("select * from mytable")        //执行 SQL 语句
or die("SQL 语句执行失败");
print_r(mysql_fetch_array($query, MYSQL_ASSOC)); //使用 MYSQL_ASSOC 方式获取第 1 条记录
print_r(mysql_fetch_array($query, MYSQL_NUM));   //使用 MYSQL_NUM 方式获取第 2 条记录
print_r(mysql_fetch_array($query, MYSQL_BOTH));  //使用 MYSQL_BOTH 方式获取第 3 条记录
?>
```

运行结果如下所示。

```
Array
(
    [serial_no] => 100007
    [name] => Simon
    [age] => 24
    [birthday] => 1982-11-06
    [salary] => 5000.00
```

```
        [bonus] => 1000.00
)
Array
(
        [0] => 100002
        [1] => Elaine
        [2] => 24
        [3] => 1982-01-01
        [4] => 5000.00
        [5] => 1000.00
)
Array
(
        [0] => 100003
        [serial_no] => 100003
        [1] => Susan
        [name] => Susan
        [2] => 31
        [age] => 31
        [3] => 1975-01-01
        [birthday] => 1975-01-01
        [4] => 9000.00
        [salary] => 9000.00
        [5] => 2000.00
        [bonus] => 2000.00
)
```

以下代码使用 mysql_fetch_array 函数重新编写了前面用 mysql_fetch_row 实现的例子，并获得了同样的结果。

```
<?php
@mysql_connect("localhost", "root")          //选择数据库之前需要先连接数据库服务器
or die("数据库服务器连接失败");
@mysql_select_db("mydb")                     //选择数据库 mydb
or die("数据库不存在或不可用");
$query = @mysql_query("select * from mytable") //执行 SQL 语句
or die("SQL 语句执行失败");
echo "<table border=1>";
//通过循环的方式输出从第 0 行到最大的一行的所有记录
while($row = mysql_fetch_array($query))
{
    $serial_no = $row['serial_no'];          //输出第$i 行的 serial_no 列
    $name = $row['name'];                    //输出第$i 行的 name 列
    $salary = $row['salary'];                //输出第$i 行的 salary 列
    echo "<tr>";
    echo "<td>$serial_no</td>";
    echo "<td>$name</td>";
    echo "<td>$salary</td>";
    echo "</tr>";
```

```
    }
    echo "</table>";
?>
```

可以看出，使用 mysql_fetch_array 函数大大增强了程序的可读性。

### 15.3.7　结果集的分页

当结果集中的记录数过多时，在一个页面上显示所有的记录会使页面很长。这样，用户在检索信息时就会很麻烦，而且不美观。因此，对结果集进行分页是很必要的。

以下代码修改了上面的例子，每页显示 5 条记录。

```
<?php
@mysql_connect("localhost", "root")                    //连接数据库服务器
or die("数据库服务器连接失败");
@mysql_select_db("mydb")                               //选择数据库 mydb
or die("数据库不存在或不可用");
$query = @mysql_query("select * from mytable")         //执行用于计算页数的 SQL 语句
or die("SQL 语句执行失败");
$pagesize = 5;                                         //设置每页记录数
$sum = mysql_numrows($query);                          //计算总记录数
if($sum % $pagesize == 0)                              //计算总页数
    $total = (int)($sum/$pagesize);
else
    $total = (int)($sum/$pagesize) + 1;
if (isset($_GET['page']))                              //获得页码
{
    $p = (int)$_GET['page'];
}
else
{
    $p = 1;
}
$start = $pagesize * ($p - 1);                         //计算起始记录
//执行查询当前页记录的 SQL 语句
$query = @mysql_query("select * from mytable limit $start, $pagesize")
or die("SQL 语句执行失败");
echo "<table border=1>";                               //输出表头
//通过循环的方式输出从第 0 行到最大的一行的所有记录
while($row = mysql_fetch_array($query))
{
    $serial_no = $row['serial_no'];                    //输出第$i 行的 serial_no 列
    $name = $row['name'];                              //输出第$i 行的 name 列
    $salary = $row['salary'];                          //输出第$i 行的 salary 列
    echo "<tr>";
    echo "<td>$serial_no</td>";
    echo "<td>$name</td>";
    echo "<td>$salary</td>";
    echo "</tr>";
```

```
}
echo "</table>";                          //输出表尾
if($p > 1)                                //当前页不是第一页时，输出上一页的链接
{
    $prev = $p - 1;
    echo "<a href='?page=$prev'>上一页</a> ";
}
if($p < $total)                           //当前页不是最后一页时,输出下一页的链接
{
    $next = $p + 1;
    echo "<a href='?page=$next'>下一页</a>";
}
?>
```

从上面的例子可以看出，分页是通过调用 SQL 语句中的“limit”子句来完成的。通过每页记录数与页码的成绩计算起始记录数，通过总记录数除以每页记录数来计算总页数。由此，得到一个能翻页的结果集列表。

### 15.3.8 用户动态添加记录



在实际应用中，往往需要实现用户通过浏览器使用表单来实现对数据的插入、更新和删除。本节开始将对一些常见的这类表单设计方法进行说明。前面介绍了使用 mysql_query 执行 SQL 语句的方法，通过表单插入数据的是使用这个函数来执行一条 insert 语句完成的。不同的是数据的来源是用户表单。

以下代码是一个对前面的 mytable 表插入数据的例子，这个例子通过两个文件来实现。一个是静态的 HTML 页面供用户输入数据，一个是 PHP 脚本文件用来实现数据插入。

静态 HTML 文件 insert.htm 代码如下所示：

```
<html>
<head>
<title>插入一条新数据</title>
<meta http-equiv="Content-Type" content="text/html; charset=gb2312">
</head>
<body>
<form method="post" name="form1" action="insert.php">
  <table align="center">
    <tr valign="baseline">
      <td nowrap align="right">员工号:</td>
      <td><input type="text" name="serial_no" value="" size="32"></td>
    </tr>
    <tr valign="baseline">
      <td nowrap align="right">姓名:</td>
      <td><input type="text" name="name" value="" size="32"></td>
    </tr>
    <tr valign="baseline">
      <td nowrap align="right">年龄:</td>
      <td><input type="text" name="age" value="" size="32"></td>
    </tr>
```

```
        <tr valign="baseline">
          <td nowrap align="right">生日:</td>
          <td><input type="text" name="birthday" value="" size="32"></td>
        </tr>
        <tr valign="baseline">
          <td nowrap align="right">工资:</td>
          <td><input type="text" name="salary" value="" size="32"></td>
        </tr>
        <tr valign="baseline">
          <td nowrap align="right">奖金:</td>
          <td><input type="text" name="bonus" value="" size="32"></td>
        </tr>
        <tr valign="baseline">
          <td colspan="2" nowrap><input name="Submit" type="submit" value="提交">
          <input type="reset" name="Reset" value="重设"></td>
        </tr>
      </table>
    </form>
    </body>
    </html>
```



动态 PHP 脚本 insert.php 代码如下所示：

```
<?php
@mysql_connect("localhost", "root")              //选择数据库之前需要先连接数据库服务器
or die("数据库服务器连接失败");
@mysql_select_db("mydb")                         //选择数据库 mydb
or die("数据库不存在或不可用");
//将表单中的数据通过$_POST 方式获取然后存储在相应的变量中
$serial_no = $_POST['serial_no'];
$name = $_POST['name'];
$age = $_POST['age'];
$birthday = $_POST['birthday'];
$salary = $_POST['salary'];
$bonus = $_POST['bonus'];
//执行 SQL 语句
$query = mysql_query("insert into mytable values($serial_no, '$name', $age, '$birthday',
$salary, $bonus)");
//根据 SQL 执行语句返回的 bool 型变量判断是否插入成功
if($query)
     echo "数据插入成功";
else
     echo "数据插入失败";
mysql_close();                                   //关闭与数据库服务器的连接
?>
```

通过浏览器查看 insert.htm 文件并将表单如图 15-2 的方式填写后提交。

图 15-2 insert.htm

提交后可以看到数据库中多了一条记录。

```
mysql> select * from mytable
    -> where serial_no = 110000
    -> ;
+-----------+------+-----+------------+-----------+---------+
| serial_no | name | age | birthday   | salary    | bonus   |
+-----------+------+-----+------------+-----------+---------+
|    110000 | Tom  |  36 | 1970-11-01 | 100000.00 | 3000.00 |
+-----------+------+-----+------------+-----------+---------+
1 row in set (0.06 sec)
```

### 15.3.9 用户动态更新记录

使用表单更新数据的方法与插入数据的方法类似，但是在调用表单的时候需要将数据库中的数据读出来并放置到表格中。因此，前面使用静态页面用来放置表单在这里已经不可取了。

以下代码实现了对 mytable 表进行更新，该例子由两个文件组成。一个是用于存放表单的 update.php 页面，该页面通过地址栏的参数判断当前要更新某条数据。一个是用于执行更新操作的 update_do.php 页面，该页面通过 mysql_query 函数完成对数据的更新。

表单的 update.php 页面如下所示：

```
<?php
@mysql_connect("localhost", "root")            //选择数据库之前需要先连接数据库服务器
or die("数据库服务器连接失败");
@mysql_select_db("mydb")                       //选择数据库 mydb
or die("数据库不存在或不可用");
$serial_no = $_GET['serial_no'];               //读取地址栏上的参数 serial_no
$query = mysql_query("select * from mytable where serial_no = $serial_no");
$row = mysql_fetch_array($query);              //读取数据库中的数据并放置在数组$row 中
?>
<html>
<head>
<title>更新一条新数据</title>
<meta http-equiv="Content-Type" content="text/html; charset=gb2312">
```

```
</head>
<body>
<form method="post" name="form1" action="update_do.php?serial_no=<?php echo
$serial_no?>">
    <table align="center">
        <tr valign="baseline">
            <td nowrap align="right">员工号:</td>
            <td><input type="text" name="serial_no" value="<?php echo $row['serial_no']?>"
size="32"></td>
        </tr>
        <tr valign="baseline">
            <td nowrap align="right">姓名:</td>
            <td><input type="text" name="name" value="<?php echo $row['name']?>"
size="32"></td>
        </tr>
        <tr valign="baseline">
            <td nowrap align="right">年龄:</td>
            <td><input type="text" name="age" value="<?php echo $row['age']?>"
size="32"></td>
        </tr>
        <tr valign="baseline">
            <td nowrap align="right">生日:</td>
            <td><input type="text" name="birthday" value="<?php echo $row['birthday']?>"
size="32"></td>
        </tr>
        <tr valign="baseline">
            <td nowrap align="right">工资:</td>
            <td><input type="text" name="salary" value="<?php echo $row['salary']?>"
size="32"></td>
        </tr>
        <tr valign="baseline">
            <td nowrap align="right">奖金:</td>
            <td><input type="text" name="bonus" value="<?php echo $row['bonus']?>"
size="32"></td>
        </tr>
        <tr valign="baseline">
            <td colspan="2" nowrap><input name="Submit" type="submit" value="提交">
            <input type="reset" name="Reset" value="重设"></td>
        </tr>
    </table>
</form>
</body>
</html>
```

update_do.php 页面的代码如下所示。

```
<?php
@mysql_connect("localhost", "root")            //选择数据库之前需要先连接数据库服务器
or die("数据库服务器连接失败");
```

```
@mysql_select_db("mydb")                    //选择数据库 mydb
or die("数据库不存在或不可用");
//将地址栏上的参数通过$_GET 方式获取然后存储在相应的变量中
$o_serial_no = $_GET['serial_no'];
//将表单中的数据通过$_POST 方式获取然后存储在相应的变量中
$serial_no = $_POST['serial_no'];
$name = $_POST['name'];
$age = $_POST['age'];
$birthday = $_POST['birthday'];
$salary = $_POST['salary'];
$bonus = $_POST['bonus'];
//执行 SQL 语句对数据库进行更新
$query = mysql_query("update mytable set serial_no = $serial_no, "
                    ."name = '$name', age = $age, birthday = '$birthday', "
                    ."salary = $salary, bonus = $bonus "
                    ."where serial_no = $o_serial_no");
//提示是否更新成功
if($query)
    echo "数据更新成功";
else
echo "数据更新失败";
//关闭数据库连接
mysql_close();
?>
```



在浏览器中运行 update.php?serial_no=110000 调用前面插入的数据，并将姓名更改成 Tim，如图 15-3 所示。

图 15-3　更改姓名

提交后可以在数据库中看到数据已经被更新了。

```
mysql> select * from mytable
    -> where serial_no = 110000
    -> ;
+-----------+------+-----+------------+-----------+---------+
| serial_no | name | age | birthday   | salary    | bonus   |
+-----------+------+-----+------------+-----------+---------+
|    110000 | Tim  |  36 | 1970-11-01 | 100000.00 | 3000.00 |
+-----------+------+-----+------------+-----------+---------+
1 row in set (0.00 sec)
```

### 15.3.10　用户动态删除记录

使用表单实现对数据的删除也可以使用类似于上面的方法来完成，即从地址栏或者表单获取删除条件，然后执行 SQL 语句实现对数据的删除。但是，这种方法对于删除数据比较麻烦。在实际应用中通常使用复选框来完成对数据的删除。

以下代码实现了对 mytable 表中数据的删除，该例子由两个文件来实现。delete.php 用于列出表中所有数据并提供复选框供用户选择要删除的数据，delete_do.php 用于实现对选择数据的删除。

delete.php 的代码如下所示：

```
<?php
@mysql_connect("localhost", "root")          //选择数据库之前需要先连接数据库服务器
or die("数据库服务器连接失败");
@mysql_select_db("mydb")                     //选择数据库 mydb
or die("数据库不存在或不可用");
$query = @mysql_query("select * from mytable")          //执行 SQL 语句
or die("SQL 语句执行失败");
echo "<form method='post' name='form1' action='delete_do.php'>";
echo "<table border=1>";
//通过循环的方式输出从第 0 行到最大的一行的所有记录
for($i=0; $i<mysql_numrows($query); $i++)
{
    $serial_no = mysql_result($query, $i, 'serial_no');          //第$i 行的 serial_no 列
    $name = mysql_result($query, $i, 'name');                     //第$i 行的 name 列
    $salary = mysql_result($query, $i, 'salary');                 //第$i 行的 salary 列
    echo "<tr>";
    //输出复选框。需要注意的是，这里的 name 采用了数组方式的表示方法。
    echo "<td><input type='checkbox' name='chk[]' value='$serial_no'></td>";
    echo "<td>$serial_no</td>";
    echo "<td>$name</td>";
    echo "<td>$salary</td>";
    echo "</tr>";
}
echo "<tr>";
echo "<td colspan=4 nowrap><input name='Submit' type='submit' value='提交'>";
echo "<input type='reset' name='Reset' value='重设'></td>";
echo "</tr></table></form>";
?>
delete_do.php 的代码如下所示。
<?php
@mysql_connect("localhost", "root")     //选择数据库之前需要先连接数据库服务器
or die("数据库服务器连接失败");
@mysql_select_db("mydb")                //选择数据库 mydb
or die("数据库不存在或不可用");
foreach($_POST['chk'] AS $check)        //对$_POST['chk']数组的每一个元素逐一删除
{
     $query = mysql_query("delete from mytable where serial_no = $check");
```

```
    if($query)                          //输出是否删除成功的信息
        echo "删除成功";
    else
        echo "删除失败";
}
mysql_close();                          //关闭数据库连接
?>
```

这里需要注意多复选框的处理方法，因为 PHP 不像 ASP 那样可以直接获取同名复选框的所有 value，所以这里采用了将表单元素 chk 的名字（name）设置成数组形式 chk[]的方法。这样，在 PHP 代码接受表单的提交时就可以按照数组的方式对复选框的每一个元素进行处理了。

在浏览器中访问 delete.php 并选中 100004 和 110000 准备删除，如图 15-4 所示。

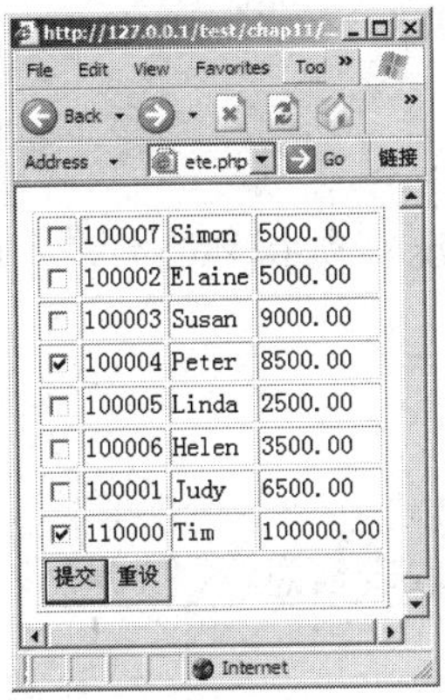

图 15-4　删除 10004 和 110000

提交后，在数据库中看不到这两条数据了。

```
mysql> select * from mytable
    -> where serial_no in (110000, 100004)
    -> ;
Empty set (0.00 sec)
```

## 15.4　使用 PHP 获取 MySQL 数据库的信息

除了可以使用 PHP 对数据库进行查询、插入、修改和删除等操作，PHP 还可以用来获得 MySQL 数据库的一些基本信息。例如数据库列表、表的列表等。本节将介绍如何实现这些操作。

### 15.4.1　获取数据库的信息

mysql_list_dbs 函数用于获取数据库信息，类似于 MySQL 命令行下的 show databases 命令。其语法如下所示：

```
mysql_list_dbs([resource_id])
```

这里的 resource_id 是前面连接数据库连接时返回的对象。该函数返回了一个包含有服务器上所有数据库名称的结果集，该结果集与使用 mysql_query 函数得到的结果集相同。在 PHP 中可以通过 mysql_fetch_row 等函数对该结果集进行操作。

以下代码是一个显示 localhost 上所有数据库名称的例子。

```
<?php
@mysql_connect("localhost", "root")          //选择数据库之前需要先连接数据库服务器
or die("数据库服务器连接失败");
$dbs = mysql_list_dbs();                     //调用 mysql_list_dbs 函数
while ($array = mysql_fetch_row($dbs))       //循环输出所有的数据库名称
{
    echo "$array[0]<BR>";
}
?>
```

运行结果如下所示：

```
information_schema
mydb
mysql
test
```

可以看到，使用 mysql_list_dbs 函数得到的结果与在 MySQL 命令行下得到的结果完全相同。



### 15.4.2 获取表的信息

mysql_list_tables 函数用于获取表信息，类似于 MySQL 命令行下的 show tables 命令，其语法如下所示：

```
mysql_list_tables(string database_name [, resource_id])
```

这里的 database_name 是数据库名，resource_id 是前面连接数据库连接时返回的对象。该函数返回了一个包含有服务器上所有数据库名称的结果集，该结果集与使用 mysql_query 函数得到的结果集相同。在 PHP 中可以通过 mysql_fetch_row 等函数对该结果集进行操作。

以下代码是一个显示 localhost 上所有 mydb 数据库中所有表名称的例子。

```
<?php
@mysql_connect("localhost", "root")          //选择数据库之前需要先连接数据库服务器
or die("数据库服务器连接失败");
$dbs = mysql_list_tables(“mydb”);            //调用 mysql_list_tables 函数
while ($array = mysql_fetch_row($dbs))       //循环输出所有的表名称
{
    echo "$array[0]<BR>";
}
?>
```

运行结果如下所示：

```
auth
myadmin
mydepart
mytable
mytable_new
```

可以看到，使用 mysql_list_tables 函数得到的结果与在 MySQL 命令行下得到的结果完全相同。

### 15.4.3 获取列的数目

PHP 提供了一系列的函数用来获取一个表中列的信息。这些函数根据结果集来生成表中各列的信息。

mysql_num_fields 函数用于获取列的数目，其语法如下所示：

```
int mysql_num_fields(result_set)
```

其中的 result_set 是 mysql_query 函数返回的结果集对象。以下代码是一个使用这个函数的例子。

```
<?php
    mysql_connect("localhost","root");                    //连接服务器
    mysql_select_db("mydb");                               //选择数据库
    $result = mysql_query("SELECT * FROM mytable");        //执行查询操作
    echo mysql_num_fields($result);                        //获取列的数目
?>
```

### 15.4.4 获取列的名称

mysql_field_name 函数用于获取列的名称，其语法如下所示：

```
string mysql_field_name (result_set, int offset)
```

其中的 result_set 是 mysql_query 函数返回的结果集对象，offset 用来表示要返回的是第几列的名称。例如：

```
<?php
    mysql_connect("localhost","root");
    mysql_select_db("mydb");
    $result = mysql_query("SELECT * FROM mytable");
    echo mysql_field_name($result,0);                      //获取列的名称
?>
```

### 15.4.5 获取列的数据类型

mysql_field_type 函数用于获取列的数据类型，其语法如下所示：

```
string mysql_field_type (result_set, int offset)
```

其中的 result_set 是 mysql_query 函数返回的结果集对象，offset 用来表示要返回的是第几列的数据类型。例如：

```
<?php
    mysql_connect("localhost","root");
    mysql_select_db("mydb");
    $result = mysql_query("SELECT * FROM mytable");
    echo mysql_field_type($result,0);                      //获取列的数据类型
?>
```

### 15.4.6 获取列的长度

mysql_field_len 函数用于获取列的数据类型，其语法如下所示：

```
int mysql_field_len(result_set, int offset)
```

其中的 result_set 是 mysql_query 函数返回的结果集对象，offset 用来表示要返回的是第几列的长度。例如：

```
<?php
    mysql_connect("localhost","root");
    mysql_select_db("mydb");
    $result = mysql_query("SELECT * FROM mytable");
    echo mysql_field_len($result,0);                    //获取列的长度
?>
```

### 15.4.7 获取列的标志

mysql_field_flag 函数用于获取列的标志。所谓标志，包括列的基本属性，例如是否为空等，也包括列的主键外键等。其语法如下所示：

```
int mysql_field_flag(result_set, int offset)
```

其中的 result_set 是 mysql_query 函数返回的结果集对象，offset 用来表示要返回的是第几列的标志。例如：

```
<?php
    mysql_connect("localhost","root");
    mysql_select_db("mydb");
    $result = mysql_query("SELECT * FROM mytable");
    echo mysql_field_flag($result,0);                   //获取列的标志
?>
```



### 15.4.8 查看表中各列属性的应用实例

前面介绍了一些常用的查看表中各列的属性的函数，以下代码综合运用了上面的函数得到了一个完整的查看表中各列属性的页面。

```
<?php
    mysql_connect("localhost","root");                  //连接服务器
    mysql_select_db("mydb");                            //选择数据库
    echo "<table border='1'>";                          //输出表头
    echo "<tr><th>列名</th><th>类型</th><th>长度</th><th>标志</th>";
    $result = mysql_query("SELECT * FROM mytable");//在 mytable 表上执行 SQL 语句
    $fields = mysql_num_fields($result);                //获得列的数目
    for($i=0; $i<$fields; $i++)                         //循环获得各列信息
    {
        //获得列的各个属性
        $name = mysql_field_name($result,$i);           //获得列的名称
        $type = mysql_field_type($result,$i);           //获得列的类型
        $length = mysql_field_len($result,$i);          //获得列的长度
        $flags = mysql_field_flags($result,$i);         //获得列的标志
        echo "<tr><td>$name</td>                        //输出列的信息
                <td>$type</td>
                <td>$length</td>
                <td>$flags</td></tr>";
    }
```

```
    echo "</table>";
    mysql_close();                                   //关闭与数据库的连接
?>
```

运行结果如图15-5所示。

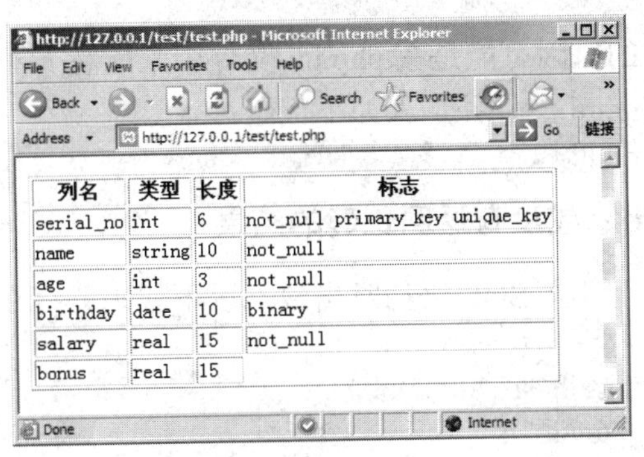


| 列名 | 类型 | 长度 | 标志 |
|---|---|---|---|
| serial_no | int | 6 | not_null primary_key unique_key |
| name | string | 10 | not_null |
| age | int | 3 | not_null |
| birthday | date | 10 | binary |
| salary | real | 15 | not_null |
| bonus | real | 15 | |

图15-5　完整查看表中各列属性的实例

## 15.5　常见问题与解决方案



在实际的PHP与MySQL结合的应用中，往往会碰到很多问题。这些问题不一定是由于代码的错误造成的，可能是一些环境因素，或者是数据存在问题。本节将介绍一些常见问题及其解决方案。

### 1. MySQL服务器无法连接

错误信息如下所示：

```
Warning: mysql_connect() [function.mysql-connect]: Unknown MySQL server host 'localhost' (11001) in C:\apache\htdocs\TEST\test.php on line 2
```

出现这条错误信息的原因可能是：

- 其中的mysql_connect函数中指定的服务器地址有误。
- 数据库服务器不可用。

解决方案如下所示：

- 检查代码中的服务器地址是否正确。
- 检查数据库服务器是否已经启动并且可用。

### 2. 用户无权限访问MySQL服务器

错误信息如下所示：

```
Warning: mysql_connect() [function.mysql-connect]: Access denied for user 'root'@'localhost' (using password: NO) in C:\apache\htdocs\TEST\test.php on line 2
```

出现这条错误信息的原因可能是代码中的mysql_connect函数中指定的用户名或者密码有误或者在当前服务器上不可用。

解决方案如下所示：

- 检查代码中的用户名和密码是否正确。
- 通过MySQL命令行测试是否可以使用该用户名和密码登录MySQL数据库服务器。

### 3. 提示 mysql_connect 函数未定义

错误信息如下所示：

```
Fatal error: Call to undefined function mysql_connect() in C:\apache\htdocs\TEST\test.php on line 2
```

出现这条错误信息的原因可能是在 php.ini 文件中来配置 MySQL 的扩展库。

解决方案是编辑 php.ini 文件并加入如下代码：

```
extension=php_mysql.dll
```

### 4. SQL 语句出错或没有返回正确的结果

这种情况经常在使用动态 SQL 语句时出现，以下代码就存在一个错误。

```
<?php
    mysql_connect("localhost","root");
    mysql_select_db("mydb");
    $sql = "SELECT * FROM $table";
    $result = mysql_query($sql);
    print_r(mysql_fetch_row($result));
?>
```



这里的错误是使用了没有赋值的变量$table，错误信息如下所示：

```
Warning: mysql_fetch_row(): supplied argument is not a valid MySQL result resource in C:\apache\htdocs\TEST\test.php on line 5
```

解决方案：使用 print 或者 echo 函数输出 SQL 语句来检查错误。例如将上面的例子修改成如下所示的代码：

```
<?php
    mysql_connect("localhost","root");          //选择数据库之前需要先连接数据库服务器
    mysql_select_db("mydb");                    //选择数据库 mydb
    $sql = "SELECT * FROM $table";              //定义 SQL 语句
    echo $sql;                                  //输出 SQL 语句
    $result = mysql_query($sql);                //执行 SQL 语句
    print_r(mysql_fetch_row($result));          //输出执行结果
?>
```

这样，从运行结果就可以看出 SQL 语句的错误了。

### 5. 插入包含单引号的字符串时出错

例如以下代码试图向 mytable 表中插入一条包含带有引号的字符串的数据。

```
<?php
@mysql_connect("localhost", "root")             //选择数据库之前需要先连接数据库服务器
or die("数据库服务器连接失败");
@mysql_select_db("mydb")                        //选择数据库 mydb
or die("数据库不存在或不可用");
$query = mysql_query("insert into mytable values(112233, 'Just'in', 25, '1981-12-4', 7500, 2000)");
?>
```

这个例子试图插入“Just’in”到 mytable 表中，错误信息如下所示：

```
Parse error: syntax error, unexpected T_ENCAPSED_AND_WHITESPACE, expecting T_STRING or T_VARIABLE or T_NUM_STRING in C:\apache\htdocs\TEST\Chap16\insert.phpon line12
```

解决方法：将要插入的字符串先赋值到变量中。例如将上面的例子改写成如下所示的代码：

```
<?php
@mysql_connect("localhost", "root")          //选择数据库之前需要先连接数据库服务器
or die("数据库服务器连接失败");
@mysql_select_db("mydb")                     //选择数据库 mydb
or die("数据库不存在或不可用");
//将要插入的数据放置到变量中存储
$serial_no = 112233;
$name = "Just'in";
$age = 25;
$birthday = "1981-12-4";
$salary = 7500;
$bonus = 2000;
//执行 SQL 语句
$query = mysql_query("insert into mytable values($serial_no, '$name', $age, '$birthday',
$salary, $bonus)");
?>
```



## 15.6 小结

本章介绍了 PHP 与 MySQL 结合使用的基本方法。在实际应用中，PHP 与 MySQL 的结合很常见，因此，本章中的查询、插入、更新、删除数据的方法非常重要。对于使用 PHP 获取数据库信息的方法，在一些特殊的应用中也会被用到。综合运用获取数据库信息与获取数据的方法是本章的一大难点。对于本章内容，建议读者反复调试代码，以达到熟练操作数据库的能力。通过本章的学习，读者要掌握如下知识点：

（1）Web 数据库的工作原理。

（2）PHP 操作 MySQL 数据库。

（3）PHP 获取 MySQL 数据库信息。

为了巩固所学，读者还需要做如下的练习：

（1）上机测试运行本章的案例。

（2）自己创建表，使用 PHP 来进行各种操作并显示表的变化。

# 第16章 数据库中的程序逻辑

在一般性的应用中，使用PHP直接对数据库进行存取的方法应用非常广泛。有时候，一些基本的数据库应用可能会被反复用到。如果使用PHP反复执行这一相同操作，不仅麻烦而且影响代码的运行效率。因此，在某些时候，对于一些小型并且频繁使用的数据库操作，可以将其交给数据库来完成。本章将要以 MySQL 数据库为例介绍如何在数据库中实现这些程序逻辑。

**本章学习目标：**

理解数据库程序逻辑和PHP程序逻辑的分体设计原则，能完成存储过程设计和触发器的设计。具体的知识和技能学习点如下表所示：

| 本章知识技能学习点 | 掌握程度 |
| --- | --- |
| 数据库程序逻辑和PHP程序逻辑的分体设计 | 理解含义 |
| 数据库程序逻辑和数据的关系 | 理解含义 |
| 数据库存储过程的设计 | 必知必会 |
| 触发器的设计 | 必知必会 |
| PHP调用存储过程 | 必知必会 |
| PHP调用触发器 | 必知必会 |

## 16.1 数据库程序逻辑与PHP程序逻辑的分体设计原则

事实上，所有的数据库操作都可以放到PHP代码中实现。并且，在MySQL 5.0发布之前，几乎所有的PHP与MySQL结合的实例都是这样做的。MySQL 5.0提供了对触发器和存储过程的支持，才使将程序逻辑放入数据库中的实现成为可能。

一般来说，以下几种情况可以将程序逻辑放入数据库中来实现。

- 触发的操作。在对数据库的信息进行更新时，某一操作将被反复调用。例如，只要对某个数据库表中的数据进行删除，被删除的数据则存放到另一个表中。
- 原子化操作。例如，在系统中要经常以某个表中的数据为依据对用户的输入进行验证。
- 反复调用的操作。有些操作将被反复调用，并实施相同的功能。例如，在系统中对于每页的访问，都像数据库中用于为记录日志的表插入一条数据。

## 16.2 数据库程序逻辑与数据的关系

数据库中的程序逻辑与数据的关系和PHP与数据库的关系相类似。两者都是用于存取数据的。数据库中的程序逻辑本身不包含任何数据。

在数据库中用于实现程序逻辑的对象通常包括存储过程和触发器两种，它们与外部应用程序和数据的关系如图16-1所示。

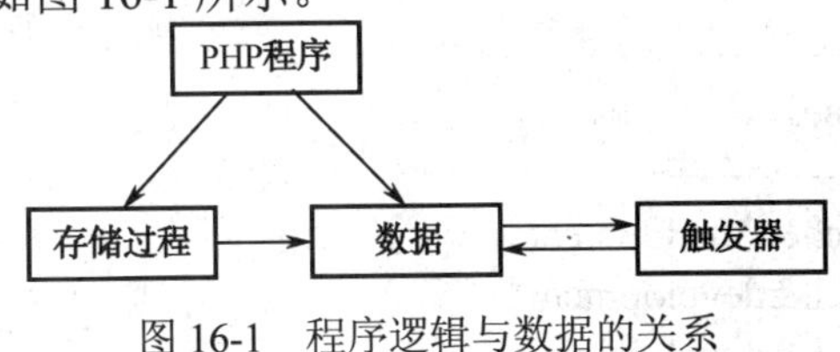


图16-1 程序逻辑与数据的关系

从图中可以看出，存储过程主要供PHP程序调用，并实现存储数据的功能。触发器是当数据发生变化满足触发要求时被调用，并实现存取数据的功能。



## 16.3 存储过程的设计

前面简要介绍了存储过程和触发器的工作原理，从本节开始将具体介绍如何在MySQL上设计存储过程和触发器，以及如何在PHP中调用它们。

这里使用的示例表，是一个用于存储员工信息的数据表。使用select语句得到的结果如下所示：

```
mysql> select * from mytable;
+-----------+--------+-----+------------+---------+---------+
| serial_no | name   | age | birthday   | salary  | bonus   |
+-----------+--------+-----+------------+---------+---------+
|    100001 | Simon  |  24 | 1982-11-06 | 5000.00 | 1000.00 |
|    100002 | Elaine |  24 | 1982-01-01 | 5000.00 | 1000.00 |
|    100003 | Susan  |  31 | 1975-01-01 | 9000.00 | 2000.00 |
+-----------+--------+-----+------------+---------+---------+
3 rows in set (0.09 sec)
```

### 16.3.1 定界符重定义

在MySQL的命令行平台的，默认情况下，每碰到一次分号就默认将语句提交并执行。而在存储过程或者触发器的设计中往往存在很多个SQL语句，也就是很多分号。这时，就需要重定义定界符使MySQL命令行在碰到分号时并不执行提交操作，而是使用用户自定义的定界符来提交，代码如下：

```
mysql> delimiter //
mysql> select * from mytable;
    -> select * from mydepart;
    -> //
```

```
+-----------+--------+-----+------------+---------+---------+
| serial_no | name   | age | birthday   | salary  | bonus   |
+-----------+--------+-----+------------+---------+---------+
|    100001 | Simon  |  24 | 1982-11-06 | 5000.00 | 1000.00 |
|    100002 | Elaine |  24 | 1982-01-01 | 5000.00 | 1000.00 |
|    100003 | Susan  |  31 | 1975-01-01 | 9000.00 | 2000.00 |
+-----------+--------+-----+------------+---------+---------+
3 rows in set (0.15 sec)

+-----------+----------------------+
| serial_no | dept_name            |
+-----------+----------------------+
|    100001 | research&development |
|    100002 | research&development |
|    100003 | research&development |
|    100004 | production support   |
|    100005 | production support   |
|    100006 | test team            |
+-----------+----------------------+
6 rows in set (0.24 sec)
```



上面的例子将定界符设置成了“//”，这样，只有在碰到“//”时才会执行提交操作。上面的例子在一次提交中执行了两条 SQL 语句。在本章下面的例子中，均假设定界符已经被设定成了“//”。

### 16.3.2 存储过程的创建与调用

存储过程的创建方法如下所示：

```
create procedure proc_name ([parameter[,...]])
    [characteristic ...] proc_body
```

这里的 proc_name 表示存储过程名。parameter 是存储过程的参数，可能包含以下 3 种类型。

- ❑ IN：表示参数是一个传入的参数。
- ❑ OUT：表示参数是一个传出的参数。
- ❑ INOUT：表示参数既是一个传入的参数，也是一个传出的参数。
- ❑ characteristic 是一个用于表示存储过程属性的程序段，可能有以下的一种或几种组合而成。
- ❑ LANGUAGE SQL：表示当前语言为 SQL。在 MySQL 中，这个选项是系统默认的，在这里声明是为了考虑到存储过程可能会被应用到其他的数据库管理系统上，例如，IBM 的 DB2。考虑到 DB2 等其他数据库产品的兼容问题，在一些可能需要更换数据库产品的应用开发中最好还是声明一下这个选项。除此之外，随着技术的发展，今后的存储过程可能会出现 SQL 以外的其他语言，这样，就不需要逐个更改已经存在的存储过程了。
- ❑ [NOT] DETERMINISTIC：对于同样的参数，是否总是返回相同的结果。
- ❑ SQL SECURITY {DEFINER | INVOKER}：声明这个存储过程在执行时所用的权

限。DEFINER 表示是存储过程将使用与创建者相同的权限，INVOKER 表示存储过程将使用与调用者相同的权限。默认为 DEFINER。

- COMMENT string：用于增加注释，例如说明存储过程的用途。

proc_body 是存储过程的执行部分，用于填写存储过程的程序代码。

下面是一个创建存储过程的例子，该存储过程调用了一个简单的 SQL 语句。

```
mysql> create procedure mytest1()
    -> select * from mytable;
    -> //
Query OK, 0 rows affected (1.19 sec)
```

存储过程创建后将存储在 MySQL 数据库系统中以供调用。调用一个存储过程的方法如下所示：

```
CALL proc_name ([parameter[,...]])
```

这里，proc_name 是要被调用的存储过程名，parameter 是参数，注意要与存储过程的定义一致。以下例子调用了上面的存储过程。

```
mysql> call mytest1();
    -> //
+-----------+--------+-----+------------+---------+---------+
| serial_no | name   | age | birthday   | salary  | bonus   |
+-----------+--------+-----+------------+---------+---------+
|    100001 | Simon  |  24 | 1982-11-06 | 5000.00 | 1000.00 |
|    100002 | Elaine |  24 | 1982-01-01 | 5000.00 | 1000.00 |
|    100003 | Susan  |  31 | 1975-01-01 | 9000.00 | 2000.00 |
+-----------+--------+-----+------------+---------+---------+
3 rows in set (0.24 sec)

Query OK, 0 rows affected (0.25 sec)
```

可以看到，存储过程中的 SQL 语句在存储过程在调用时被执行了。并且，其作用效果与直接执行这个 SQL 语句完全相同。

### 16.3.3 存储过程的参数

存储过程的参数分为 3 种形式——IN、OUT 和 INOUT，默认为 IN。

#### 1. 输入参数 in

存储过程的 in 参数用于将变量传入存储过程中，在存储过程中可以像使用变量一样使用这个参数，如：

```
mysql> create procedure mytest2(in parm1 int)
    -> select * from mytable where serial_no = parm1;
    -> //
Query OK, 0 rows affected (0.07 sec)
```

在存储过程体内，parm1 被当做一个变量写入了 SQL 语句中。调用这个存储过程的方法如下：

```
mysql> call mytest2(100001);
    -> //
```

```
+-----------+-------+-----+------------+---------+---------+
| serial_no | name  | age | birthday   | salary  | bonus   |
+-----------+-------+-----+------------+---------+---------+
|    100001 | Simon |  24 | 1982-11-06 | 5000.00 | 1000.00 |
+-----------+-------+-----+------------+---------+---------+
1 row in set (0.03 sec)

Query OK, 0 rows affected (0.03 sec)
```

可以看出，这个结果与直接调用以下 SQL 语句的结果是完全相同的。

```
select * from mytable where serial_no = 100001;
```

### 2. 输出参数 out

out 参数使用存储过程的输出变量的参数。在存储过程中可以通过 set 关键字来设置这个参数的值，然后在调用存储过程后直接使用 select 关键字来获取这个参数的值。代码如下：

```
mysql> create procedure mytest3(out parm1 int)
    -> set parm1 = 100;
    -> //
Query OK, 0 rows affected (0.04 sec)

mysql> call mytest3(@parm1);
    -> //
Query OK, 0 rows affected (0.09 sec)

mysql> select @parm1;
    -> //
+--------+
| @parm1 |
+--------+
| 100    |
+--------+
1 row in set (0.00 sec)
```



上面的代码在调用存储过程的时候将@parm1 作为参数传入存储过程，由存储过程将其设置成一个整数。在 select 的时候，可以直接得到这个整数的值。需要注意的是，在表示变量的时候，都必须以“@”开头。

除了可以直接设置外，还可以通过 select 语句的 into 子句将数据表中的数据存入 OUT 参数中，如：

```
mysql> create procedure mytest4(out parm1 int)
    -> select salary into parm1 from mytable where serial_no = 100001;
    -> //
Query OK, 0 rows affected (0.01 sec)

mysql> call mytest4(@parm1);
    -> //
Query OK, 0 rows affected (0.01 sec)
```

```
mysql> select @parm1;
    -> //
+--------+
| @parm1 |
+--------+
| 5000   |
+--------+
1 row in set (0.00 sec)
```

可以看到，上面的存储过程实现了从数据表 mytable 中读入一条数据并放置到一个变量中的功能。

### 3. 输入/输出参数 inout

inout 参数既可以用于输入参数，也可以用于输出参数，如：

```
mysql> create procedure mytest5(inout parm1 int)
    -> select salary into parm1 from mytable where serial_no = parm1;
    -> //
Query OK, 0 rows affected (0.00 sec)

mysql> set @parm1=100001;
    -> //
Query OK, 0 rows affected (0.05 sec)

mysql> call mytest5(@parm1);
    -> //
Query OK, 0 rows affected (0.00 sec)

mysql> select @parm1;
    -> //
+--------+
| @parm1 |
+--------+
| 5000   |
+--------+
1 row in set (0.00 sec)
```

上面的代码首先创建了一个存储过程，包含如下 SQL 语句：

```
select salary into parm1 from mytable where serial_no = parm1;
```

这里首先将 parm1 作为输入参数获得其值，然后将其作为输出参数存放 salary 的查询结果。

然后，将变量@parm1 设置成 100001，并调用存储过程。在存储过程体内，SQL 语句可看成以下方式：

```
select salary into parm1 from mytable where serial_no = 100001;
```

这与前面的 SQL 语句是一致的。SQL 语句执行后，parm1 被赋与了 salary 的值。然后执行 select @parm1 的时候，就得到了这个 salary 值。

### 16.3.4 复合语句

前面介绍的存储过程都是在存储过程体内只执行一条 SQL 语句。但是很多时候，往往需要在存储过程体内执行多条语句，就像一段 PHP 脚本。

使用复合语句要使用一对 begin…end 来标识语句的开始与结束，如：

```
create procedure proc_name ([parameter[,...]])
begin
…
end
```

以下例子在一个存储过程中调用了两条 SQL 语句。

```
mysql> create procedure mytest6(in parm1 int)
    -> begin
    -> select * from mytable where serial_no = parm1;
    -> select * from mydepart where serial_no = parm1;
    -> end
    -> //
Query OK, 0 rows affected (0.00 sec)

mysql> call mytest6(100001);
    -> //
+-----------+-------+-----+------------+---------+---------+
| serial_no | name  | age | birthday   | salary  | bonus   |
+-----------+-------+-----+------------+---------+---------+
|    100001 | Simon |  24 | 1982-11-06 | 5000.00 | 1000.00 |
+-----------+-------+-----+------------+---------+---------+
1 row in set (0.09 sec)

+-----------+----------------------+
| serial_no | dept_name            |
+-----------+----------------------+
|    100001 | research&development |
+-----------+----------------------+
1 row in set (0.17 sec)

Query OK, 0 rows affected (0.17 sec)
```

上面的代码在存储过程体内调用了两条 SQL 语句，两条 SQL 语句被写入了一对 BEGIN…END 中。在调用存储过程时，这两条 SQL 语句被先后执行。

### 16.3.5 变量

前面几节介绍了如何在存储过程体内调用传入的参数。在存储过程体内部，也可以定义变量。定义变量的方法如下所示：

```
declare variable_name variable_type [default variable_value];
```

其中，variable_name 是变量名，variable_type 是变量类型，variable_value 是变量的初始值。在定义变量时，初始值是可选的。如果不指定初始值，可以使用前面介绍过的 set 方法对变量进行赋值。

下面是一个在存储过程中实现对两个变量进行相加和输出的例子。

```
mysql> create procedure mytest7(in a int, in b int)
    -> begin
    -> declare s int default 0;
    -> set s=a+b;
    -> select s;
    -> end
    -> //
Query OK, 0 rows affected (0.03 sec)

mysql> call mytest7(1,2);
    -> //
+------+
| s    |
+------+
|    3 |
+------+
1 row in set (0.03 sec)

Query OK, 0 rows affected (0.03 sec)
```

此例首先接受来自参数的两个整数，然后定义一个变量 s 并等于这两个整数的和，最后使用 SELECT 语句输出这个和。

下面来讨论一下存储过程中变量的作用域。在存储过程中，允许嵌套使用 begin…end 对来控制结构。在一对 begin…end 中定义的变量只在其内的范围内有效，如：

```
mysql> create procedure mytest8()
    -> begin
    -> declare s int default 0;
    -> select s;
    -> begin
    -> declare s int default 1;
    -> select s;
    -> end;
    -> select s;
    -> end
    -> //
Query OK, 0 rows affected (0.00 sec)

mysql> call mytest8();
    -> //
+------+
| s    |
+------+
|    0 |
+------+
1 row in set (0.00 sec)

+------+
```

```
| s      |
+------+
|      1 |
+------+
1 row in set (0.00 sec)

+------+
| s      |
+------+
|      0 |
+------+
1 row in set (0.00 sec)

Query OK, 0 rows affected (0.00 sec)
```

可以看出，在内部的 begin…end 中定义和赋值的变量 s 并不对其外的同名变量 s 起任何更改作用。事实上，这两个 s 是两个不同的变量。



### 16.3.6 条件语句

与 PHP 程序类似，在存储过程中也可以通过条件语句来实现一些逻辑操作。存储过程中的条件语句分为两种：一种是 if-then-else 语句，一种是 case 语句。

#### 1. if-then-else

if-then-else 的语法格式如下所示：

```
if condition then
    statement1;
else
    statement2;
end if;
```

其中的 condition 为 if 语句的判断条件，当 condition 为 TRUE 时执行 statement1，否则执行 statement2。存储过程的语法与 VB 比较像，而与 PHP 有很大区别。

以下例子通过传入的参数判断是否及格。

```
mysql> create procedure mytest9(in score int)
        -> begin
        -> if score>=60 then
        -> select '及格';
        -> else
        -> select '不及格';
        -> end if;
        -> end
        -> //
Query OK, 0 rows affected (0.03 sec)

mysql> call mytest9(59);
        -> //
+--------+
```

```
| 不及格 |
+--------+
| 不及格 |
+--------+
1 row in set (0.00 sec)

Query OK, 0 rows affected (0.00 sec)

mysql> call mytest9(61);
    -> //
+------+
| 及格 |
+------+
| 及格 |
+------+
1 row in set (0.00 sec)

Query OK, 0 rows affected (0.00 sec)
```



在存储过程中，IF 也是可以嵌套的，即在一个 IF 语句中也可以嵌套另一个 IF 语句。这里不再举例说明了。

### 2. case 语句

case 语句主要用于多个条件的比较，相当于 PHP 中的 switch 语句，语法格式如下所示：

```
case variable
when value1 then statement1;
when value2 then statement2;
…
else statementn;
end case;
```

这里，根据 variable 的值对每个 when 后面的 value 进行匹配，并执行相应的语句。如果没有找到匹配项，则执行 else 后面的语句。

以下例子演示了 case 语句的用法。

```
mysql> create procedure mytest10(in level int)
    -> begin
    -> case level
    -> when 1 then select '级别一';
    -> when 2 then select '级别二';
    -> when 3 then select '级别三';
    -> else select '级别四';
    -> end case;
    -> end
    -> //
Query OK, 0 rows affected (0.00 sec)

mysql> call mytest10(3);
    -> //
```

```
+--------+
| 级别三 |
+--------+
| 级别三 |
+--------+
1 row in set (1.51 sec)

Query OK, 0 rows affected (1.51 sec)
```

在上面的演示中，调用存储过程时，参数为3，则输出“级别三”的文字。需要注意的是，在存储过程中并没有类似break语句的机制，程序并不会从匹配项开始依次运行每一个选项。

### 16.3.7 循环语句

存储过程的循环语句主要分为3种——while、repeat和loop。

#### 1. while

while的语法格式如下所示：

```
while condition do
statements;
end while;
```

当condition条件成立时，就会反复执行statements的语句，直到condition不成立为止。以下例子实现了一个循环累加的功能。

```
mysql> create procedure mytest11()
    -> begin
    -> declare i int default 0;
    -> declare s int default 0;
    -> while i<5 do
    -> set s=s+i;
    -> set i=i+1;
    -> end while;
    -> select s;
    -> end
    -> //
Query OK, 0 rows affected (0.00 sec)

mysql> call mytest11();
    -> //
+------+
| s    |
+------+
|   10 |
+------+
1 row in set (0.00 sec)

Query OK, 0 rows affected (0.00 sec)
```

## 2. repeat

repeat 的语法格式如下所示：

```
repeat
statements;
until condition
end while;
```

在初始的循环中，不检测任何条件进入循环，当 condition 条件成立时，跳出循环。如果 condition 不成立，循环将会一直继续下去。

以下例子实现了上面的循环累加的功能。

```
mysql> create procedure mytest12()
    -> begin
    -> declare i int default 0;
    -> declare s int default 0;
    -> repeat
    -> set s=s+i;
    -> set i=i+1;
    -> until i>=5
    -> end repeat;
    -> select s;
    -> end
    -> //
Query OK, 0 rows affected (0.00 sec)

mysql> call mytest12();
    -> //
+------+
| s    |
+------+
|   10 |
+------+
1 row in set (0.00 sec)

Query OK, 0 rows affected (0.01 sec)
```

可以看到，运行结果与前面相同。

## 3. loop

使用 loop 既不检测执行循环的条件，也不检测离开循环的条件，而是通过 leave 语句实现离开。loop 的语法格式如下所示：

```
loop_label: loop
statements;
if condition then
leave loop_label;
end if;
end loop;
```

这里，使用了 if 语句控制 leave 语句。在实际应用中，也可以用其他的语句来控制

LEAVE 语句的调用。

以下例子实现了上面的循环累加的功能。

```
mysql> create procedure mytest13()
    -> begin
    -> declare i int default 0;
    -> declare s int default 0;
    -> loop_label: loop
    -> set s=s+i;
    -> set i=i+1;
    -> if i>=5 then
    -> leave loop_label;
    -> end if;
    -> end loop;
    -> select s;
    -> end
    -> //
Query OK, 0 rows affected (0.34 sec)

mysql> call mytest13();
    -> //
+------+
| s    |
+------+
|   10 |
+------+
1 row in set (0.00 sec)

Query OK, 0 rows affected (0.00 sec)
```

可以看到，运行结果与前面相同。



### 16.3.8 游标

在存储过程中，往往需要对数据表中的每一条数据进行操作。这时就需要使用游标来进行处理。游标是一个可以用于循环读取数据表的对象，每次读取数据表中的一行。游标的操作主要有以下几种。

#### 1. 定义游标

定义游标的语法格式如下所示：

```
declare cursor_name cursor for sql_statement
```

其中，cursor_name 为游标名，sql_statement 为游标使用的 SQL 语句。在一个存储过程中，可以定义多个游标，但是需要使用不同的名字。

#### 2. 打开游标

打开游标的语法格式如下所示：

```
open cursor_name
```

其中，cursor_name 为游标名。这里的前提是游标已经定义好了。

### 3. 取得游标内容

取得游标内容的语法格式如下所示：

```
fetch cursor_name into variable1, variable2 …
```

其中，cursor_name 为游标名，variable 为已经定义好的变量。这里，游标读取当前所在行的数据，将其储存在 into 子句后面指定的变量中，并将游标移到下一行。

### 4. 关闭游标

关闭游标的语法格式如下所示：

```
close cursor_name
```

其中，cursor_name 为游标名。

以下例子是一个通过游标逐行读取数据表的例子，并根据 salary 的值更新 bonus 的值。

```
mysql> create procedure mytest14()
    -> begin
    -> declare a int;
    -> declare b int;
    -> declare done int default 0;
    -> declare cur1 cursor for select serial_no, salary from mytable;
    -> declare continue handler for sqlstate '02000' set done=1;
    -> open cur1;
    -> repeat
    -> fetch cur1 into a,b;
    -> case b
    -> when 5000 then update mytable set bonus=2000 where serial_no=a;
    -> when 9000 then update mytable set bonus=4000 where serial_no=a;
    -> else update mytable set bonus=0 where serial_no=a;
    -> end case;
    -> until done
    -> end repeat;
    -> end
    -> //
Query OK, 0 rows affected (0.00 sec)

mysql> call mytest14();
    -> //
Query OK, 0 rows affected (0.11 sec)
```

执行后，查询 mytable 表可以看到 bouns 的值已经被上面的程序更新了，如下所示：

```
mysql> select * from mytable;
    -> //
+-----------+--------+-----+------------+---------+---------+
| serial_no | name   | age | birthday   | salary  | bonus   |
+-----------+--------+-----+------------+---------+---------+
|    100001 | Simon  |  24 | 1982-11-06 | 5000.00 | 2000.00 |
|    100002 | Elaine |  24 | 1982-01-01 | 5000.00 | 2000.00 |
|    100003 | Susan  |  31 | 1975-01-01 | 9000.00 | 4000.00 |
```

```
+-----------+--------+-----+------------+---------+---------+
3 rows in set (0.00 sec)
```

### 16.3.9 存储过程的删除

前面介绍了如何创建存储过程，本节将介绍如何删除存储过程。如果需要更改存储过程，通常是先删除这个存储过程，然后重新创建。删除存储过程的方法如下所示：

```
drop procedure proc_name;
```

这里，proc_name 是要删除的存储过程名。下面是一个删除存储过程的例子。

```
mysql> drop procedure mytest12;
    -> //
Query OK, 0 rows affected (0.00 sec)
```

## 16.4 触发器的设计

触发器主要是一个监控数据变化的数据库组件。当对数据库中的数据进行插入、更新或删除操作时，相应触发器将被触发并执行相应的操作。



### 16.4.1 触发器的创建与触发

创建触发器是通过在 MySQL 控制台上执行 create trigger 命令来实现的，create trigger 命令的语法格式如下所示：

```
create trigger <trigger_name>
[before | after]
[insert | update | delete]
on <table_name>
for each row
<trigger_body>
```

其中，trigger_name 是触发器的名称。[before | after]是触发时间，也就是触发器被触发的时间。[insert | update | delete]是触发事件，也就是什么时间会触发触发器的行为。table_name 是触发触发器的行为所发生的表的名称。trigger_body 是触发器主体，也就是要执行的代码。这里，触发器主体所用的代码格式与存储过程相同。

与存储过程不同的是，在触发器体内包含两个默认的行 new 和 old。对于插入操作来说，NEW 表示要插入的行；对于更新操作，new 表示更新后的行，old 表示更新前的行；对于删除操作来说，old 表示被删除的行。

以下例子在数据表 mytable 上创建了一个触发器，实现了对每条新插入的数据计算 bonus 的功能，计算方法与前面的存储过程相同。

```
mysql> create trigger test1
    -> before insert on mytable
    -> for each row
    -> begin
    -> case new.salary
    -> when 5000 then set new.bonus=2000;
```

```
        -> when 9000 then set new.bonus=4000;
        -> else set new.bonus=0;
        -> end case;
        -> end
        -> //
Query OK, 0 rows affected (0.04 sec)
```

创建后，在 mytable 表上插入一条数据，代码如下所示：

```
mysql> insert into mytable
        -> values(900123,'Peter',36,'1970-11-03',9000,0);
        -> //
Query OK, 1 row affected (0.02 sec)
```

这里，指定 bonus 的值为 0。通过查看 mytable 中存储的值可以看到，由于触发器的作用，bonus 的值已经被更新了，代码如下所示：

```
mysql> select * from mytable
        -> where serial_no = 900123;
        -> //
+-----------+-------+-----+------------+---------+---------+
| serial_no | name  | age | birthday   | salary  | bonus   |
+-----------+-------+-----+------------+---------+---------+
|    900123 | Peter |  36 | 1970-11-03 | 9000.00 | 4000.00 |
+-----------+-------+-----+------------+---------+---------+
1 row in set (0.02 sec)
```

### 16.4.2 触发器的删除

前面介绍了如何创建触发器，本节将介绍如何删除触发器。如果需要更改触发器，通常是先删除这个触发器，然后重新创建。删除触发器的方法如下：

```
drop trigger trigger_name;
```

这里，trigger_name 是要删除的触发器名。下面是一个删除触发器的例子。

```
mysql> drop trigger test1;
        -> //
Query OK, 0 rows affected (0.00 sec)
```

## 16.5 PHP 与存储过程、触发器

在 PHP 中调用存储过程的方法与使用 SQL 进行数据库查询的方法是相同的，而对于触发器，使用 PHP 进行数据库操作的行为同样会自动触发触发器的行为。本节将介绍如何通过 PHP 调用存储过程和触发器，本节中使用的存储过程的例子是前面创建的 mytest14，触发器的例子是 test1。

### 16.5.1 PHP 调用存储过程

在 PHP 中调用存储过程的方法与执行一个 SQL 语句的方法相同，即使用 mysql_query 函数来执行。以下例子调用了前面编写的 mytest14 存储过程。

```
<?php
@mysql_connect("localhost", "root")          //选择数据库之前需要先连接数据库服务器
or die("数据库服务器连接失败");
@mysql_select_db("mydb")                     //选择数据库 mydb
or die("数据库不存在或不可用");
$query = mysql_query("call mytest14();");    //调用存储过程 mytest14
if($query)                                   //如果调用成功，则输出提示
    echo "数据更新成功";
else                                         //否则输出错误信息
    echo "数据更新失败";
mysql_close();
?>
```

以上程序通过 mysql_query 函数调用一个存储过程，并根据 mysql_query 的返回值来确定是否执行成功。

### 16.5.2 PHP 调用触发器



在 PHP 中调用触发器时，只需要按照一般的方法操作数据库即可。触发器通过监控数据库中的行为，执行相应的操作。

以下代码是一个对前面的 mytable 表插入数据的例子，这个例子通过两个文件来实现。一个是静态的 HTML 页面供用户输入数据，一个是 PHP 脚本文件用来实现数据插入。

静态 HTML 文件 insert.htm 代码如下所示：

```
<html>
<head>
<title>插入一条新数据</title>
<meta http-equiv="Content-Type" content="text/html; charset=gb2312">
</head>
<body>
<form method="post" name="form1" action="insert.php">
  <table align="center">
    <tr valign="baseline">
      <td nowrap align="right">员工号:</td>
      <td><input type="text" name="serial_no" value="" size="32"></td>
    </tr>
    <tr valign="baseline">
      <td nowrap align="right">姓名:</td>
      <td><input type="text" name="name" value="" size="32"></td>
    </tr>
    <tr valign="baseline">
      <td nowrap align="right">年龄:</td>
      <td><input type="text" name="age" value="" size="32"></td>
    </tr>
    <tr valign="baseline">
      <td nowrap align="right">生日:</td>
      <td><input type="text" name="birthday" value="" size="32"></td>
    </tr>
```

```
        <tr valign="baseline">
            <td nowrap align="right">工资:</td>
            <td><input type="text" name="salary" value="" size="32"></td>
        </tr>
        <tr valign="baseline">
            <td colspan="2" nowrap><input name="Submit" type="submit" value="提交">
            <input type="reset" name="Reset" value="重设"></td>
        </tr>
    </table>
</form>
</body>
</html>
```

动态 PHP 脚本 insert.php 代码如下所示：

```
<?php
@mysql_connect("localhost", "root")          //选择数据库之前需要先连接数据库服务器
or die("数据库服务器连接失败");
@mysql_select_db("mydb")                     //选择数据库 mydb
or die("数据库不存在或不可用");
//将表单中的数据通过$_POST 方式获取然后存储在相应的变量中
$serial_no = $_POST['serial_no'];
$name = $_POST['name'];
$age = $_POST['age'];
$birthday = $_POST['birthday'];
$salary = $_POST['salary'];
$bonus = 0;
//执行 SQL 语句
$query = mysql_query("insert into mytable values($serial_no, '$name', $age, '$birthday',
$salary, $bonus)");
//根据 SQL 执行语句返回的 bool 型变量判断是否插入成功
if($query)
    echo "数据插入成功";
else
    echo "数据插入失败";
mysql_close();                               //关闭与数据库服务器的连接
?>
```

通过浏览器查看 insert.htm 文件，并将表单如图 16-2 的方式填写后提交。

图 16-2 insert.htm

提交后可以看到数据库中多了一条记录。

```
mysql> select * from mytable
    -> where serial_no = 900234;
    -> //
+-----------+------+-----+------------+---------+---------+
| serial_no | name | age | birthday   | salary  | bonus   |
+-----------+------+-----+------------+---------+---------+
|    900234 | Tim  |  26 | 1980-09-23 | 5000.00 | 2000.00 |
+-----------+------+-----+------------+---------+---------+
1 row in set (0.00 sec)
```

可以看到，bonus 列被触发器更新了。

## 16.6 小结

本章介绍了数据库中的程序逻辑。在实际应用中，往往将一些操作交给数据库来进行。这样做，一方面可以提高程序的效率，同时，也有效提高了数据的安全性。在本章中，存储过程和触发器的主体程序设计非常重要。由于它与 PHP 的编程风格不大相同，读者在学习时需要注意两者的区别。当然，对于有 VB 或者 ASP 程序设计基础的读者来说，这种风格应该是很熟悉的。通过本章的学习，读者要掌握如下知识点：

（1）触发器的概念。

（2）存储过程的设计。

（3）数据库的程序逻辑和 PHP 的程序逻辑分离思想。

为了巩固所学，读者还需要做如下的练习：

（1）上机测试运行本章的案例。

（2）自己设计一个案例，在 PHP 中调用触发器和存储过程。

# 第17章 Session 与 Cookie

在数据库应用中，总会涉及用户登录功能的编写。在一些系统中，往往也需要识别用户的身份。因此，Session 与 Cookie 是 Web 应用特别是数据库应用中不可或缺的两个要素。正是由于 Session 和 Cookie 的存在才使页面间信息的安全传递成为可能。本章将结合数据库的使用实例来介绍 PHP 与 Session、Cookie 的应用。

**本章学习目标：**

掌握 PHP 中 Cookie 和 Session 的实现方法和具体应用实例，同时理解两者在不同应用环境的区别。具体的知识和技能学习点如下表所示：

| 本章知识技能学习点 | 掌握程度 |
| --- | --- |
| Session 的作用 | 理解含义 |
| PHP 中 Session 的实现 | 必知必会 |
| Session 应用实例 | 必知必会 |
| Cookie 的作用 | 理解含义 |
| PHP 中 Cookie 的实现 | 必知必会 |
| Cookie 应用实例 | 必知必会 |

## 17.1 Session 与 Cookie 简介

Web 应用是通过 HTTP 协议进行传输的，而根据 HTTP 协议的特点，客户端每次与服务器的对话都被当做一个单独的过程。例如，用户从浏览器上访问第二个网页的时候，第一个网页上的信息将不再保存。

HTTP 协议的这个特性为一些需要权限设置的安全页面的编写造成了很大麻烦。例如，一个需要用户使用自己用户名和密码登录的系统不得不要求用户在每次操作时都输入用户名和密码。因为在登录时输入的用户名和密码无法在进行其他操作时被获得，Web 服务器将无法识别用户的身份。

Session 与 Cookie 技术也正是为了解决这个问题而诞生的。Session 与 Cookie 的工作原理很类似。在用户登录或访问一些初始页面时，服务器会为客户端分配一个 Session ID 或 Cookie 文件。然后在接下来的访问中，客户端会在每次访问服务器时发送 Session ID 或 Cookie 文件来表明自己的身份，或者发送一些信息。服务器在接受到 Session ID 或 Cookie 文件时，会根据获得的信息进行一些相关动作，由此实现信息在页面间传递的目的。

## 17.2 PHP 中 Session 的实现

PHP 在操作 Session 时，是将 Session 中的数据存储在服务器上，然后通过客户端传来的 Session ID 识别客户端的信息，并进行相应的信息提取。PHP 中的 Session 使用简单，并且可以定制服务器上 Session 的存储方式，为 Web 应用的编写提供了方便。PHP 中的 Session 的常用操作主要包括 Session 的写入、读取、注册与删除等。PHP 中的 Session 函数支持多种 Session 操作。

### 17.2.1 标识开始使用 Session

session_start 函数用于标识 Session 使用的开始，用于初始化 Session 变量，语法格式如下所示：

```
session_start();
```

这个函数的返回值永远为布尔型的 TRUE。



### 17.2.2 Session 预定义数组

在 PHP 中，Session 的使用通常是通过一个预定义数组$_SESSION 来完成的。在 PHP 中通过对$_SESSION 数组的调用和读取来实现。在一个页面中对$_SESSION 数组进行赋值，而在另一个页面对$_SESSION 数组进行读取，就可以实现变量在页面间的传递。

以下代码是一个在两个页面间传递 Session 的例子。第一个页面对数组中的元素$_SESSION['username']进行赋值，第二个页面对$_SESSION['username']进行读取并输出。

第一个页面的代码如下所示：

```
<?php
session_start();
$_SESSION['username'] = "Simon";                                    //定义 Session
?>
```

第二个页面的代码如下所示：

```
<?php
session_start();
echo $_SESSION['username'];                                         //输出 Session
?>
```

依次运行这两个页面，可以从第二个页面的输出中看出，在第一个页面中的赋值成功地传递到了第二个页面，运行结果如下所示：

```
Simon
```

### 17.2.3 Session 的检测与注销

Session 的检测与注销与变量的操作完全相同，使用 isset 和 unset 函数来完成。检测 Session 是否已经被创建可以在系统中用于检查用户权限等操作。其中，isset 函数用于检测 Session 是否已经存在，语法格式如下所示：

```
bool isset($_SESSION['session-name'])
```

如果名为 session-name 的 Session 已经建立，则返回 TRUE，否则返回 FALSE。以下代码修改了第二页的 PHP 代码，使其用来检测 Session 是否已经建立。

```
<?php
session_start();
if(isset($_SESSION['username']))                    //检测 Session 是否存在
    echo "username 已经存在";
else
    echo "username 不存在";
?>
```

依次运行两个页面，可以看到第二页的输出如下所示：

```
username 已经存在
```

unset 函数用于注销已经建立的 Session 变量，语法格式如下所示：

```
unset($_SESSION['session-name'])
```

以下代码修改了上面的例子，在进行 Session 检测前注销 Session 的信息。

```
<?php
session_start();
unset($_SESSION['username']);                        //注销 Session 中的信息
if(isset($_SESSION['username']))                     //检测 Session 是否存在
    echo "username 已经存在";
else
    echo "username 不存在";
?>
```

依次运行两个页面，可以看到第二页的输出如下所示：

```
username 不存在
```

### 17.2.4 PHP 中 Session 处理的定制

在 PHP 中，Session 的信息是存储在服务器上的，而客户端与服务器间的对话仅通过 Session ID 来完成。PHP 提供了 3 种存储 Session 的方式：文件存储方式、内存存储方式以及用户自定义方式。

这 3 种存储方式的设置是通过修改 PHP 安装目录下的 php.ini 来完成的。本小节将要介绍如何通过用户自定义方式实现对 Session 存储的定制。

在定制 Session 的存储方式之前，首先要修改 php.ini 文件设置存储方式为用户自定义方式。打开 PHP 安装目录下的 php.ini 文件，并找到“Session”一节，代码如下：

```
[Session]
; Handler used to store/retrieve data.
session.save_handler = files
```

可以看出，Session 存储的默认方式为文件存储方式，将 session.save_handler 的值修改为“User”即完成设置。修改后，重新启动 Apache 服务器使修改生效。

以用户自定义方式进行 Session 存储的具体实现是通过 session_set_save_handler 函数实现的，其语法格式如下所示：

```
bool session_set_save_handler(string open, string close, string read, string write, string destroy, string gc)
```

函数中的6个参数是用于实现Session存储的6个自定义函数的名字。它们的名字可以随意，但是其语法格式不能改变。对这6个函数的格式及功能解释如下。

open函数：主要用于Session初始化。其语法格式如下所示：

```
open(string save_path, string name)
```

其中，save_path是用于存放Session文件的路径，name是用于传递Session ID的Cookie名字。

- close函数：主要用于处理页面结束时的相关操作。其语法格式如下所示：

```
close()
```

一般来说，该函数主要用于在页面结束时进行一些变量清理工作。

- read函数：主要用于读取Session时的操作。其语法格式如下所示：

```
read(key)
```

其中，key是用于读取Session时使用的键值。

- write函数：主要用于写入Session时的操作。其语法格式如下所示：

```
write(key, data)
```

其中，key是用于写入Session时使用的键值，data是存入Session的数据。

- destroy函数：主要用于注销Session时的操作。其语法格式如下所示：

```
destroy(key)
```

其中，key是用于要注销的Session的键值。

- gc函数：主要用于清理过期的Session数据。其语法格式如下所示：

```
gc(expiry_time)
```

其中expiry_time是Session保存时间的秒数。

以下代码实现了一个使用MySQL数据库记录Session的方法。

首先在MySQL命令行创建一个表用于存储Session。

```
mysql> create table mysession
    -> (session_key char(32) not null,
    -> session_data text,
    -> session_expiry int(11),
    -> primary key(session_key))
    -> ;
Query OK, 0 rows affected (0.16 sec)
```

PHP代码如下所示：

```
<?php
function mysession_open($save_path, $session_name)
{
    @mysql_connect("localhost", "root")      //选择数据库之前需要先连接数据库服务器
    or die("数据库服务器连接失败");
    @mysql_select_db("mydb")                 //选择数据库 mydb
    or die("数据库不存在或不可用");
    return TRUE;
}

function mysession_close()
{
```

```
        return TRUE;
    }

    function mysession_read($key)
    {
        @mysql_connect("localhost", "root")     //选择数据库之前需要先连接数据库服务器
        or die("数据库服务器连接失败");
        @mysql_select_db("mydb")                //选择数据库 mydb
        or die("数据库不存在或不可用");
        $expiry_time = time();                  //获取 Session 失效时间
        //执行 SQL 语句获得 Session 的值
        $query = @mysql_query("select session_data from mysession "
        ."where session_key = '$key' and session_expiry > $expiry_time")
        or die("SQL 语句执行失败");
        if($row = mysql_fetch_array($query))
            return $row['session_data'];
        else
            return FALSE;
    }

    function mysession_write($key, $data)
    {
        @mysql_connect("localhost", "root")     //选择数据库之前需要先连接数据库服务器
        or die("数据库服务器连接失败");
        @mysql_select_db("mydb")                //选择数据库 mydb
        or die("数据库不存在或不可用");
        $expiry_time = time() + 1200;           //获取 Session 失效时间
        //查询 Session 的键值是否已经存在
        $query = @mysql_query("select session_data from mysession "
        ."where session_key = '$key'")
        or die("SQL 语句执行失败");
        //如果不存在，则执行插入操作，否则执行更新操作
        if(mysql_numrows($query) == 0)
        {
            //执行 SQL 语句插入 Session 的值
            $query = @mysql_query("insert into mysession values('$key', '$data', $expiry
_time)")
            or die("SQL 语句执行失败");
        }
        else
        {
            //执行 SQL 语句更新 Session 的值
            $query = @mysql_query("update mysession set "
            ."session_data = '$data', session_expiry = $expiry_time "
            ."where session_key = '$key'")
            or die("SQL 语句执行失败");
        }
        return $query;
```

```
    }

    function mysession_destroy($key)
    {
        @mysql_connect("localhost", "root")      //选择数据库之前需要先连接数据库服务器
        or die("数据库服务器连接失败");
        @mysql_select_db("mydb")                 //选择数据库 mydb
        or die("数据库不存在或不可用");
        //执行 SQL 语句删除 Session
        $query = @mysql_query("delete from mysession where session_key = '$key'")
        or die("SQL 语句执行失败");
        return $query;
    }

    function mysession_gc($expiry_time)
    {
        @mysql_connect("localhost", "root")      //选择数据库之前需要先连接数据库服务器
        or die("数据库服务器连接失败");
        @mysql_select_db("mydb")                 //选择数据库 mydb
        or die("数据库不存在或不可用");
        $expiry_time = time();
        //执行 SQL 语句删除 Session
        $query = @mysql_query("delete from mysession where session_expiry < $expiry_time")
        or die("SQL 语句执行失败");
        return $query;
    }

    //设置用户自定义 Session 存储
    session_set_save_handler('mysession_open',
        'mysession_close',
        'mysession_read',
        'mysession_write',
        'mysession_destroy',
        'mysession_gc');

?>
```



下面是用两个页面对上面的函数进行测试。首先在第一个页面中执行一个简单的 Session 存入操作，然后查看数据库中的数据情况，最后在第二个页面中执行一个简单的 Session 读取操作。

第一个页面的 PHP 代码如下所示：

```
<?php
include('user-define-session-inc.php');          //包含 session_set_save_handler 定义的文件

session_start();
$_SESSION['username'] = "Simon";                 //定义 Session
$_SESSION['password'] = "123456";
?>
```

运行后从数据库中可以看到如下结果：

```
mysql> select * from mysession;
+---------------------------------+------------------------------------------
-+----------------+
| session_key                      | session_data
 | session_expiry |
+---------------------------------+------------------------------------------
-+----------------+
| 114e0dac07ca3a2fe113be1042d97a2a | username|s:5:"Simon";password|s:6:"123456";
 |      1158160321 |
+---------------------------------+------------------------------------------
-+----------------+
1 row in set (0.00 sec)
```

第二页的 PHP 代码如下所示：

```
<?php
include('user-define-session-inc.php');        //包含 session_set_save_handler 定义的文件

session_start();
echo "UserName:".$_SESSION['username']."<BR>";
echo "PassWord:".$_SESSION['password']."<BR>";
?>
```

运行结果如下所示：

```
UserName:Simon
PassWord:123456
```

需要注意的是，在第二页中也需要包含 session_set_save_handler 定义的文件，否则无法正确地获得 Session 的值。

在一般的网站建设中，使用默认的文件存储 Session 的方式即可满足需要。但是，如果在大型网站或应用系统中，过多的 Session 使用会导致输入/输出的大量冗余，则需要使用本方法自定义 Session 的存储方式。

## 17.3 Session 应用实例——登录验证

本节将以一个用户登录系统为例，来实现一个简单的 Session 应用。这个系统允许用户在一个表单上输入用户名和密码，然后将用户输入的用户名和密码与数据库中的数据进行匹配。如果用户名存在并且密码正确，则允许登录并根据数据库中的权限信息显示相应的欢迎文字。

### 17.3.1 数据库设计

本实例使用数据库中的一个表，表分为三列。第一列用来存储用户名，第二列用来存储用户密码，第三列用来存储用户的权限级别。

创建表的 SQL 语句如下所示：

```
mysql> create table users
    -> (username char(8) not null,
```

```
        -> passcode char(8) not null,
        -> userflag int,
        -> primary key(username))
        -> ;
    Query OK, 0 rows affected (0.20 sec)
```

其中，username 用于存储用户名，passcode 用于存储用户密码，userflag 用于存储用户权限信息。userflag 的可能值为 1 或 0，分别表示管理员和普通用户。

下面使用 insert 语句向表中插入两条测试数据。

```
mysql> insert into users
    -> values('Simon', '123456', 1);
Query OK, 1 row affected (0.08 sec)

mysql> insert into users
    -> values('Elaine', '987654', 0);
Query OK, 1 row affected (0.00 sec)

mysql> select * from users;
+----------+----------+----------+
| username | passcode | userflag |
+----------+----------+----------+
| Simon    | 123456   |        1 |
| Elaine   | 987654   |        0 |
+----------+----------+----------+
2 rows in set (0.03 sec)
```



### 17.3.2 HTML 表单的设计

提供给用户输入的表单使用 HTML 静态页面来表示，其代码如下所示：

```
<html>
<head>
<title>Login</title>
<meta http-equiv="Content-Type" content="text/html; charset=gb2312">
</head>

<body>
<form name="form1" method="post" action="login.php">
  <table width="253" border="0" align="center" cellpadding="2" cellspacing="2">
    <tr>
      <td width="87"><div align="right">用户名：</div></td>
      <td width="144"><input type="text" name="username"></td>
    </tr>
    <tr>
      <td><div align="right">密码：</div></td>
      <td><input type="password" name="passcode"></td>
    </tr>
  </table>
  <p align="center">
```

```
        <input type="submit" name="Submit" value="Submit">
        <input type="reset" name="Reset" value="Reset">
    </p>
</form>
</body>
</html>
```

### 17.3.3 验证页面的编写

验证页面通过获得用户在HTML表单上输入的信息，通过读取数据库判断用户名和密码是否正确并读取用户的权限，将用户名和用户权限信息写入Session中。

下面是用于实现此功能的代码。

```
<?php
@mysql_connect("localhost", "root")            //选择数据库之前需要先连接数据库服务器
or die("数据库服务器连接失败");
@mysql_select_db("mydb")                       //选择数据库 mydb
or die("数据库不存在或不可用");
//获取用户输入
$username = $_POST['username'];
$passcode = $_POST['passcode'];
//执行 SQL 语句获得 Session 的值
$query = @mysql_query("select username, userflag from users "
."where username = '$username' and passcode = '$passcode'")
or die("SQL 语句执行失败");
//判断用户是否存在，密码是否正确
if($row = mysql_fetch_array($query))
{
    session_start();                           //标志 Session 的开始
    //判断用户的权限信息是否有效，如果为 1 或 0 则说明有效
    if($row['userflag'] == 1 or $row['userflag'] == 0)
    {
        $_SESSION['username'] = $row['username'];
        $_SESSION['userflag'] = $row['userflag'];
        echo "<a href='main.php'>欢迎登录，单击此处进入欢迎界面</a>";
    }
    else                                       //如果权限信息无效输出错误信息
    {
        echo "用户权限信息不正确";
    }
}
else                                           //如果用户名和密码不正确，则输出错误
{
    echo "用户名或密码错误";
}
?>
```

### 17.3.4 欢迎页面的编写

欢迎页面的编写很简单，只需要检测 Session 是否存在并判断 Session 中的用户权限信息来输出不同的页面内容既可。实现代码如下所示：

```
<?php
session_start();
if(isset($_SESSION['username']))                    //检测 Session 是否存在
{
    if($_SESSION['userflag'] == 1)                  //根据 Session 的不同输出不同的信息
        echo "欢迎管理员".$_SESSION['username']."登录系统";
    if($_SESSION['userflag'] == 0)
        echo "欢迎用户".$_SESSION['username']."登录系统";
    echo "<a href='logout.php'>注销</a>";
}
else                                                //如果 Session 不存在，输出错误信息
    echo "您没有权限访问本页面";
?>
```



### 17.3.5 注销页面的编写

注销页面只需要将前面登录时注册的所有 Session 均注销掉即可，代码如下所示：

```
<?php
unset($_SESSION['username']);
unset($_SESSION['passcode']);
unset($_SESSION['userflag']);
echo "注销成功";
?>
```

### 17.3.6 代码的运行

在浏览器中运行上述含有表单的 HTML 代码，运行结果如图 17-1 所示。

提交后可以在验证页面上看到登录成功的链接，单击链接后将看到如图 17-2 所示的欢迎页面。

如果注销后或重新启动浏览器后再次访问这个欢迎页面，将看到如图 17-3 所示的页面。

图 17-1　Session 例子

图 17-2　欢迎页面

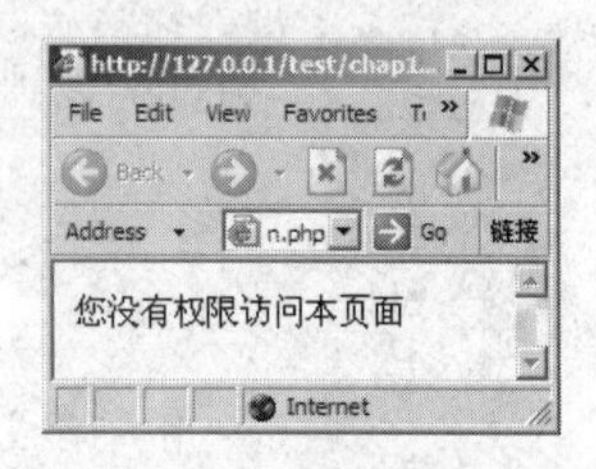


图 17-3　拒绝访问

### 17.3.7 代码的改进

上面已经实现了一个简单用户登录系统的基本功能，但是，这个系统存在一个问题。当管理员在数据库中将用户的权限信息进行更改以后，新的权限信息将只在用户重新登录后才会生效。

为了解决这个问题，可以将欢迎页面的代码改写如下：

```
<?php
session_start();
if(isset($_SESSION['username']))
{
    @mysql_connect("localhost", "root")      //选择数据库之前需要先连接数据库服务器
    or die("数据库服务器连接失败");
    @mysql_select_db("mydb")                 //选择数据库 mydb
    or die("数据库不存在或不可用");
    //获取 Session
    $username = $_SESSION['username'];
    //执行 SQL 语句获得 userflag 的值
    $query = @mysql_query("select userflag from users "
    ."where username = '$username'")
    or die("SQL 语句执行失败");
    $row = mysql_fetch_array($query);
    //将当前数据库中的权限信息与 Session 中的信息比较，如果不同则更新 Session 的信息
    if($row['userflag'] != $_SESSION['userflag'])
    {
        $_SESSION['userflag'] = $row['userflag'];
    }
    //根据 Session 的值输出不同的欢迎信息
    if($_SESSION['userflag'] == 1)
        echo "欢迎管理员".$_SESSION['username']."登录系统";
    if($_SESSION['userflag'] == 0)
        echo "欢迎用户".$_SESSION['username']."登录系统";
    echo "<a href='logout.php'>注销</a>";
}
else
{
    echo "您没有权限访问本页面";
}
?>
```

这样，由于欢迎页面在被执行时重新检测用户的权限信息，对于用户权限的改变将立即生效。

## 17.4 PHP 中 Cookie 的实现

Session 提供了方便存储用户信息的方式。但是，由于 Session 在关闭浏览器后会自动失效，不得不在每次重新开启新浏览器窗口时创建新的 Session。Cookie 解决了这个问

题，Cookie 允许在一段期限内保留。因此，在某些情况下，为用户提供了更好的 Web 浏览体验。

### 17.4.1 Cookie 语法格式

PHP 中的 Cookie 操作基本都是通过 setcookie 函数来实现的，语法格式如下所示：

```
bool setcookie(string name [, string value [, int expire [, string path [, string domain [, int secure]]]]])
```

其中的参数意义如下所示：

- name 表示 Cookie 的名字。
- value 表示 Cookie 的值。
- expire 表示 Cookie 的实效时间，是用秒数来表示的。一般来说，对于 expire 的设置是通过在当前时间戳上加上相应的秒数来决定的。例如，time() + 1200 表示 Cookie 将保存 20 分钟。
- path 表示 Cookie 在服务器上的有效路径。
- domain 表示 Cookie 在服务器上的有效域名。
- secure 表示 Cookie 是否仅允许通过安全的 HTTPS 协议传输。1 表示仅允许通过安全的 HTTPS 协议传输，0 表示允许通过普通 HTTP 协议传输。



下面几小节将介绍一些常用的 Cookie 操作。

### 17.4.2 Cookie 预定义数组

与 Session 相类似，Cookie 也提供了一个预定义数组$_COOKIE[]用于存储 Cookie 变量。在一个页面内，可以通过对$_COOKIE[]数组的读取来获得 Cookie 的值。以下代码是一个$_COOKIE[]数组应用的简单例子。

```
<?php
$_COOKIE["username"] = 'Simon';
echo $_COOKIE["username"];
?>
```

上面的运行结果如下所示：

```
Simon
```

需要注意的是，上面的例子并不是一个 Cookie 的应用实例，也就是说对$_COOKIE[]数组的赋值并不能达到创建 Cookie 的目的。

### 17.4.3 创建一个 Cookie

创建一个 Cookie 是使用 setcookie 函数及其前两个参数来实现的。只使用前两个参数创建的 Cookie 与 Session 类似，在关闭浏览器后会自动注销。以下是一个创建 Cookie 的例子。

第一页的 PHP 代码如下所示：

```
<?php
setcookie("username", "Simon");
?>
```

第二页的 PHP 代码如下所示：

```
<?php
if(isset($_COOKIE["username"]))                    //判断 Cookie 是否存在
{
    echo $_COOKIE["username"];                     //如果存在则输出 Cookie 的值
}
else
{
    echo "Cookie 没有找到";                         //否则输出错误信息
}
?>
```

依次在浏览器上访问这两个页面，可以看到第二页的输出如下所示：

```
Simon
```

需要注意的是，上面是用了 isset 函数来判断 Cookie 是否存在，这种方法与 Session 中的判断方法是完全相同的。

### 17.4.4 创建一个有时间限制的 Cookie

setcookie 函数的第三个参数用于设置 Cookie 的保存时间。拥有时间限制的 Cookie 将不受浏览器关闭的限制，即使所有浏览器窗口都被关闭而 Cookie 没有过期，则 Cookie 中的信息将被继续保存。以下代码是一个创建有时间限制的 Cookie 的例子。

```
<?php
setcookie("username", "Simon", time() + 3600);    //设置 Cookie，将 Cookie 保存 3600 秒
?>
```

这里，在第三个参数处设置为 time()+3600，即将 Cookie 保存 3600 秒。

### 17.4.5 创建一个有范围限制的 Cookie

setcookie 函数的第四个和第五个参数用于设置 Cookie 的有效范围。其中第四个参数用于指定文件夹，第五个参数用于指定域名。

以下代码创建了一个有效时间为 1 小时，并且只在 php5 目录下有效的 Cookie。

```
<?php
setcookie("username", "Simon", time() + 3600, "\php5");                //创建只在 php5 目
录下有效的 Cookie
?>
```

以下代码创建了一个有效时间为 1 小时，并且在所有以.example.com 域名下有效的 Cookie。这意味着访问 example.com 的所有页面都可以有效地调用 Cookie 的值。

```
<?php
setcookie("username", "Simon", time() + 3600, "", ".example.com");   //创建在 example.
com 有效的 Cookie
?>
```

### 17.4.6 删除 Cookie

删除 Cookie 是通过这是一个空值 Cookie 来实现的，即只指定 setcookie 函数的第一个参数，代码如下：

```
<?php
setcookie("username");
?>
```

### 17.4.7 浏览器重定向

在 PHP 中使用 Cookie 或者 Session 开发的用户登录系统常使用如图 17-4 的模式。

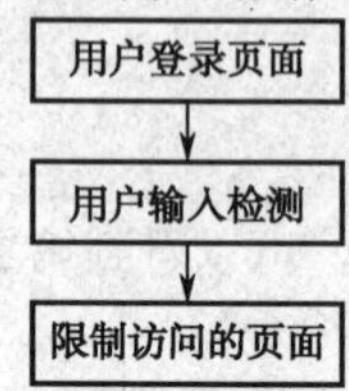


图 17-4 登录系统的模式

在检测过用户的输入以后，往往将页面自动跳转到另一个页面。在 PHP 中，这种页面间的跳转通常使用 header 函数来实现。使用 header 函数进行页面跳转的语法格式如下所示：

```
header("location: url")
```

其中，url 表示要重定向的页面。以下代码是一个检测 Cookie 是否存在的例子，如果 Cookie 存在则将页面重定向到 main.php 页面，否则输出错误信息。



```
<?php
if(isset($_COOKIE["username"]))                    //检查是否存在 Cookie
{
    header("location: main.php");
}
else
{
    echo "Cookie 没有找到";
}
?>
```

访问后，如果 Cookie 存在，可以看到浏览器地址栏上的地址已经变化成 main.php 了。

### 17.4.8 Cookie 的常见问题

使用 setcookie 函数或者使用 header 函数时最常见的问题就是经常看到不能修改 header 信息的警告信息。例如，以下代码就会导致一条警告信息。

```
<?php
echo "this is a test";
setcookie("username", "Simon");
?>
```

在浏览器中的输出如下所示：

```
this is a test
Warning: Cannot modify header information - headers already sent by (output started at C:\TEST\Chap10\ cookie.php:2) in C:\TEST\Chap10\cookie.php on line 3
```

这条警告信息是因为在调用 setcookie 函数之前，程序向浏览器输出了字符导致的。setcookie 和 header 函数规定，在函数调用前不可以有任何输出。

## 17.5 Cookie应用实例——登录验证

在17.3节中，编写了一个使用Session实现的用户登录系统。本节将通过修改其代码使用 Cookie 技术实现其功能，并且增加一个可选的下拉菜单允许用户在登录时选择Cookie的保存时间。

### 17.5.1 HTML表单的设计

与17.3节中的HTML表单相比，在HTML表单中增加一个下拉框，用来供用户选择Cookie的保存时间，具体代码如下所示：

```
<html>
<head>
<title>Login</title>
<meta http-equiv="Content-Type" content="text/html; charset=gb2312">
</head>

<body>
<form name="form1" method="post" action="login.php">
  <table width="300" border="0" align="center" cellpadding="2" cellspacing="2">
    <tr>
      <td width="150"><div align="right">用户名：</div></td>
      <td width="150"><input type="text" name="username"></td>
    </tr>
    <tr>
      <td><div align="right">密码：</div></td>
      <td><input type="password" name="passcode"></td>
    </tr>
    <tr>
      <td><div align="right">Cookie保存时间：</div></td>
      <td><select name="cookie" id="cookie">
                  <option value="0" selected>浏览器进程</option>
                  <option value="1">保存1天</option>
                  <option value="2">保存30天</option>
                  <option value="3">保存365天</option>
                </select></td>
    </tr>
  </table>
  <p align="center">
    <input type="submit" name="Submit" value="Submit">
    <input type="reset" name="Reset" value="Reset">
  </p>
</form>
</body>
</html>
```

### 17.5.2 验证页面的编写

提供给用户输入的表单使用 HTML 静态页面来表示，其代码如下所示：

```
<?php
@mysql_connect("localhost", "root")              //选择数据库之前需要先连接数据库服务器
or die("数据库服务器连接失败");
@mysql_select_db("mydb")                         //选择数据库 mydb
or die("数据库不存在或不可用");
//获取用户输入
$username = $_POST['username'];
$passcode = $_POST['passcode'];
$cookie    = $_POST['cookie'];
//执行 SQL 语句
$query = @mysql_query("select username, userflag from users "
."where username = '$username' and passcode = '$passcode'")
or die("SQL 语句执行失败");
//判断用户是否存在，密码是否正确
if($row = mysql_fetch_array($query))
{
    if($row['userflag'] == 1 or $row['userflag'] == 0)         //判断用户权限信息是否有效
    {
        switch($cookie)                                  //根据用户的选择设置 cookie 保存时间
        {
            case 0:                                      //保存 Cookie 为浏览器进程
                setcookie("username", $row['username']);
                break;
            case 1:                                      //保存 1 天
                setcookie("username", $row['username'], time()+24*60*60);
                break;
            case 2:                                      //保存 30 天
                setcookie("username", $row['username'], time()+30*24*60*60);
                break;
            case 3:                                      //保存 365 天
                setcookie("username", $row['username'], time()+365*24*60*60);
                break;
        }
        header("location: main.php");                    //自动跳转到 main.php
    }
    else
    {
        echo "用户权限信息不正确";
    }
}
else
{
    echo "用户名或密码错误";
```

```
}
?>
```

需要注意的是，由于 Cookie 是保存在客户端的文件中，将用户的权限信息直接保存在 Cookie 中将使信息变得不再安全。

### 17.5.3 欢迎页面的编写

由于在验证页面中使用了 header 函数进行重定向，验证页面在检测到正确的用户名和密码之后会自动跳转到欢迎页面。欢迎页面只需要根据 Cookie 中保存的用户名进行权限检测即可。具体代码如下所示：

```
<?php
session_start();
if(isset($_COOKIE['username']))
{
    @mysql_connect("localhost", "root")        //选择数据库之前需要先连接数据库服务器
    or die("数据库服务器连接失败");
    @mysql_select_db("mydb")                   //选择数据库 mydb
    or die("数据库不存在或不可用");
    //获取 Session
    $username = $_COOKIE['username'];
    //执行 SQL 语句获得 userflag 的值
    $query = @mysql_query("select userflag from users "
    ."where username = '$username'")
    or die("SQL 语句执行失败");
    $row = mysql_fetch_array($query);
    //获得用户权限信息
    $flag = $row['userflag'];
    //根据 userflag 的值输出不同的欢迎信息
    if($flag == 1)
        echo "欢迎管理员".$_SESSION['username']."登录系统";
    if($flag == 0)
        echo "欢迎用户".$_SESSION['username']."登录系统";
    echo "<a href='logout.php'>注销</a>";
}
else
{
    echo "您没有权限访问本页面";
}
?>
```

### 17.5.4 代码的运行

在浏览器中运行 HTML 表单页面，可看到如图 17-5 所示的页面。

在登录时选择保留 Cookie 的时间为 365 天，提交后，可以看到如图 17-6 所示欢迎页面。

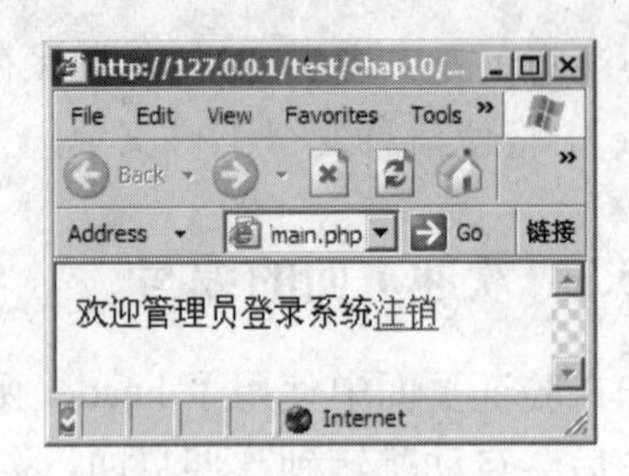


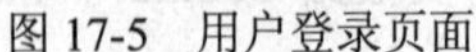
图 17-5 用户登录页面　　　　图 17-6 欢迎页面

在重新启动浏览器后重新打开这个页面，仍然可以看到相同的欢迎文字。

## 17.6 Cookie 与 Session 的比较

Cookie 与 Session 在实际应用中实现着类似的功能。但是，Cookie 与 Session 的工作原理有着很大的区别。



Session 是将 Session 的信息保存在服务器上，并通过一个 Session ID 来传递客户端的信息。服务器在接受到 Session ID 后根据这个 ID 提供相关 Session 的信息。Cookie 是将所有的信息都保存在客户端，由浏览器进行维护。

实质上，Session ID 也是作为 Cookie 保存在客户端的。例如，以下代码将输出 $_COOKIE[]数组中的全部内容。

```
<?php
print_r($_COOKIE);
?>
```

在没有任何 Cookie 的情况下，运行结果如下所示：

```
Array
(
    [PHPSESSID] => 636e8cb03e769c17443d9177b5be2757
)
```

在运行方面，Cookie 有一个很大的好处就是允许设置不同的保存时间。这一点，在前面已经介绍过了。

## 17.7 小结

本章介绍了 PHP 中 Session 与 Cookie 的应用。Session 与 Cookie 是开发 Web 系统不可或缺的一部分。无论是简单的留言本，还是复杂的管理系统，只要是需要标识访问者的系统，Session 或者 Cookie 都是一定会用到的。由于 Cookie 中的一些比 Session 优越的性能和限制，在一些比较大的系统中，Cookie 往往更受欢迎。对于本章中的例子，读者需要自行调试以掌握其中的关键。对于 setcookie 函数的警告信息，在初次接触 Cookie 时经常会遇到，读者在调试程序时要注意避免。通过本章的学习，读者要掌握如下知识点：

（1）Session 和 Cookie 的概念和区别。

（2）Session 的具体应用方法。

（3）Cookie 的具体应用方法。

为了巩固所学，读者还需要做如下的练习：

（1）上机测试运行本章的两个案例。

（2）研究下自己计算机中的 Cookie 文件夹，想想别的程序如何用 Cookie。

（3）网上查找一些 Cookie 和 Seession 的使用案例，并修改代码进行测试。

# 第18章 MySQL与PHP的应用实例——留言本

在前面几章中，本书介绍了 MySQL 与 PHP 结合使用的方法，以及如何在 PHP 中使用 Session 和 Cookie。本章将从一个 PHP 留言本的整体设计入手，详细介绍在实际应用中如何使用 PHP 结合 MySQL 开发基于 Web 的应用程序。

掌握 PHP 结合 MySQL 开发 Web 应用的基本方法和步骤。包括从系统分析到数据库设计，到具体各个代码模块的分解和编写。具体的知识和技能学习点如下表所示：

| 本章知识技能学习点 | 掌握程度 |
| --- | --- |
| 系统设计 | 理解含义 |
| 数据库设计 | 理解含义 |
| PHP+MySQL 开发的细节 | 必知必会 |
| PHP+MySQL 开发的调试 | 必知必会 |

## 18.1 留言本实例的系统分析

在进行留言本程序的开发之前，本节将对留言本的需求以及设计进行一下系统分析。一个好的系统分析可以有效提高代码的开发效率，因此，在实际应用中，系统分析与代码的开发同样重要。

### 18.1.1 系统简介

本章将要开发一个基于 Web 的留言本程序，该程序需要完成以下几项功能：

- 普通访问者可以直接在页面上提交留言内容，留言内容经过管理员的审批可以显示在页面上。
- 普通访问者可以直接在页面上浏览审查过的留言以及管理员的回复。
- 管理员需要使用自己的用户名和密码登录才能进入管理页面。
- 管理员可以对留言进行回复，每条留言只能有一条回复，回复后可对回复内容进行编辑。
- 管理员可以对留言进行审查，如果对留言进行回复，则认为该条留言已被审查。
- 管理员可以对留言进行删除。

### 18.1.2 系统模型设计

根据上一小节叙述的系统功能简介，系统模型设计如图 18-1 所示。

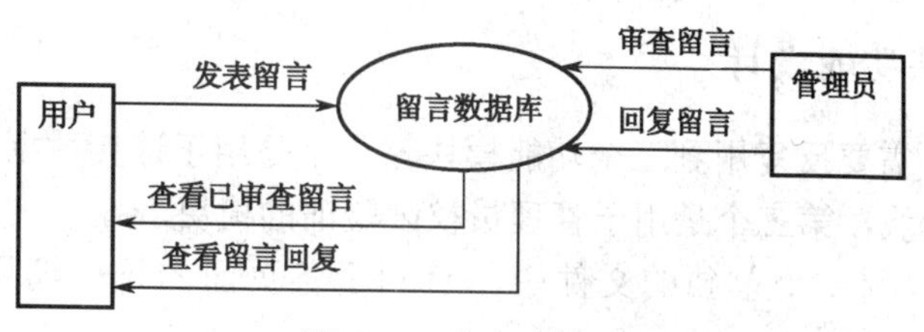


图 18-1　留言本模型

由此可见，留言本的用户包含两个角色。在对管理员身份验证的功能上需要另一个数据库表来保存管理员的用户名和密码。

### 18.1.3　数据库设计

由前面的系统模型设计可以看出，该系统需要两个数据库表来实现数据的存储。这两个表分别用来存储留言信息和管理员信息。

用于存储留言信息的 posts 表包含以下属性。

- postid：留言编号，用于存储唯一标识留言的数字，为该表的主键。
- username：留言者用户名。
- topic：留言标题。
- content：留言内容。
- checked：判断该条留言是否已经被审查，1 为已经审查，0 为尚未审查。
- replied：判断该条留言是否已经被回复，1 为已经回复，0 为尚未回复。
- adminname：回复该留言的管理员用户名。
- replycontent：回复内容。

用于存储管理员信息的 admin 表包含以下属性。

- adminname：管理员用户名，为该表的主键。
- password：管理员密码。

以下 SQL 语句将创建系统所需要的数据库。

```
CREATE DATABASE guestbook;
```

以下 SQL 语句将创建 post 表。

```
CREATE TABLE 'posts' (
'postid' INT NOT NULL AUTO_INCREMENT,
'username' VARCHAR( 20 ) NOT NULL ,
'topic' VARCHAR( 200 ) NOT NULL ,
'content' TEXT NOT NULL ,
'checked' SMALLINT NOT NULL DEFAULT '0',
'replied' SMALLINT NOT NULL DEFAULT '0',
'adminname' VARCHAR( 20 ) NULL ,
'replycontent' TEXT NULL
);
```

以下 SQL 语句将创建 admin 表。

```
CREATE TABLE 'admin' (
'adminname' VARCHAR( 20 ) NOT NULL ,
'password' VARCHAR( 20 ) NOT NULL
);
```

### 18.1.4 公共功能设计

在本系统中，需要反复用到三个功能模块。一个是用于连接数据库的模块，一个是用于字符转化的模块，第三个是用于管理员权限验证的模块。

将公共功能放到一个单独的文件中，有利于各页面的统一调用，更有利于后期的代码维护。

对于连接数据库的模块，代码保存在文件 Connections/conn.php 中，具体如下所示：

```
<?php
$hostname_conn = "localhost";                                  //设置服务器名称
$database_conn = "guestbook";                                  //设置数据库名称
$username_conn = "root";                                       //设置连接用户名
$password_conn = "pass";                                       //设置用户密码
$conn = mysql_connect($hostname_conn, $username_conn, $password_conn);
?>
```

用于字符转化的模块的代码保存在 inc/GetSQLValueString.php 文件中，具体如下所示：

```
<?php
//该函数用于将一般字符串转换成 SQL 语句所需要的格式
function GetSQLValueString($theValue, $theType)
{
  $theValue = (!get_magic_quotes_gpc()) ? addslashes($theValue) : $theValue;

  switch ($theType) {
    case "text":                                               //设置文字型数据
      $theValue = ($theValue != "") ? "'" . $theValue . "'" : "NULL";
      break;
    case "int":                                                //设置整型数据
      $theValue = ($theValue != "") ? intval($theValue) : "NULL";
      break;
  }
  return $theValue;
}
?>
```

用于字符转化的模块的代码保存在 inc/ accesscheck.php 文件中，具体如下所示：

```
<?php
session_start();

if (!(isset($_SESSION['MM_Username']))) { //如果 Session 不存在，则跳转到 Admin.php
  header("Location: admin.php");
  exit;
}
?>
```

有了这三个功能模块，在后面的开发中，就不需要在每个页面上反复调用这三段代码，而只需要包含这三个文件就可以了。

## 18.2 使用MySql与PHP创建一个留言本

根据上一节的设计，本章要开发的留言本主要包含以下几点功能。

- 查看留言功能：提供给普通访问用户查看已审查的留言的功能。
- 发表留言功能：提供给普通访问用户发表新留言的功能。
- 管理员身份验证功能：管理员登录功能。
- 管理首页设计：提供给管理员一个留言列表进行管理。
- 留言回复功能：提供给管理员回复留言的功能。
- 留言删除功能：提供给管理员删除留言的功能。
- 留言回复删除功能：提供给管理员删除留言回复的功能。
- 留言审批功能：提供给管理员审批留言的功能。
- 退出管理员登录功能：提供给管理员退出管理登录的功能。

本节将逐一介绍这些功能的实现。

### 18.2.1 查看留言功能

查看留言的功能主要是对posts表进行查询操作，因为只需要查询出审批过的留言，并且按照留言的先后顺序倒序排列，SQL语句如下所示：

```
SELECT * FROM posts WHERE checked=1 ORDER BY postid DESC
```

具体实现代码如下所示：

```
<?php require_once('Connections/conn.php'); ?>
<?php
$currentPage = $_SERVER["PHP_SELF"];

$maxRows_rs = 10;                                        //设置每页显示记录数
$pageNum_rs = 0;                                         //初始化页码变量
if (isset($_GET['pageNum_rs'])) {                        //获得页码
  $pageNum_rs = $_GET['pageNum_rs'];
}
$startRow_rs = $pageNum_rs * $maxRows_rs;

mysql_select_db($database_conn, $conn);                  //执行SQL获得当前记录集
$query_rs = "SELECT * FROM posts WHERE checked=1 ORDER BY postid DESC";
$query_limit_rs = sprintf("%s LIMIT %d, %d", $query_rs, $startRow_rs, $maxRows_rs);
$rs = mysql_query($query_limit_rs, $conn) or die(mysql_error());
$row_rs = mysql_fetch_assoc($rs);

if (isset($_GET['totalRows_rs'])) {                      //获得全部行数
  $totalRows_rs = $_GET['totalRows_rs'];
} else {
  $all_rs = mysql_query($query_rs);
  $totalRows_rs = mysql_num_rows($all_rs);               //计算全部行数
```

```
}
$totalPages_rs = ceil($totalRows_rs/$maxRows_rs)-1;

$queryString_rs = "";
if (!empty($_SERVER['QUERY_STRING'])) {            //获得当前链接的参数
  $params = explode("&", $_SERVER['QUERY_STRING']);
  $newParams = array();
  foreach ($params as $param) {                    //循环读取链接中的每一个参数
    if (stristr($param, "pageNum_rs") == false &&
        stristr($param, "totalRows_rs") == false) {
      array_push($newParams, $param);
    }
  }
  if (count($newParams) != 0) {
    $queryString_rs = "&" . htmlentities(implode("&", $newParams));
  }
}
$queryString_rs = sprintf("&totalRows_rs=%d%s", $totalRows_rs, $queryString_rs);
?>
<!DOCTYPE HTML PUBLIC "-//W3C//DTD HTML 4.01 Transitional//EN" "http://
www.w3.org/TR/html4/loose.dtd">
<html>
<head>
<title>Untitled Document</title>
<meta http-equiv="Content-Type" content="text/html; charset=gb2312">
<style type="text/css">
<!--
.style1 {
    font-size: 18px;
    font-weight: bold;
}
.style2 {font-size: 14px}
-->
</style>
</head>

<body>
 <p align="center" class="style1">留言板 - 留言浏览</p>
 <p align="center" class="style2"><a href="newpost.php">发表留言</a> | <a href=
"admin.php">管理登录</a></p>
 <?php do { ?>
 <table width="500" border="1" align="center" cellpadding="0" cellspacing="0">
   <tr>
     <td width="116"><div align="right"><strong>用户名: </strong></div></td>
     <td width="378"><?php echo $row_rs['username']; ?></td>
   </tr>
   <tr>
     <td><div align="right"><strong>标题: </strong></div></td>
```

```
            <td><?php echo $row_rs['topic']; ?></td>
          </tr>
          <tr>
            <td><div align="right"><strong>留言内容: </strong></div></td>
            <td><?php echo $row_rs['content']; ?></td>
          </tr>
          <?php if($row_rs['replied']==1){ ?>
          <tr>
            <td><div align="right"><strong>回复: </strong></div></td>
            <td><p><?php echo $row_rs['replycontent']; ?></p>
            <p align="right"><strong>回复人: </strong><?php echo $row_rs['adminna me']; ?>
</p></td>
          </tr>
          <?php } ?>
        </table>
      <br>
      <?php } while ($row_rs = mysql_fetch_assoc($rs)); ?>
       <p align="center">
       <table border="0" width="50%" align="center">
          <tr>
            <td width="23%" align="center">
              <?php if ($pageNum_rs > 0) { // Show if not first page ?>
              <a href="<?php printf("%s?pageNum_rs=%d%s", $currentPage, 0, $queryString
_rs); ?>">首页</a>
              <?php } // Show if not first page ?>
            </td>
            <td width="31%" align="center">
              <?php if ($pageNum_rs > 0) { // Show if not first page ?>
              <a href="<?php printf("%s?pageNum_rs=%d%s", $currentPage, max(0, $pageNum
_rs - 1), $queryString_rs); ?>">上一页</a>
              <?php } // Show if not first page ?>
            </td>
            <td width="23%" align="center">
              <?php if ($pageNum_rs < $totalPages_rs) { // Show if not last page ?>
              <a href="<?php printf("%s?pageNum_rs=%d%s", $currentPage, min($totalPages_rs,
$pageNum_rs + 1), $queryString_rs); ?>">下一页</a>
              <?php } // Show if not last page ?>
            </td>
            <td width="23%" align="center">
              <?php if ($pageNum_rs < $totalPages_rs) { // Show if not last page ?>
              <a href="<?php printf("%s?pageNum_rs=%d%s", $currentPage, $totalPages_rs,
$queryString_rs); ?>">尾页</a>
              <?php } // Show if not last page ?>
            </td>
          </tr>
       </table>
       </p>
      <p>  </p>
```

```
</body>
</html>
<?php
mysql_free_result($rs);                                    //销毁数据库结果集变量
?>
```

运行结果如图 18-2 所示。

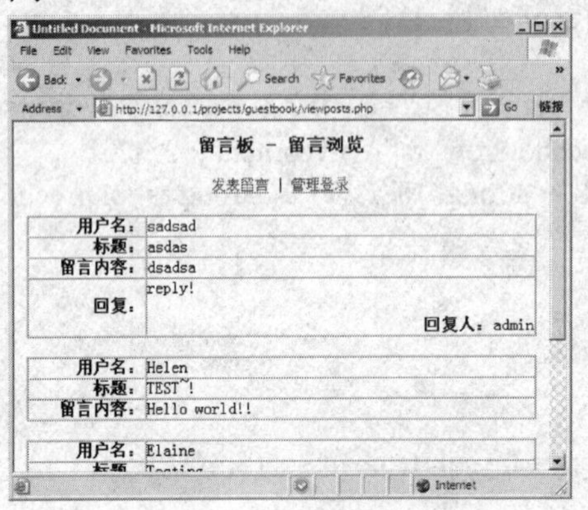


图 18-2　留言浏览页面



### 18.2.2　发表留言功能

发表留言的功能是用于提供给普通浏览用户的一个表单，用户需要填写表单中的内容发表留言。留言将被储存在 posts 表中，因为刚发表的留言为未审批状态，posts 表中的 checked 列的值为 0。具体实现代码如下所示：

```
<?php require_once('Connections/conn.php');
require_once('inc/GetSQLValueString.php');?>
<?php
if ((isset($_POST["MM_insert"])) && ($_POST["MM_insert"] == "form1")) {    //执行插入 SQL 语句
  $insertSQL = sprintf("INSERT INTO posts (username, topic, content) VALUES (%s, %s, %s)",
                       GetSQLValueString($_POST['username'], "text"),
                       GetSQLValueString($_POST['topic'], "text"),
                       GetSQLValueString($_POST['content'], "text"));

  mysql_select_db($database_conn, $conn);
  $Result1 = mysql_query($insertSQL, $conn) or die(mysql_error());

  echo "<script>alert('留言发表成功');</script>";                    //提示操作成功
}
?>
<!DOCTYPE HTML PUBLIC "-//W3C//DTD HTML 4.01 Transitional//EN" "http://www.w3.org/TR/html4/loose.dtd">
<html>
<head>
```

```
<title>Untitled Document</title>
<meta http-equiv="Content-Type" content="text/html; charset=gb2312">
<style type="text/css">
<!--
.style1 {  font-size: 18px;
     font-weight: bold;
}
.style2 {font-size: 14px}
-->
</style>
</head>

<body>
<form method="post" name="form1" action="?">
   <p align="center"><span class="style1">留言板 - 发表新留言</span></p>
   <p  align="center"><span  class="style2"><a  href="viewposts.php">浏览留言</a>  |  <a
href="admin.php">管理登录</a></span></p>
   <table align="center">
      <tr valign="baseline">
         <td nowrap align="right">用户名:</td>
         <td><input type="text" name="username" value="" size="32"></td>
      </tr>
      <tr valign="baseline">
         <td nowrap align="right">标题:</td>
         <td><input type="text" name="topic" value="" size="32"></td>
      </tr>
      <tr valign="baseline">
         <td nowrap align="right" valign="top">留言内容:</td>
         <td>
            <textarea name="content" cols="50" rows="5"></textarea>
         </td>
      </tr>
      <tr valign="baseline">
         <td nowrap align="right"> </td>
         <td><input type="submit" value="确定">
         <input type="reset" name="Reset" value="重置"></td>
      </tr>
   </table>
   <input type="hidden" name="MM_insert" value="form1">
</form>
<p> </p>
</body>
</html>
```

运行结果如图 18-3 所示。

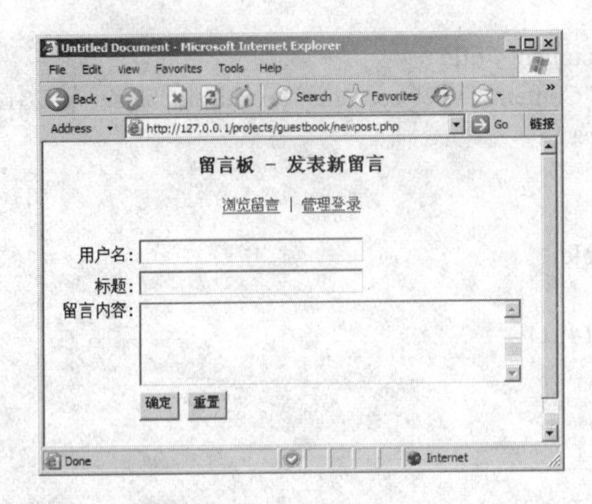


图 18-3　发表新留言页面

### 18.2.3　管理员身份验证功能

管理员身份验证功能是提供给管理员的一个登录页面，管理员通过在该页面的表单中填入用户名和密码登录管理页面。在 PHP 代码中，首先要将用户输入的用户名和密码与 admin 表中的记录进行匹配，如果找到一条相关记录，则使用 Session 记录登录用户名。具体实现代码如下所示：



```
<?php require_once('Connections/conn.php'); ?>
<?php
session_start();

if (isset($_POST['username'])) {                                    //获得用户输入
  $loginUsername=$_POST['username'];
  $password=$_POST['password'];
  $MM_fldUserAuthorization = "";                                    //设置 PHP 操作参数
  $MM_redirectLoginSuccess = "adminmain.php";
  $MM_redirectLoginFailed = "admin.php";
  $MM_redirecttoReferrer = false;
  mysql_select_db($database_conn, $conn);
  //执行 SQL 语句选择当前用户名和密码是否可以在数据表中找到
  $LoginRS__query=sprintf("SELECT adminname, password FROM admin WHERE
adminname='%s' AND password='%s'",
    get_magic_quotes_gpc() ? $loginUsername : addslashes($loginUsername), get_magic
_quotes_gpc() ? $password : addslashes($password));

  $LoginRS = mysql_query($LoginRS__query, $conn) or die(mysql_error());
  $loginFoundUser = mysql_num_rows($LoginRS);
  if ($loginFoundUser) {                       //如果用户名和密码正确则写入 Session
    $loginStrGroup = "";
    $GLOBALS['MM_Username'] = $loginUsername;
    $GLOBALS['MM_UserGroup'] = $loginStrGroup;
session_register("MM_Username");
    session_register("MM_UserGroup");
```

```
        if (isset($_SESSION['PrevUrl']) && false) {  //如果执行成功则跳转到正确页面
          $MM_redirectLoginSuccess = $_SESSION['PrevUrl'];
        }
        header("Location: " . $MM_redirectLoginSuccess );              //跳转到正确页面
      }
      else {
        header("Location: ". $MM_redirectLoginFailed );               //跳转到错误页面
      }
    }
    ?>
    <!DOCTYPE HTML PUBLIC "-//W3C//DTD HTML 4.01 Transitional//EN" "http://
www.w3.org/TR/html4/loose.dtd">
    <html>
    <head>
    <title>Untitled Document</title>
    <meta http-equiv="Content-Type" content="text/html; charset=gb2312">
    <style type="text/css">
    <!--
    .style1 {font-size: 18px;
        font-weight: bold;
    }
    .style2 {font-size: 14px}
    -->
    </style>
    </head>

    <body>
    <p align="center"><span class="style1">留言板 - 管理登录</span></p>
    <p align="center"><span class="style2"><a href="viewposts.php">浏览留言</a> | <a
href="newpost.php">发表留言</a></span></p>
    <form name="form1" method="POST" action="?">
      <table width="239" border="0" align="center">
        <tr>
          <td width="73">用户名：</td>
          <td width="156"><input name="username" type="text" id="username"></td>
        </tr>
        <tr>
          <td>密码：</td>
          <td><input name="password" type="password" id="password"></td>
        </tr>
        <tr>
          <td> </td>
          <td><input type="submit" name="Submit" value="提交">
          <input type="reset" name="Submit2" value="重设"></td>
        </tr>
      </table>
    </form>
    <p align="center"> </p>
```

```
</body>
</html>
```

运行结果如图 18-4 所示。

图 18-4　管理登录页面

### 18.2.4　管理首页设计



管理首页是管理员在登录后所看到的第一个页面，实际上也是一个留言列表页面。该留言列表的后面有一些链接来关联其他功能。具体实现代码如下所示：

```
<?php require_once('Connections/conn.php');
require_once('inc/accesscheck.php');
require_once('inc/GetSQLValueString.php');?>
<?php
mysql_select_db($database_conn, $conn);                    //执行 SQL 语句获得全部留言
$query_rs = "SELECT * FROM posts ORDER BY postid DESC";
$rs = mysql_query($query_rs, $conn) or die(mysql_error());
$row_rs = mysql_fetch_assoc($rs);
$totalRows_rs = mysql_num_rows($rs);
?>
<!DOCTYPE HTML PUBLIC "-//W3C//DTD HTML 4.01 Transitional//EN" "http://
www.w3.org/TR/html4/loose.dtd">
<html>
<head>
<title>Untitled Document</title>
<meta http-equiv="Content-Type" content="text/html; charset=gb2312">
<style type="text/css">
<!--
.style1 {font-size: 18px;
    font-weight: bold;
}
.style2 {font-size: 14px}
.style4 {font-size: 12px}
.style6 {font-size: 12px; font-weight: bold; }
-->
</style>
```

```
</head>

<body>
<p align="center"><span class="style1">留言板 - 管理页面</span></p>
<p align="center"><span class="style2"><a href="viewposts.php">浏览留言</a> | <a href="newpost.php">发表留言</a> | <a href="logout.php">退出登录</a></span></p>
<p align="center"> </p>
<table width="623" border="1" align="center" cellpadding="0" cellspacing="0">
  <tr>
    <td width="91"><span class="style6">留言者用户名</span></td>
    <td width="210"><span class="style6">留言标题</span></td>
    <td width="61"> </td>
    <td width="61"> </td>
    <td width="61"> </td>
    <td width="62"> </td>
  </tr>
  <?php do { ?>
  <tr>
    <td><span class="style4"><?php echo $row_rs['username']; ?></span></td>
    <td><span class="style4"><?php
   echo $row_rs['topic'];
   if($row_rs['checked']==1)
       echo "（已审批）";
   if($row_rs['replied']==1)
       echo "（已回复）";
   ?></span></td>
<td><div align="center"><span class="style4">
<a href="adminreply.php?postid=<?php echo $row_rs['postid']; ?>">回复留言</a></span>
</div></td>
<td><div align="center"><span class="style4">
<a href="admindelpost.php?postid=<?php echo $row_rs['postid']; ?>">删除留言</a>
</span></div></td>
<td><div align="center"><span class="style4">
<a href="admindelreply.php?postid=<?php echo $row_rs['postid']; ?>">删除回复</a>
</span></div></td>
<td><div align="center"><span class="style4">
<a href="admincheckpost.php?postid=<?php echo $row_rs['postid']; ?>">审批留言</a>
</span></div></td>
  </tr>
  <?php } while ($row_rs = mysql_fetch_assoc($rs)); ?>
</table>
<p align="center"> </p>
</body>
</html>
<?php
mysql_free_result($rs);
?>
```

运行结果如图 18-5 所示。

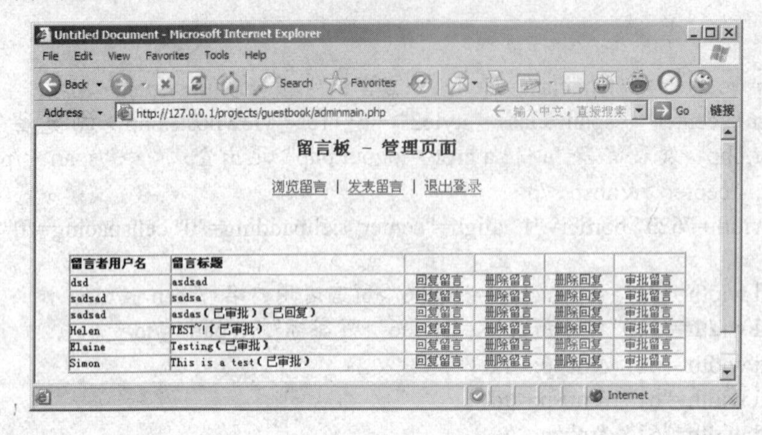


图 18-5 管理页面

### 18.2.5 留言回复功能



留言回复功能实际上是对 posts 表中的记录进行修改的功能。在回复后留言将被置成已审查的状态，因此，回复功能更新 posts 表中的 checked、replied、adminname、replycontent 四列。具体实现代码如下所示：

```
<?php require_once('Connections/conn.php');
require_once('inc/accesscheck.php');
require_once('inc/GetSQLValueString.php');?>
<?php
//执行 Update 语句更新数据库中记录
if ((isset($_POST["MM_update"])) && ($_POST["MM_update"] == "form1")) {
  $updateSQL = sprintf("UPDATE posts SET replycontent=%s, replied=1, checked=1,
adminname=%s WHERE postid=%s",
                       GetSQLValueString($_POST['replycontent'], "text"),
                    GetSQLValueString($_SESSION['MM_Username'], "text"),
                       GetSQLValueString($_POST['postid'], "int"));

  mysql_select_db($database_conn, $conn);
  $Result1 = mysql_query($updateSQL, $conn) or die(mysql_error());

  echo "<script>alert('回复发表成功');</script>";          //提示操作成功
}

$colname_rs = "1";                                       //获得当前留言的 post_id 参数
if (isset($_GET['postid'])) {
  $colname_rs = (get_magic_quotes_gpc()) ? $_GET['postid'] : addslashes($_GET['postid']);
}
mysql_select_db($database_conn, $conn);                  //执行 SQL 获得当前留言内容
$query_rs = sprintf("SELECT * FROM posts WHERE postid = %s", $colname_rs);
$rs = mysql_query($query_rs, $conn) or die(mysql_error());
$row_rs = mysql_fetch_assoc($rs);
```

```
$totalRows_rs = mysql_num_rows($rs);
?>
<!DOCTYPE HTML PUBLIC "-//W3C//DTD HTML 4.01 Transitional//EN" "http://
www.w3.org/TR/html4/loose.dtd">
<html>
<head>
<title>Untitled Document</title>
<meta http-equiv="Content-Type" content="text/html; charset=gb2312">
<style type="text/css">
<!--
.style1 {font-size: 18px;
     font-weight: bold;
}
.style2 {font-size: 14px}
-->
</style>
</head>

<body>
<p align="center"><span class="style1">留言板 - 管理页面 - 回复留言</span></p>
<p align="center"><span class="style2"><a href="adminmain.php">管理页面</a><a href=
"newpost.php"></a> | <a href="logout.php">退出登录</a></span></p>
<p align="center"> </p>

<form method="post" name="form1" action="?">
   <table align="center">
      <tr valign="baseline">
         <td nowrap align="right" valign="top">留言标题：</td>
         <td><?php echo $row_rs['topic']; ?></td>
      </tr>
      <tr valign="baseline">
         <td nowrap align="right" valign="top">留言内容：</td>
         <td><?php echo $row_rs['content']; ?></td>
      </tr>
      <tr valign="baseline">
         <td nowrap align="right" valign="top">回复内容：</td>
         <td>
            <textarea name="replycontent" cols="50" rows="5"><?php echo $row_rs['replycon
tent']; ?></textarea>
         </td>
      </tr>
      <tr valign="baseline">
         <td nowrap align="right"> </td>
         <td><input name="Submit" type="submit" value="提交">
         <input type="reset" name="Submit2" value="重置"></td>
      </tr>
   </table>
```

```
    <input type="hidden" name="MM_update" value="form1">
    <input type="hidden" name="postid" value="<?php echo $row_rs['postid']; ?>">
</form>
<p> </p>
</body>
</html>
<?php
mysql_free_result($rs);
?>
```

运行结果如图 18-6 所示。

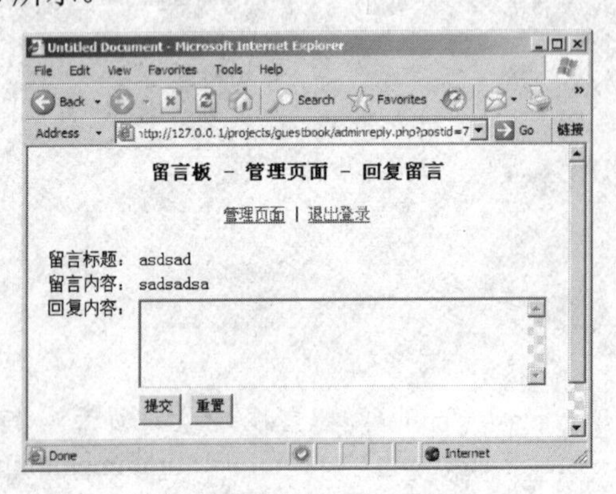


图 18-6 回复留言页面



### 18.2.6 留言删除功能

留言删除功能将删除 posts 表中的一条记录，所删除的记录由传入的 postid 决定，删除后自动跳转到 adminmain.php 页面。具体实现代码如下所示：

```
<?php
require_once('Connections/conn.php');
require_once('inc/accesscheck.php');
require_once('inc/GetSQLValueString.php');
?>
<?php
if ((isset($_GET['postid'])) && ($_GET['postid'] != "")) {          //执行SQL进行删除操作
    $deleteSQL = sprintf("DELETE FROM posts WHERE postid=%s",
                        GetSQLValueString($_GET['postid'], "int"));

    mysql_select_db($database_conn, $conn);
    $Result1 = mysql_query($deleteSQL, $conn) or die(mysql_error());

    $deleteGoTo = "adminmain.php";                                  //SQL 执行后的跳转页面
    if (isset($_SERVER['QUERY_STRING'])) {      //如果当前链接存在参数，则获取参数
        $deleteGoTo .= (strpos($deleteGoTo, '?')) ? "&" : "?";
        $deleteGoTo .= $_SERVER['QUERY_STRING'];
    }
    header(sprintf("Location: %s", $deleteGoTo));
}
?>
```

### 18.2.7 留言回复删除功能

留言回复删除功能与留言删除功能相似，所不同的是，留言回复删除功能执行的是一条更新语句将 posts 表中的 replied 更新为 0，并将 adminname 和 replycontent 更新为空字符串。具体实现代码如下所示：

```
<?php require_once('Connections/conn.php');
require_once('inc/accesscheck.php');
require_once('inc/GetSQLValueString.php');?>
<?php
if ((isset($_GET['postid'])) && ($_GET['postid'] != "")) {            //获得参数更新留言
  $deleteSQL = sprintf("UPDATE posts SET replied=0, adminname='', replycontent=''
WHERE postid=%s",
                       GetSQLValueString($_GET['postid'], "int"));

  mysql_select_db($database_conn, $conn);
  $Result1 = mysql_query($deleteSQL, $conn) or die(mysql_error());

  $deleteGoTo = "adminmain.php";                                       //SQL 执行后的跳转页面
  if (isset($_SERVER['QUERY_STRING'])) {
    $deleteGoTo .= (strpos($deleteGoTo, '?')) ? "&" : "?";
    $deleteGoTo .= $_SERVER['QUERY_STRING'];
  }
  header(sprintf("Location: %s", $deleteGoTo));
}
?>
```

### 18.2.8 留言审批功能

留言审批功能与留言回复删除功能几乎完全相同，唯一的一点区别就是用于更新 posts 表的 SQL 语句。留言审批功能将只更新 checked 列，如果 checked 为 0 则更新为 1，如果为 1 则更新为 0。这里，使用以下 SQL 语句实现更新。

```
UPDATE posts SET checked=1-checked WHERE postid=%s
```

具体实现代码如下所示：

```
<?php require_once('Connections/conn.php');
require_once('inc/accesscheck.php');
require_once('inc/GetSQLValueString.php');?>
<?php
if ((isset($_GET['postid'])) && ($_GET['postid'] != "")) {            //获得参数更新留言
  $updateSQL = sprintf("UPDATE posts SET checked=1-checked WHERE postid=%s",
                       GetSQLValueString($_GET['postid'], "int"));

  mysql_select_db($database_conn, $conn);
  $Result1 = mysql_query($updateSQL, $conn) or die(mysql_error());
```

```
    $deleteGoTo = "adminmain.php";                          //SQL 执行后的跳转页面
    if (isset($_SERVER['QUERY_STRING'])) {
      $deleteGoTo .= (strpos($deleteGoTo, '?')) ? "&" : "?";
      $deleteGoTo .= $_SERVER['QUERY_STRING'];
    }
    header(sprintf("Location: %s", $deleteGoTo));
  }
  ?>
```

### 18.2.9 退出管理员登录功能

退出管理员登录功能只需要将管理员登录时创建的 Session 删除即可，具体实现代码如下所示：

```
<?php
$logoutGoTo = "admin.php";
session_start();
unset($_SESSION['MM_Username']);                             //销毁 Session
unset($_SESSION['MM_UserGroup']);
if ($logoutGoTo != "") {
header("Location: $logoutGoTo");                             //销毁后跳到相应页面
}
?>
```



## 18.3 小结

本章通过创建一个 PHP 留言本的实例对前面所介绍的 PHP 与 MySQL 的使用方法进行了综合的总结，并在实例中对 Session 和 JavaScript 的一些用法进行了复习。相信读者在学习完本章的例子后，会对 PHP 与 MySQL 的应用有一个更好的巩固作用。通过本章的学习，读者要掌握如下知识点：

（1）系统设计。

（2）功能模块分析和设计。

（3）较大系统的开发调试方法。

为了巩固所学，读者还需要做如下的练习：

（1）上机测试运行本章的留言本案例。

（2）为本掌案例增加新的功能，比如增加发言者头像，实现自己的留言本。